“十四五”国家重点出版物出版规划项目
民族文字出版专项资金资助项目

高原精灵科普丛书
两栖爬行动物家族篇
（汉藏对照）

GAO YUAN JING LING KE PU CONG SHU
LIANG QI PA XING DONG WU JIA ZU PIAN
(HAN ZANG DUI ZHAO)

༄༅། །མཐོ་སྒང་སྲོག་ཆགས་ཀྱི་ཤེས་བྱའི་དཔེ་ཚོགས།
གཉིས་གནས་གོག་བགྲོད་སྲོག་ཆགས་ཀྱི་ཁྱིམ་རྒྱུད་སྐོར།
（རྒྱ་བོད་ཤན་སྦྱར）

张同作　主编
车静　卢宸祺　编
觉乃 · 云才让　译

གཙོ་སྒྲིག ཀྲང་ཐུང་ཙོའོ།
རྩོམ་སྒྲིག ཁྲེ་ཅིང་། ལུའུ་ཁྲེན་ཆི།
བསྒྱུར་མཁན། ཅོ་ནེ་ཡུམ་ཚེ་རིང་།

青海人民出版社

图书在版编目（C I P）数据

高原精灵科普丛书．两栖爬行动物家族篇 ：汉藏对照 / 张同作主编 ；车静，卢宸祺编 ；觉乃·云才让译
. -- 西宁 ：青海人民出版社，2024.10
ISBN 978-7-225-06674-5

Ⅰ．①高… Ⅱ．①张… ②车… ③卢… ④觉… Ⅲ．①两栖动物—青少年读物—汉、藏②爬行纲—青少年读物—汉、藏 Ⅳ．① Q095-49 ② Q96-49

中国国家版本馆 CIP 数据核字（2023）第 236544 号

高原精灵科普丛书
两栖爬行动物家族篇（汉藏对照）
张同作　主编
车静　卢宸祺　编
觉乃·云才让　译

出 版 人　樊原成
出版发行　青海人民出版社有限责任公司
西宁市五四西路 71 号　邮政编码：810023　电话：（0971）6143426（总编室）
发行热线　（0971）6143516/6137730
网　　址　http://www.qhrmcbs.com
印　　刷　青海雅丰彩色印刷有限责任公司
经　　销　新华书店
开　　本　710mm×1020mm　1/16
印　　张　14.25
字　　数　170 千
版　　次　2024 年 10 月第 1 版　2024 年 10 月第 1 次印刷
书　　号　ISBN 978-7-225-06674-5
定　　价　52.00 元

《两栖爬行动物家族篇》
编委会

《གཉིས་གནས་གོག་བགྲོད་སྲོག་ཆགས་ཀྱི་ཁྱིམ་རྒྱུད་སྐོར།》

རྩོམ་སྒྲིག་ཨུ་ཡོན་ལྷན་ཁང་།

རྩོམ་སྒྲིག་གཙོ་བོ། ཁྲི་ཅིང་། ལུའུ་ཁྲིན་ཆེ།

པར་ལེན་པ། ཏུང་ཕྱུན་ཅེ། ཧོའུ་མེན། ཧོའུ་ཧྲའོ་པིན། ཅང་ཁེ། ལི་ཁྲིང་། ལི་ལིན།

ལུའུ་ཁྲིན་ཆེ། ཨོའུ་དབྱང་ཁའེ་ཁྲིན། ཤང་ཁེ། ཤང་ཡུས་ཧྲན། ཞི་ཕྱུའེ་ལེང་།

ཡན་ཧྲང་། དབྱང་ཅོང་ཞའོ། ཡུས་ཀྲུང་པིན། ཡོན་ཀྱི་ཡུང་། ཀྲང་ལིན།

ཀྲང་པའོ་ལིན། ཀྲོའུ་ཤེ་ཤེའུ། ཙོའུ་ཏ་ཏུའུ། Todd W.Pierson

前 言

青藏高原，平均海拔超过 4000 米，是世界上最独特的地质 - 地理 - 生态单元之一。复杂的地形地貌和极端的气候环境孕育了该地区独特的生物资源，使其成为当下生物科学研究的热点区域，吸引着全球无数学者的目光。

关于青藏高原两栖、爬行类的调查最早可追溯至 19 世纪中期至 20 世纪 20 年代，这一时期，多为欧洲学者对青藏高原的有限地区及部分物种进行的零星报道。直至 20 世纪 70 年代，得益于第一次青藏高原综合科学考察的顺利推进，我国专家学者开始对青藏高原地区的两栖、爬行动物资源展开调查与研究工作，相关专著及研究文章陆续发表，为该地区两栖、爬行动物的系统研究奠定了坚实的基础。

本书采用广义青藏高原范围，即包括我国西藏自治区、青海省全域，以及新疆维吾尔自治区、甘肃省、四川省和云南省的部分地区，共计 221 个县级行政单元。我们精选了各类群中最具代表性的两栖、爬行动物合计 50 种，其中不仅包括典型的高海拔物种，如全球已知分布海拔最高的两栖、爬行类：高山倭蛙和红尾沙蜥，还有部分栖息于西藏自治区墨脱县、察隅县等低海拔地区的物种，如体色艳丽、繁殖方式多样的树蛙科物种也被收录其中，以期展示青藏高原不同自然地理环境下所孕育的迥乎不同的两栖、爬行动物多样性。

书中对各物种的学名、分类地位、形态特征、生活习性、地理分布等生物学信息进行了科学描述，并配以高清的野外生态照片对物种的形态及特殊行为予以直观展示。其中，物种学名及分类系统主要参考自 2020 年发表的《中国两栖、爬行动物更新名录》，同时结合国内外最新的研究进展，对个别物种的分类地位进行了必要调整。物种描述部分主要参考自《中国动物志》诸册及《西藏两栖爬行动物——多样性与进化》等专著。本书还依据 IUCN《濒危物种红色名录》(The IUCN Red List of Threatened Species) 对每个物种的濒危等级进行了说明，同时结合 2021 年新调整的《国家重点保护野生动物名录》列出了是否为国家保护动物及对应的保护等级。

限于编者水平，难免有错漏不足之处，恳请各界人士、各位读者批评指正。

编者

2024 年 1 月

གླེང་གཞི།

མདོ་དབུས་མཐོ་སྒང་གི་མཚོ་ངོས་ལས་ཆ་སྙོམས་མཐོ་ཚད་ནི་སྨི4000ལས་བརྒལ་ཞིང་དེ་ནི་འཛམ་གླིང་ཡོངས་ཀྱི་ཐུན་མོང་མ་ཡིན་པའི་ས་གཤིས་དང་ས་ཁམས། སྟོད་བཅུད་བཅས་ཀྱི་གྲས་ཤིག་ཡིན། རྙོག་འཛིང་ཆེ་བའི་ས་དབྱིབས་དང་ས་བབ་ཆགས་ཚུལ། ཤིན་ཏུ་སྡུག་ཅིང་ཐལ་དྲགས་པའི་གནམ་གཤིས་ཀྱི་ཁོར་ཡུག་གིས་ས་ཁུལ་དེའི་ཐུན་མོང་མ་ཡིན་པའི་སྐྱེ་དངོས་ཀྱི་ཐོན་ཁུངས་གསོ་སྐྱོང་བྱས་པས་ན། མདོ་དབུས་མཐོ་སྒང་ནི་མིག་སྔའི་སྐྱེ་དངོས་ཚན་རིག་ཞིབ་འཇུག་གི་ཁྲོད་ནས་ཆེས་དོ་སྣང་ཆེ་བའི་ས་ཁུལ་ཞིག་ཏུ་གྱུར་ཡོད། དེའི་ཕྱིར་མདོ་དབུས་མཐོ་སྒང་གི་སྣ་མང་སྲོག་ཆགས་ཀྱིས་འཛམ་གླིང་ཡོངས་ཀྱི་མཁས་པ་བགྲང་ལས་འདས་པའི་མིག་དབང་ཐོག་དང་འཐོག་བཞིན་ཡོད། མདོ་དབུས་མཐོ་སྒང་གི་སྐམ་ཆུ་གཉིས་གནས་དང་སོག་བསྲོད་རིགས་ལ་བརྟག་དཔྱད་བྱེད་ཐེ་ཤོས་ནི་དུས་རབས19པའི་དུས་དཀྱིལ་ནས་དུས་རབས20པའི་ལོ་རབས20བར་དུ་ཁུངས་འདེད་བྱེད་ཐུབ། དུས་སྐབས་དེའི་རིང་མདོ་དབུས་མཐོ་སྒང་གི་ས་ཁུལ་དང་སྐྱེ་དངོས་རིགས་ཁག་ཅིག་ལ་རྟོག་ཞིབ་བྱས་པའི་གནས་ཚུལ་མང་ཆེ་བ་ནི་ཕྱི་རོལ་གྱི་མཁས་དབང་དག་གིས་བྲིས་པ་རེད། དེའི་ཕྱིར་དུས་རབས20པའི་ལོ་རབས70པའི་བར། མདོ་དབུས་མཐོ་སྒང་གི་ཕྱོགས་བསྡུས་ཚན་རིག་རྟོག་ཞིབ་ཐེངས་དང་པོ་བདེ་བླག་ངང་སྒྲིལ་བ་དང་རང་རྒྱལ་གྱི་འབྲེལ་ཡོད་ཆེད་མཁས་པ་ཚོས་མདོ་དབུས་མཐོ་སྒང་གི་ས་ཁུལ་གྱི་སྐམ་ཆུ་གཉིས་གནས་དང་སོག་བསྲོད་སྲོག་ཆགས་ཀྱི་ཐོན་ཁུངས་ལ་བརྟག་དཔྱད་དང་ཞིབ་འཇུག་ལས་དོན་སྤེལ་འགོ

ཚུགས་ཤིང་། འབྲེལ་ཡོད་ཆེད་རྩོམ་དང་ཞིབ་འཇུག་གི་འབྲས་བུ་གཅིག་རྗེས་གཉིས་མཐུད་དང་སྤེལ་བས་མདོ་དབུས་མཐོ་སྒང་གི་སྐམ་ཆུ་གཉིས་གནས་དང་གོག་བགྲོད་སྲོག་ཆགས་ཀྱི་མ་ལག་རང་བཞིན་གྱི་ཞིབ་འཇུག་ལ་རྨང་གཞི་བརྟན་པོ་བཏིང་ཡོད། དེབ་འདིར་སྔ་ཡངས་འཇུག་གི་མདོ་དབུས་མཐོ་སྒང་གི་ཁྱབ་ཁོངས་གོ་དོན་སྤྱད་ཡོད་པ་སྟེ། དཔེར་ན་རང་རྒྱལ་གྱི་བོད་རང་སྐྱོང་ལྗོངས་དང་། མཚོ་སྔོན་ཞིང་ཆེན་གྱི་ས་ཁོངས་ཡོངས། དེ་བཞིན་ཞིན་ཅང་ཡུ་གུར་རང་སྐྱོང་ལྗོངས། ཀན་སུའུ་ཞིང་ཆེན། སི་ཁྲོན་ཞིང་ཆེན། ཡུན་ནན་ཞིང་ཆེན་བཅས་ཀྱི་ས་ཁུལ་ཁ་ཤས་ཚུད་ཡོད་ཅིང་། ཁྱོན་བསྡོམས་རྫོང་རིམ་པའི་སྲིད་འཛིན་ས་ཆ221ཡོད། ང་ཚོས་ཚོགས་པ་སྣ་ཚོགས་པའི་ཁྲོད་ཀྱི་ཆེས་ཚབ་མཚོན་རང་བཞིན་ལྡན་པའི་སྐམ་ཆུ་གཉིས་གནས་དང་གོག་བགྲོད་སྲོག་ཆགས་ཁྱོན་བསྡོམས་རིགས50བདམས་ཡོད་པ་དང་། དེའི་ནང་དཔེ་མཚོན་རང་བཞིན་གྱི་མཚོ་ངོས་ལས་མཐོ་ཚད་མཐོ་ཤོས་ཀྱི་སྐྱེ་དངོས་རིགས་ཚུད་ཡོད་དེ། དཔེར་ན་འཛམ་གླིང་ཡོངས་སུ་མཚོ་ངོས་ལས་མཐོ་ཚད་མཐོ་ཤོས་ཀྱི་སྐམ་ཆུ་གཉིས་གནས་དང་གོག་བགྲོད་རིགས་ཏེ། རི་མཐོའི་སྦལ་བ་དང་མཇུག་དམར་བྱེ་རྩངས། ད་དུང་བོད་རང་སྐྱོང་ལྗོངས་ཀྱི་མེ་ཏོག་རྫོང་དང་རྫ་ཡུལ་རྫོང་སོགས་ས་བབ་དམའ་བའི་ས་ཁུལ་དུ་འཚོ་སྡོད་བྱེད་པའི་སྐྱེ་དངོས་རིགས་ཁག་ཅིག་ཡོད་པ་དཔེར་ན་གཟུགས་གཞི་བཀྲག་མདངས་ལྡན་པ་དང་སྐྱེ་འཕེལ་བྱེད་སྟངས་སྣ་མང་ལྡན་པའི་སྟོང་སྦལ་ཚན་ཁག་གི་སྐྱེ་དངོས་རིགས་ཀྱང་དེའི་ནང་བསྡུས་ཡོད་པས། མདོ་དབུས་མཐོ་སྒང་གི་རང་བྱུང་ས་ཁམས་ཁོར་ཡུག་མི་འདྲ་བའི་འོག་གསོ་སྐྱོང་བྱས་པའི་སྐམ་ཆུ་གཉིས་འཚོའི་སྲོག་ཆགས་ཀྱི་སྣ་མང་རང་བཞིན་གསལ་པོ་མཚོན་ཡོད། དཔེ་ཆའི་ནང་དུ་དངོས་རིགས་སོ་སོའི་མིང་དང་། རིགས་དབྱེ་གོ་གནས། གཟུགས་དབྱིབས་ཁྱད་ཆོས། འཚོ་བའི་གོམས་གཤིས། ས་ཁམས་ཁྱབ་ཚུལ་སོགས་སྐྱེ་དངོས་རིག་པའི་ཆ་འཕྲིན་ལ་ཚན་རིག་དང་མཐུན་པའི་ཞིབ་བརྗོད་བྱས་པར་མ་ཟད། དྭངས་གསལ་གྱི་འདྲ་པར་སྟེང་ནས་སྐྱེ་ཁམས་དངོས་རིགས་ཀྱི་རྣམ་པ་དང་དམིགས་བསལ་གྱི་བྱ་སྤྱོད་ཚང་མ་ཐད་ཀར་འགྲེམ་སྟོན་བྱས་ཡོད། དེའི་ནང་གི་དངོས་རིགས་རིག་པའི་མིང་དང་རིགས་དབྱེའི་མ་ལག་ནི་གཙོ་བོ2020ལོར་སྤེལ་བའི《ཀྲུང་གོའི་སྐམ་ཆུ་གཉིས་གནས་དང་གོག་འགྲོའི་སྲོག་ཆགས་གསར་སྒྲུར་གྱི་མིང་ཐོ》ལ་དཔྱད་གཞིར་བཟུང་བ་དང་ཆབས་ཅིག རྒྱལ་ཁབ་ཕྱི་ནང་གི་ཞིབ་འཇུག་འཕེལ་རིམ་གསར་ཤོས་དང་ཟུང་འབྲེལ་བྱས་ཏེ་དངོས་རིགས་རེ་ཟུང་གི་རིགས་དབྱེའི་གནས་བབ་ལ་དགོས་ངེས་ཀྱི་ལེགས་སྒྲིག་བྱས་ཡོད། དངོས་རིགས་ཞིབ་བརྗོད་ཁག་ནི་གཙོ་བོ《ཀྲུང་གོའི་སྲོག་ཆགས་ཀྱི་ལོ་རྒྱུས》དེབ་ཁག་དང《བོད་ལྗོངས་ཀྱི་སྐམ་ཆུ་གཉིས་འཚོའི་གོག་བགྲོད་སྲོག་ཆགས་ལས་སྣ་མང་རང་བཞིན་དང་འཕེལ་འགྱུར》སོགས་ཆེད་རྩོམ་དཔྱད་གཞིར་བཟུང་ཡོད། དཔེ་ཆ་འདི་ཅ་ད་དུངIUCN《ཉེན་བཅར་སྐྱེ་དངོས་རིགས་ཀྱི་མིང་ཐོ་དམར་པོ》(The IUCN Red List of Threatened Species)གཞིར་བཟུང་ནས་སྐྱེ་དངོས་རིགས་རེ་རེའི་ཉེན་

བཅར་རིམ་པར་གསལ་བཤད་བྱས་ཡོད། དེ་དང་ཆབས་ཅིག2021ལོར་གསར་དུ་ལེགས་སྒྲིག་བྱས་པའི《རྒྱལ་ཁབ་ཀྱི་གཙོ་གནད་སྲུང་སྐྱོབ་རི་སྐྱེས་སྲོག་ཆགས་ཀྱི་མིང་ཐོ》ཡི་ནང་རྒྱལ་ཁབ་ཀྱི་སྲུང་སྐྱོབ་སྲོག་ཆགས་དང་དེ་མཚུངས་ཀྱི་སྲུང་སྐྱོབ་རིམ་པ་བཀོད་ཡོད་མེད་དང་ཟུང་འབྲེལ་བྱས་ཡོད། འོན་ཀྱང་། རྩོམ་སྒྲིག་པའི་ཆུ་ཚད་དམའ་བ་སོགས་ཀྱི་རྐྱེན་གྱིས་དཔེ་ཆའི་ནང་དུ་གོ་ནོར་ཐེབས་པ་དང་མི་འདང་ས་ཡོད་སྲིད་པས་ལས་རིགས་ཁག་གི་མི་སྣ་དང་ཀློག་པ་པོ་རྣམ་པས་དགོངས་འཆར་དང་དག་བཅོས་གནང་རྒྱུའི་རེ་བ་ཡང་ཡང་ཞུ་འོ། །

རྩོམ་སྒྲིག་པས།

2024ལོའི་ཟླ1པར།

目录

爬行纲 Reptilia
有鳞目 Squamata
蜥蜴亚目 Lacertilia
壁虎科 Gekkonidae 裸趾虎属 *Cyrtodactylus*

1. 西藏裸趾虎 *Cyrtodactylus tibetanus* (Boulenger, 1905)

形态特征：体形较小，成年个体全长约 11—13 厘米。身体短粗扁平；头略大，呈三角形；四肢较长，前、后肢贴体相向时，前臂和胫部可相触；爪细小而锐利；尾较粗而长，尾长大于头体长。自然状态下，体色与环境色较相似，通体背面呈灰色，头背面具棕黑色斑点或连缀成网纹状，身体和尾背面具镶棕黑色边的棕色横纹；四肢背面具棕色斑点；腹面多呈灰白色。

生态习性：该物种栖息于海拔 3500 米以上的干燥戈壁、沙地或乱石堆附近。夜行性，白天常藏匿于石块下或沙洞中，有时会与西藏沙蜥躲藏于同一沙洞中，夜间在洞口附近活动。主要以昆虫等无脊椎动物为食。卵生，雌性多将卵产于岩石旁或石块下的沙土中，窝卵数多为 4 枚。

裸趾虎属物种是一类没有扩大趾垫的走爬类壁虎，与常见的壁虎相比，其指、趾端无“吸盘”（攀瓣），该类群因此特征而得名“裸趾虎”。由于缺乏“吸盘”，裸趾虎属物种无法像常见的壁虎一样吸附在玻璃等光滑物体表面，而是需要依赖锐利的爪子攀附于较为粗糙的石壁或树干。

地理分布：青藏高原特有物种。主要分布于西藏朗县和堆龙德庆区、曲水县、乃东区等。

濒危等级：无危（LC）

保护等级：暂未列入国家重点保护野生动物名录。

གོག་འགྲོད་ཀྱི་སྐོར། Reptilia
ཉ་ཁྲབ་ཀྱི་སྡེ་ཁག Squamata
རྩངས་པ་ཡ་མྱུ་ཡི་ཚན་པ། Lacertilia
ད་བྱིད་ཀྱི་རིགས། Gekkonidae ད་བྱིད་རྐང་རྫེན། *Cyrtodactylus*

1. བོད་ལྗོངས་ཀྱི་ད་བྱིད་རྐང་རྫེན། *Cyrtodactylus tibetanus* (Boulenger,1905)

གཟུགས་དབྱིབས་ཁྱད་ཆོས། གཟུགས་གཞི་ཆུང་ཆུང་བ་དང་། ནར་སོན་པའི་རྩངས་པ་རྐང་རྫེན་གཅིག་གི་སྤྱིའི་རིང་ཚད་ལ་ཕལ་ཆེར་ལི་སྨི11—13བར་ཡོད། ལུས་པོ་ཐུང་ཞིང་སྒོམ་ལ་མགོ་ཆུང་ཆེ་བས་ཟུར་གསུམ་དབྱིབས་སུ་མངོན། རྐང་ལག་བཞི་པོ་ཐུང་རིང་ཞིང་། རྐང་ལག་སྔ་ཕྱི་གཉིས་ཕན་ཚུན་ཁ་གཏད་པའི་སྐབས་སུ་དཔུང་བ་སྟོན་མ་དང་ངོ་གདོང་ཕན་ཚུན་རེག་ཐུབ། སྔེར་མོ་ཆུང་ཞིང་རྔ་ལ་ཛ་མ་སྒོམ་ཞིང་རིང་བས། ཛ་མ་མགོ་ལས་རིང་། རང་བྱུང་ཁོར་ཡུག་གི་རྐྱེན་གྱིས་ལུས་མདོག་ནི་འཚོ་གནས་ཁོར་ཡུག་གི་མདོག་དང་ཆུང་འདྲ། རྒྱབ་ཡོངས་སྐྱ་མདོག་ཡིན་ལ་ཀླད་ལྟག་ཏུ་ཁམས་ནག་གི་ཁྲ་ཐིག་གམ་དྲ་རིས་ཀྱི་ཤུར་མོས་ཁེངས་ཡོད། ལུས་པོ་དང་མཇུག་རྒྱབ་ནི་མཐའ་བསྐོར་ཁམ་ནག་ཅན་གྱི་ཁམ་མདོག་འཕྲེད་ཤུར་གྱིས་ཁེངས་ཡོད། རྐང་ལག་བཞི་པོའི་རྒྱབ་ངོས་སུ་ཁམ་མདོག་གི་ཁྲ་ཐིག་ཡོད་ལ། ཕོ་བའི་ངོས་སྐྱ་སྐྱ་ཡིན།

སྐྱེ་ཁམས་གོམས་གཤིས། སྒོག་ཆགས་འདིའི་རིགས་ནི་མཚོ་ངོས་ལས་མཐོ་ཚད་སྨི3500ཡན་གྱི་སྐམ་ཤས་ཆེ་བའི་སྒྱུ་ངམ་ཐང་དང་བྱེ་ཐང་ངམ་རྡོ་ཕུང་གི་ཉེ་འགྲམ་དུ་འཚོ་སྡོད་བྱེད་ལ། དེ་ནི་མཚན་འགྲོའི་རང་

བཞིན་ཅན་ཏེ། ཉིན་མོ་རྟག་ཏུ་རྫི་འོག་གམ་ཡང་ན་བྱེ་ཁུང་ནང་སྦས་སྐྱུང་བྱེད་པ་དང་། སྐབས་འགར་བོད་ལྗོངས་བྱེ་རྩང་དང་བྱེ་ཁུང་གཅིག་གི་ནང་ཡིབ་ནས་མཚན་མོར་ཕྱུག་སྣོའི་ཉེ་འགྲམ་དུ་འགྲུལ་སྐྱོད་བྱེད་ཀྱིན་ཡོད། ད་བྱིད་འདིའི་རིགས་ཀྱིས་གཙོ་བོར་འབུ་སྲིན་སོགས་སྐལ་ཚོགས་མེད་པའི་སྲོག་ཆགས་ཁ་ཟས་སུ་བྱེད་ཀྱིན་ཡོད་པ་དང་། དེ་ནི་སྔོང་སྐྱེས་ཡིན་པས། ད་བྱིད་མོ་རིགས་ཀྱིས་སྔོང་བ་ཐྲག་རྫོའི་འགྲམ་དང་རྫི་འོག་གི་བྱེ་སའི་བར་དུ་བཙའ་ལ། བཙའ་ཐེངས་རེར་ཕལ་ཆེར་སྒོ་ང4ཙམ་ཡོད། ད་བྱིད་ཀང་རྗེན་གྱི་རིགས་ནི་ཀང་གདན་ཆེར་བསྐྱེད་མེད་པའི་རྩངས་པའི་རིགས་སུ་གཏོགས་ལ། རྒྱུན་མཐོང་གི་ད་བྱིད་དང་བསྡུར་ན་ཀང་ལག་གི་མཛུབ་མོ་ལ་འཛིབ་སྤྱིར་མེད་པའི་རྐྱེན་གྱིས་རིགས་འདི་ལ་ད་བྱིད་ཀང་རྗེན་ཟེར། འཛིབ་སྤྱིར་དཀོན་པའི་རྐྱེན་གྱིས་ད་བྱིད་ཀང་རྗེན་གྱི་རིགས་ནི་རྒྱུན་མཐོང་གི་ད་བྱིད་དང་འདྲ་བར་ཤེལ་འོད་སོགས་འཇམ་ཤ་དོད་པའི་དངོས་པོའི་ཕྱི་ངོས་སུ་འཛིབ་འབྱུར་བྱེད་ཐབས་བྲལ་བས། རྡོ་ངར་ལྡན་པའི་སྤྱིར་མོ་ལ་བརྟེན་ནས་རྩུང་རྩུབ་པའི་རྡོ་ལྷེབས་སམ་སྦོང་ཀང་ལ་འཛེག་དགོས།

ས་ཁམས་ཁྱབ་ཚུལ། མདོ་དབུས་མཐོ་སྒང་དུ་གནས་པའི་དམིགས་བསལ་གྱི་སྲོག་ཆགས་ཤིག་སྟེ། གཙོ་བོར་བོད་ལྗོངས་ཀྱི་སྟོད་ལུང་བདེ་ཆེན་ཆུས་དང་ཆུ་ཤུར་རྫོང་། སྙེ་གདོང་རྫོང་སོགས་སུ་ཁྱབ་ཡོད།

ཉེན་བཅར་རིམ་པ། གནོད་མེད། (LC)

སྲུང་སྐྱོབ་རིམ་པ། གནས་སྐབས་སུ་རྒྱལ་ཁབ་ཀྱིས་གཙོ་གནད་དུ་སྲུང་སྐྱོབ་བྱ་རྒྱུའི་རི་སྐྱེས་སྲོག་ཆགས་ཀྱི་མིང་ཐོའི་ནང་ལ་བཀོད་མེད།

壁虎科 Gekkonidae　壁虎属 *Gekko*

2. 金江壁虎 *Gekko jinjiangensis* Hou, Shi, Wang, Shu, Zheng, Qi, Liu, Jiang & Xie, 2021

形态特征：体形较小，成年个体全长约 12 厘米。头呈三角形，与颈部分界明显；眼相对较大，虹膜银色，散布深棕色网纹，瞳孔纵置，纯黑色；耳孔卵圆形；躯干相对较长；前、后肢纤细，指、趾间无蹼，攀瓣不对分，除第一指、趾外均具爪；雄性个体尾基较粗，具肛前孔 4—5 个，雌性无肛前孔；尾易断，断后可再生。自然状态下，通体背面呈浅灰色，自颈部至尾基部具 8 条略呈“W”形的深棕色横纹；四肢背面肉红色，散布不清晰的小斑点；尾背具深色横纹，尾再生部分颜色稍浅，不具明显斑纹；腹部多呈乳黄色。

生态习性：该物种是世界上已知分布海拔最高的壁虎属物种，主要栖息于海拔 2000—2500 米的金沙江干热河谷地带。多被发现于灌丛中和石缝间，也见于民居等建筑物上。夜间活动，以各种小型无脊椎动物为食。卵生，8 月可见当年孵化的幼体，据此推测，该物种繁殖期应在 5—6 月。野外调查中所发现的雌性个体数量远多于雄性，或是由于在较高的环境温度下繁殖，后代中雌性比例升高所致。

地理分布：青藏高原特有物种。目前仅记录分布于金沙江中段，四川及云南交界地带，如云南德钦县及四川得荣县等。

濒危等级：未评估（NE）

保护等级：暂未列入国家重点保护野生动物名录。

དྲ་བྱིད་ཀྱི་རིགས། Gekkonidae དྲ་བྱིད་ཀྱི་ཁོངས། *Gekko*

2. ཅིན་ཅང་དྲ་བྱིད། *Gekko jinjiangensis* Hou, Shi, Wang, Shu, Zheng, Qi, Liu, Jiang & Xie, 2021

གཟུགས་དབྱིབས་ཁྱད་ཆོས། གཟུགས་གཞི་ཆུང་ཆུང་སྟེ། ནར་སོན་པའི་ཅིན་ཅང་དྲ་བྱིད་ཅིག་གི་སྤྱིའི་རིང་ཚད་ལ་ཕལ་ཆེར་ལི་སྨི12ཡོད། མགོ་ནི་ཟུར་གསུམ་དབྱིབས་ཡིན་ལ་སྣེ་དང་དབྱེ་མཚམས་མངོན་གསལ་ཡོད། མིག་ནི་སྡོམ་བཅས་ཀྱིས་ཆུང་ཆེ་བ་དང་། དངུལ་མདོག་འཇའ་སྐྱི་ཐོག་ཏུ་ཁམ་མདོག་གི་དྲ་རིས་ཀྱིས་ཁྱབ་ཡོད། མིག་གི་རྫེ་གཞུང་ཁོག་ཏུ་ཡོད་ལ་མདོག་ནག་རྐྱང་ཡིན། རྣ་ཁུང་སྒོང་དབྱིབས་ཡིན་ལ། གཟུགས་པོ་ནི་སྡོམ་བཅས་ཀྱིས་ཆུང་རིང་བ་ལ། རྐང་ལག་སྔ་ཕྱི་གཉིས་ཕྲ་ཞིང་མཛུབ་མོ་དང་རྐང་བའི་བར་དུ་སྐྱི་མོ་མེད། མཛུབ་མོ་དང་པོ་དང་རྐང་བའི་མཛུབ་མོ་ལས་གཞན་ཚང་མར་སྡེར་མོ་ཡོད་ལ། ཕོ་རིགས་ཀྱི་ཛ་མ་ཆུང་སྦོམ་ཞིང་བཤང་མདུན་ཁུང་བུ4—5ཙམ་ཡོད། མོ་རིགས་ལ་བཤང་མདུན་ཁུང་བུ་མེད་པ་དང་མཇུག་མ་ཆད་སླ་མོད་ཀྱང་ཆད་རྗེས་སླར་སྐྱེས་ཐུབ། རང་བྱུང་གི་རྣམ་པའི་འོག་ལུས་ཡོངས་སྐྱ་མདོག་ཡིན་ལ་མཇིང་བ་ནས་ཛ་མའི་རྩ་བར8“W”དབྱིབས་ཀྱི་ཁམ་ནག་གི་འཕྲེད་རིས་ཡོད། རྐང་ལག་བཞི་པོའི་རྒྱབ་ངོས་ཀྱི་ཤ་མདོག

དམར་པོ་ཡིན་ལ། གསལ་ལ་མི་གསལ་བའི་ཁྲ་ཐིག་ཆུང་ངུས་ཁྱབ་ཡོད། ཛ་མའི་རྒྱབ་ངོས་སུ་མདོག་ཟབ་པའི་འཕྲེད་རིས་ཡོད་པ་དང་། བསྐྱར་སྐྱེས་ཛ་མའི་ཁ་དོག་ཅུང་སྐྱབ་ལ་མངོན་གསལ་གྱི་ཁྲ་རིས་མེད། གསུམ་ཁོག་མང་ཆེ་བའི་མདོག་སེར་པོ་ཡིན།

སྐྱེ་ཁམས་གོམས་གཤིས། སྡིག་ཆགས་འདིའི་རིགས་ནི་འཛམ་གླིང་ཐོག་གི་མཚོ་ངོས་ལས་མཐོ་ཚད་མཐོ་ཤོས་ཡིན་པ་ཤེས་ཟིན་པའི་ད་ཡོད་ཀྱི་ཁོངས་སུ་གཏོགས་ལ། གཙོ་བོར་མཚོ་ངོས་ལས་མཐོ་ཚད་སྨི2000—2500བར་གྱི་འབྲི་ཆུའི་སྐམ་སའི་གྲོག་རོང་ཁུལ་དུ་འཚོ་སྡོད་བྱེད་ཀྱིན་ཡོད་པས། ནགས་ཚལ་ཁྲོད་དང་རྫོ་སྦུབས་སུ་མཐོང་ཐུབ་པར་མ་ཟད་དམངས་ཀྱི་སྡོད་ཁང་སོགས་འཛུགས་སྐྲུན་དངོས་པོའི་སྟེང་དུའང་མཐོང་རྒྱུ་ཡོད། དེ་ནི་མཚན་མོར་འགྲུལ་སྐྱོད་བྱེད་ལ་སྐྲལ་ཚིགས་མེད་པའི་སྡིག་ཆགས་ཆུང་གྲས་སྦྲ་ཚོགས་ཟས་སུ་བྱེད་པ་ཡིན། སྔོང་སྐྱེས་སྡིག་ཆགས་ཏེ། ཟླ8པའི་ནང་ལོ་དེར་སྐྱེས་པའི་ཕྲུ་གུ་མཐོང་ཐུབ། དེ་ལ་བརྟེན་ནས་ཚོད་དཔག་བྱས་ན། སྡིག་ཆགས་རིགས་འདི་སྐྱེ་འཕེལ་བྱེད་པའི་དུས་ཡུན་ནི་ཟླ5—6བར་ཡིན། ཕྱིའི་ཁོར་ཡུག་ལས་བརྟག་དཔྱད་བྱས་པ་ལྟར་ན་མོ་རིགས་ཀྱི་གྲངས་འབོར་ནི་ཕོ་རིགས་ལས་མང་། རྒྱུ་རྐྱེན་དེ་ནི་ཁ་ཚ་དྲོད་ཚད་ཅུང་མཐོ་བའི་ཁོར་ཡུག་འོག་སྐྱེ་འཕེལ་བྱུང་བས་རྗེས་རབས་པའི་ཁྲོད་མོ་རིགས་ཀྱི་བསྡུར་ཚད་ཇེ་མཐོར་སོང་བ་ལས་བྱུང་བ་རེད།

ས་ཁམས་ཁྱབ་ཚུལ། འདི་ནི་མདོ་དབུས་མཐོ་སྒང་དུ་ཡོད་པའི་དམིགས་བསལ་གྱི་སྐྱེ་དངོས་ཤིག་ཡིན་པས་མིག་སྔར་འབྲི་ཆུའི་དབུས་རྒྱུད་དང་སི་ཁྲོན་དང་ཡུལ་ནན་གྱི་འབྲེལ་མཚམས་ས་ཁུལ་ཏེ། དཔེར་ན་ཡུལ་ནན་གྱི་བདེ་ཆེན་རྫོང་དང་སི་ཁྲོན་གྱི་སྡེ་རོང་རྫོང་སོགས་སུ་ཁྱབ་ཡོད།

ཉེན་བཅར་རིམ་པ། བརྟག་དཔྱད་བྱས་མེད། (NE)

སྲུང་སྐྱོབ་རིམ་པ། གནས་སྐབས་སུ་རྒྱལ་ཁབ་ཀྱིས་གཙོ་གནད་དུ་སྲུང་སྐྱོབ་བྱེད་པའི་སྡིག་ཆགས་ཀྱི་མིང་ཐོའི་ནང་ལ་བཀོད་མེད།

3. 密点麻蜥 *Eremias multiocellata* Günther, 1872

形态特征：体形较小，成年个体全长约 10—15 厘米。体细长，略扁平；头宽与颈大致相等，分界不明显；前、后肢均较短，前肢前伸时仅达眼部，后肢贴体前伸达腰部或肩部；指、趾端均具爪；尾细长，易断，断后可再生。自然状态下色斑变异较大。通体背面多为灰黄色或褐黄色，具数条由浅色圆斑连缀而成的纵纹，其间夹杂深色纵纹或斑点；前、后肢之间的体侧具 1 列镶黑边的黄色、绿色或蓝色圆斑；四肢背面散布若干白色斑点；尾背两侧各具 1 列白斑，至尾中部消失不见；腹面呈黄白色，繁殖期间雄性腹部呈鲜黄色或深黄色。

生态习性：该物种主要栖息于海拔 3500 米以下的荒漠或荒漠草原，常被发现于山地灌丛中或岩石缝隙间。掘穴而居，洞穴构造简单，洞口多呈月牙形，洞道倾斜入地呈弯曲或平直的单管状，几乎无分叉，全长多在10—35厘米之间。白昼活动，主要以蚂蚁、甲虫及蜘蛛等动物性食物为主，但主食种类在不同季节有所变化。胎生，每年5—6月交尾繁殖，视不同地区，产仔期可一直延续至8月，每胎产仔3—4只。10月后陆续进入冬眠期，冬眠个体体色变得浅淡，通常保持双眼垂闭、僵硬而卧的姿态。多数情况下，每一洞穴仅居住有一个个体，但也有三五成群同居一穴的现象。

地理分布：分布于青藏高原东北部，如青海贵德县、共和县、都兰县及格尔木市等；国内还分布于辽宁、内蒙古、陕西、宁夏、甘肃及新疆；国外分布于蒙古、俄罗斯等国。

濒危等级：无危（LC）

保护等级：暂未列入国家重点保护野生动物名录。

རྩངས་པའི་རིགས། Lacertidae རྩངས་པའི་ཁོངས། *Eremias*

3. ཚེག་མང་སྦ་རྩངས། *Eremias multiocellata* Günther,1872

གཟུགས་དབྱིབས་ཁྱད་ཆོས། གཟུགས་གཞི་ཆུང་ཆུང་ལ། ནར་སོན་པའི་སྦ་རྩངས་ཤིག་གི་སྤྱིའི་རིང་ཚད་ལ་ཕལ་ཆེར་ལི་སྨི10—15བར་ཡོད། ལུས་པོ་སྦྲ་ཞིང་རིང་ལ་ལེབ་མོ་ཡིན། མགོ་ཞེང་དང་སྐེ་ཕལ་ཆེར་འདྲ་མཚུངས་ཡིན་པས་དབྱེ་མཚམས་གསལ་པོ་མི་ཤེས། རྐང་ལག་ཐུ་ཕྱི་ཚང་མ་ཐུང་ཐུང་བས་ལག་པ་མདུན་དུ་བསྲིང་སྐབས་མིག་ཐད་དུ་མ་གཏོགས་སླེབས་མི་ཐུབ། ཕྱི་རྐང་མདུན་དུ་བསྲིངས་ཚེ་རྐེད་པའམ་ཐྲག་པའི་ཐད་ཙམ་ལས་མི་ཐུབ། ལག་མཛུབ་དང་རྐང་པའི་མཛུབ་མོ་ཚང་མར་སྡེར་མོ་ཡོད་པ་དང་། རྔ་མ་སྦྲ་ཞིང་རིང་ལ་ཆད་སླ་མོད་ཀྱང་ཆད་རྗེས་སླར་སྐྱེས་ཐུབ། རང་བྱུང་གི་རྣམ་པའི་འོག་ཏུ་མདོག་ལ་འགྱུར་ལྡོག་ཐུང་ཆེ། ལུས་ཡོངས་མང་ཆེ་བ་ནི་མདོག་སེར་སྐྱའམ་ཡང་ན་ཁམ་སེར་ཡིན་པར་མ་ཟད་ད་དུང་མདོག་སྐྱ་བོའི་སྒོར་ཐིག་གིས་བརྒྱན་ནས་གྲུབ་པའི་གཞུང་རིས་དང་། དེའི་བར་དུ་མདོག་ནག་པོའི་གཞུང་རིས་སམ་ཁྲ་ཐིག་འདྲེས་ཡོད། རྐང་ལག་ཐུ་ཕྱི་བར་གྱི་གཞོགས་ངོས་སུ་མཐའ་ནག་པོས་བརྒྱན་པའི་སེར་པོ་དང་ལྗང་ཁུའམ་ཡང་ན་སྔོན་པོའི་སྒོར་ཐིག་སྟར་ཅིག་ཡོད། རྐང་ལག་བཞི་པོའི་རྒྱབ་ངོས་སུ་དཀར་ཐིག་ཁ་ཤས་ཁྱབ་ཡོད། ཇ་

མའི་རྒྱབ་ཀྱི་གཤོགས་གཉིས་སུ་དཀར་ཐིག་སྐར་རེ་ཡོད་པ་དེ་ཇ་མའི་དཀྱིལ་ཙམ་ནས་བཟུང་མེད། ལྟོ་བའི་ངོས་ནི་མདོག་དཀར་སེར་ཡིན་ལ། སྐྱེ་འཕེལ་བྱེད་པའི་སྐབས་སུ་སྣ་རྩངས་པོའི་ལྟོ་བའི་ངོས་ཀྱི་མདོག་ནི་སེར་ཤུང་ངམ་ངུར་སེར་དུ་མངོན།

སྐྱེ་ཁམས་གོམས་གཤིས། སྲོག་ཆགས་འདིའི་རིགས་གཙོ་བོ་མཚོ་ངོས་ལས་མཐོ་ཚད་སྨི3500མན་གྱི་བྱེ་ཐང་ངམ་བྱེ་རྫ་ཐང་དུ་འཚོ་སྡོད་བྱེད་པ་དང་། རྒྱུན་དུ་རི་ཁུལ་གྱི་སྔོང་ཕྲན་ནགས་རྫོབ་ཁྲོད་དམ་བྲག་རྡོའི་བར་གསེང་དུ་མཐོང་ཐུབ། ཁྱུང་བུ་བརྐོས་ནས་སྡོད་པ་ཡིན་ལ། ཁྱུང་བའི་གྲུབ་ཚུལ་སྟབས་བདེ་ཞིང་ཁྱུང་སྒོ་མང་ཆེ་བ་ཟླ་སོའི་དབྱིབས་སུ་མངོན་པ་དང་། ཁྱུང་ལམ་གསེག་ནས་ས་ཕོག་ཏུ་གཏུགས་པ་ནི་འཁྱོག་པའམ་ཡང་ན་དྲང་སྐོམས་ཀྱི་སྒྲུག་དབྱིབས་སུ་མངོན་པས་ཕལ་ཆེར་དཀྱུག་ཆད་མེད་ཅིང་ཁྱུང་བ་སྤྱིའི་རིང་ཚད་ལ་ལི་སྨི10—35བར་ཡོད། སྲོག་ཆགས་འདི་ནི་ཉིན་དཀར་འགྲུལ་སྐྱོད་བྱེད་ལ། གྲོག་མ་དང་སྦུར་བ། སྔོམ་སོགས་ཟས་རིགས་གཙོ་བོ་ཡིན་མོད། འོན་ཀྱང་དུས་ཚིགས་ཀྱི་འགྱུར་ལྡོག་དང་བསྟུན་ནས་ཁ་ཟས་ལ་ཡང་འགྱུར་ལྡོག་འབྱུང་བཞིན་ཡོད། འདི་ནི་མངལ་སྐྱེས་སྲོག་ཆགས་ཀྱི་རིགས་ཤིག་ཡིན་ལ། ཕྲུ་གུ་བཙའ་སྐབས་ལོ་རེའི་ཟླ5—6པའི་བར་སྐྱེ་འཕེལ་བྱེད་པ་དང་ས་ཁུལ་མི་འདྲ་བར་གཞིགས་ནས་ཕྲུ་གུ་བཙའ་བའི་དུས་ཚོད་དེ་ཟླ8པའི་བར་རྒྱུན་མཐུད་ཐུབ་ཅིང་དང་བཙའ་ཐེངས་རེར་ཕྲུ་གུ3—4བར་སྐྱེ་གིན་ཡོད། ཟླ10པའི་རྗེས་སུ་གཅིག་རྗེས་གཉིས་མཐུད་དུ་དགུན་ཉལ་བྱེད་པ་ཡིན་ལ། དགུན་ཉལ་སྐབས་ལུས་མདོག་སྐྱ་བོར་འགྱུར་ཞིང་རྒྱུན་དུ་མིག་གཉིས་བཙུམས་ནས་ལུས་པོ་སྲ་མཁྲེགས་ཀྱི་རྣམ་པའི་སྒོ་ནས་ཉལ། གནས་ཚུལ་མང་ཆེ་བའི་འོག་ཁྱུང་བུ་རེར་སྣ་རྩངས་གཅིག་མ་གཏོགས་མི་ཉལ་མོད། འོན་ཀྱང་ཁྱུང་བུ་གཅིག་ཏུ་གྲངས་ཀ་གསུམ་དང་ལྔ་རེ་ཁྲུ་བྱས་ནས་མཉམ་དུ་སྡོད་པའི་སྣང་ཚུལ་ཡང་ཡོད།

ས་ཁམས་ཁྱབ་ཚུལ། མདོ་དབུས་མཐོ་སྒང་གི་བྱང་ཤར་རྒྱུད་དུ་ཁྱབ་ཡོད་དེ། དཔེར་ན་མཚོ་སྔོན་གྱི་ཁྲི་ཀ་རྫོང་དང་གསེར་ཆེན་རྫོང་། གཏེར་ལེན་ཁ། ན་གོར་མོ་སོགས་དང་། རྒྱལ་ནང་གི་ལིའོ་ཉིན་དང་ནང་སོག ཧྲའན་ཞི། ཉིང་ཞ། ཀན་སུའུ། ཞིན་ཅང་བཅས་སུ་ཁྱབ་ཡོད་ལ། ཕྱི་རྒྱལ་གྱི་སོག་པོ་དང་ཨུ་རུ་སུ་སོགས་སུ་ཡོད།

ཉེན་བཅར་རིམ་པ། ཉེན་མེད། (LC)

སྲུང་སྐྱོབ་རིམ་པ། གནས་སྐབས་སུ་རྒྱལ་ཁབ་ཀྱིས་གཙོ་གནད་དུ་སྲུང་སྐྱོབ་བྱ་རྒྱུའི་སྲོག་ཆགས་ཀྱི་མིང་ཐོའི་ནང་ལ་བཀོད་མེད།

4. 铜蜓蜥 *Sphenomorphus indicus* (Gray, 1853)

形态特征：体形中等，成年个体全长约 20 厘米。头较长而宽，呈三角形，略宽于颈部；体鳞平滑，呈覆瓦状排列；四肢短粗，前、后肢贴体相向时，指、趾可重叠；尾细长，约为头体长的 1.5—2 倍，尾易断，断后可再生。自然状态下，通体背面多呈古铜色，散布黑色小斑点；背脊处多具 1 条不连续的黑色脊纹；四肢背面多呈黑褐色；体侧具 1 条黑色宽纵纹，自颊部一直延伸至尾前段，纵纹下部浅灰色，杂以不规则的白色和灰色斑点，尾中段至尾梢侧面灰黑色；头腹面白色，身体及尾前段腹面乳白色，四肢腹面灰白色，手、足掌部呈灰黑色，尾中段至尾梢腹面略呈蓝白色。

生态习性：该物种多栖息于海拔 2000 米以下的山地阴湿草丛、荒石堆或有裂隙的石壁附近。白昼活动，尤以雨后晴天活动最为频繁。夏、秋季节的午后多活动于灌丛附近寻找食物，主要以蜘蛛、鼠妇及蝗虫等无脊椎动物为食。胎生，不同地区繁殖时间略有差异，每胎产仔多在5只以上，初生的幼蜥在外形与体色上均与成年个体相似。每年10月后陆续进入冬眠期，冬眠期间该物种多隐居于石块或树根朽木下的土洞中，洞口隐蔽，洞道倾斜向下，洞室距地面约10—20厘米，大小仅能容纳身体。

地理分布：分布范围较广泛，青藏高原东缘多地均有记录，如西藏墨脱县，云南贡山县、福贡县、德钦县、泸水市，四川汶川县、松潘县、理县等；国内还分布于安徽、重庆、福建、甘肃、广东、广西、贵州、河南、湖北、湖南、江苏、江西、台湾、香港、浙江等省区；国外分布于印度、尼泊尔、缅甸等国。

濒危等级：无危（LC）

保护等级：暂未列入国家重点保护野生动物名录。

ཧྲི་ལུང་ཅེའི་རིགས། Scincidae རྩངས་པའི་ཁོངས། *Sphenomorphus*

4. ཟངས་རྩངས། *Sphenomorphus indicus* (Gray,1853)

གཟུགས་དབྱིབས་ཁྱད་ཆོས། གཟུགས་གཞི་འབྲིང་ཙམ་ཡིན་ལ། ནར་སོན་པའི་རྩངས་པ་ཞིག་གི་སྤྱིའི་རིང་ཚད་ལ་ཕལ་ཆེར་ལི་སྨི20ཡོད་པ་དང་། མགོ་ཅུང་རིང་ཞིང་ཞེང་ཆེ་ལ་ཟུར་གསུམ་དབྱིབས་སུ་མངོན་ཞིང་ལེབ་ཁ་སྣེ་ལས་ཅུང་ཆེ། ལུས་ཁྲབ་འཇམ་པོ་ཡིན་ལ་ཁང་གླད་ཀྱི་ཐྱ་ལེབ་དབྱིབས་ལྟར་བསྒྲིགས་པ་ཡིན། རྐང་ལག་བཞི་ཐུང་ཞིང་སྲོམ་ལ་རྐང་ལག་ཐྱ་ཕྱི་ཕན་ཚུན་ཁ་གཏད་པའི་སྐབས་མཛུབ་མོ་དང་རྐང་བའི་སེན་མོ་རིམ་བརྩེགས་བྱས་ཆོག ཛ་མ་ཕྲ་ཞིང་རིང་ལ་ཧ་ལམ་མགོ་གཟུགས་ཀྱི་རིང་ཚད་ལས་ལྷབ1.5—2བར་ཡིན་པ་དང་། མཇུག་མ་ཆད་སླ་ཡང་ཆད་རྗེས་སླར་སྐྱེས་ཐུབ། རང་བྱུང་གི་རྣམ་པའི་འོག་ལུས་ཡོངས་ཀྱི་རྒྱབ་ངོས་ནི་ཟངས་མདོག་ཏུ་མངོན་པ་དང་དེའི་ཐོག་ཏུ་ནག་ཐིག་ཚུང་ཚུང་གིས་ཁྱབ་ཡོད། སྐལ་ཚོགས་སུ་རྒྱུན་མཐུད་མིན་པའི་སྐལ་རིས་ནག་པོ་གཅིག་ཡོད་པ་དང་རྐང་ལག་བཞི་པོའི་རྒྱབ་ངོས་ནག་པོ་ཡིན། ལུས་པོའི་གཞོགས་ངོས་སུ་གཞུང་རིས་ནག་པོ་གཅིག་ཡོད་པ་དེ་འགྲམ་པ་ནས་མཇུག་མའི་བར་དུ་བསྲིངས་ཡོད་ལ། གཞུང་རིས་ཀྱི་འོག་ངོས་སྐྱ་མདོག་ཡིན་པ་དེར་སྒྲིག་མི་མཉམ་པའི་མདོག་དཀར་པོ་དང་སྐྱ་པོའི་ཁྲ་ཐིག

བསྲེས་ཡོད། ཐ་དབུས་ནས་ཐ་རྩེའི་གཞོགས་ངོས་ནི་མདོག་ནག་སྐྱ་ཡིན་ལ། མགོ་བོ་དང་མཇུག་མའི་མདུན་གྱི་སྟོ་བ་དཀར་པོ་ཡིན། སུག་བཞི་མདོག་ཐལ་སྐྱ་ཡིན་ལ་རྐང་ལག་གི་ངོས་ནག་སྐྱ་ཡིན། མཇུག་དཀྱིལ་ནས་མཇུག་རྩེ་བར་གྱི་མཇུག་སྟོ་ནི་མཐིང་མདོག་ཡིན།

སྐྱེ་ཁམས་གོམས་གཤིས། སྐྱེ་དངོས་འདིའི་རིགས་མཚོ་ངོས་ལས་མཐོ་ཚད་སྨི2000མན་གྱི་རི་ཁུལ་གྱི་རྫ་གསེབ་དང་། ས་རྐོད་རྡོ་ཕུང་ངམ་གས་སྲུབས་ཡོད་པའི་རྡོ་ལྡེབས་ཀྱི་ཉེ་འགྲམ་དུ་འཚོ་སྡོད་བྱེད་ཀྱིན་ཡོད། གཙོ་བོར་ཉིན་དཀར་འགུལ་སྐྱོད་བྱེད་ལ་ལྷག་པར་དུ་ཆར་རྗེས་ཀྱི་གནམ་ཐང་སྐབས་ལ་འགུལ་སྐྱོད་བྱེད་ཚད་ཆེས་མང་བ་ཡིན། དབྱར་ཁ་དང་སྟོན་ཁའི་དུས་ཚིགས་ཀྱི་ཕྱི་དྲོ་མང་ཆེ་བར་སྡོང་ཐྲན་ནགས་རྗེབ་ཀྱི་ཉེ་འགྲམ་དུ་འགུལ་སྐྱོད་བྱས་ནས་བཟའ་བཅའ་འཚོལ་བ་དང་། ཁ་ཟས་ལ་གཙོ་བོར་སྦྲམ་དང་སྦྲབས་འབུ། དེ་བཞིན་འབུ་ཆ་ག་པ་སོགས་སྐལ་ཚིགས་མེད་པའི་སྲོག་ཆགས་བསྟེན་བཞིན་ཡོད། དེ་ནི་མངལ་སྐྱེས་རིགས་ཤིག་ཡིན་ལ། ས་ཁུལ་མི་འདྲ་བར་སྐྱེ་འཕེལ་བྱེད་པའི་དུས་ཚོད་ལ་ཡང་ཁྱད་པར་ཐྲན་བུ་ཡོད་པ་དང་། བཙའ་ཐེངས་རེར་ཕྲུ་གུ5ཡན་བཙའ་བ་ཡིན། སྐྱེ་མ་ཐག་གི་ཟངས་རྩངས་ཆུང་ཆུང་གི་ཕྱི་དབྱིབས་དང་ལུས་མདོག་ཚང་མ་ནར་སོན་རྗེས་དང་འདྲ་མཚུངས་ཡིན། ལོ་རེའི་ཟླ10པའི་རྗེས་སུ་གཅིག་རྗེས་གཉིས་མཐུད་དང་དགུན་ཉལ་བྱེད་པ་དང་། དགུན་ཉལ་བྱེད་རིང་དུ་སྐྱེ་དངོས་རིགས་དེ་རྡོ་དང་སྡོང་པོའི་རྩད་པའི་འོག་གི་ས་དོང་ནང་ཡིབ་ནས་སྡོད་པ་ཡིན། སུག་སྒྲོ་ཡིབ་ནས་སུག་ལམ་མར་གསེག་སྟེ་སྡོད་སུག་ས་ངོས་དང་བར་ཐག་ལི་སྨི10—20བར་ཙམ་ཡོད་པ་དང་ཆེ་ཆུང་ལ་གཟུགས་པོ་མ་གཏོགས་ཤོང་མི་ནུས།

ས་ཁམས་ཁྱབ་ཚུལ། ཁྱབ་རྒྱ་ཅུང་ཆེ་བ་སྟེ། མདོ་དབུས་མཐོ་སྒང་གི་ཤར་རྒྱུད་ས་ཆ་མང་ཆེ་བར་ཁྱབ་ཚུལ་ཟིན་ཐོར་བཀོད་ཡོད་པ་དཔེར་ན་བོད་ལྗོངས་ཀྱི་མེ་ཏོག་རྫོང་དང་། ཡུན་ནན་གྱི་གུང་ཧྲན་རྫོང་དང་ཐྲུ་ཀུང་རྫོང་། བདེ་ཆེན་རྫོང་། ལུའུ་ཧྲུའེ་གྲོང་ཁྱེར། སེ་ཁྲོན་གྱི་ཤུན་ཁྲིན་རྫོང་དང་ཟུང་ཆུ་རྫོང་། ལི་རྫོང་སོགས་སུ་ཁྱབ་ཡོད་ལ། ད་དུང་རྒྱལ་ནང་གི་ཨན་ཧྲུའེ་དང་ཁྲུང་ཆིང་། ཐྲུ་ཅན། ཀན་སུའུ། ཀོང་ཏུང་། ཀོང་ཞི། ཀུའེ་ཀྲོའུ། ཧོ་ནན། ཧུའུ་པེ། ཧུའུ་ནན། ཅང་སུའུ། ཅང་ཞི། ཐའེ་ཝན། ཞང་ཀང་། ཀྲེ་ཅང་སོགས་ཞིང་ཆེན་དུ་ཁྱབ་པ་དང་། ཕྱི་རྒྱལ་གྱི་རྒྱ་གར་དང་བལ་པོ། འབར་མ་སོགས་སུ་ཁྱབ་ཡོད།

ཉེན་བཅར་རིམ་པ། ཉེན་མེད། (LC)

སྲུང་སྐྱོབ་རིམ་པ། གནས་སྐབས་སུ་རྒྱལ་ཁབ་ཀྱིས་གཙོ་གནད་དུ་སྲུང་སྐྱོབ་བྱ་རྒྱུའི་སྲོག་ཆགས་ཀྱི་མིང་ཐོའི་ནང་ལ་བཀོད་མེད།

5. 墨脱树蜥 *Calotes medogensis* Zhao and Li, 1984

形态特征：体形较大，成年个体全长约 40 厘米。头粗壮，略呈方形，额中部略凹陷，与颈部分界明显；具喉囊，较小；鼓膜较大，无鳞片覆盖；身体较侧扁，具斜向肩褶；颈鬣鳞发达，狭长，向后逐渐低矮过渡为背鬣鳞；背鳞大小一致，宽扁而光滑，靠近腹鳞处极微弱起棱；腹鳞小于背鳞，起棱明显；四肢较细长，鳞片大小均一，后肢前伸时趾端可达眼中部；尾较长，尾长接近头体长的 3 倍。自然状态下，通体呈绿色，体侧具数条斜向的模糊白色条纹，肩褶下方具一棕红色斑块；受惊吓或处于紧迫状态时体色可变为绿褐色，体侧白色细纹也随之变为棕褐色。

生态习性：该物种栖息于海拔 1200 米以下的常绿阔叶林中，与长肢攀蜥和吴氏岩蜥等物种同域分布。树栖，以各种昆虫等无脊椎动物为食。

白昼活动，白天行动迅捷，加之体色与环境相似，不易被发现；夜间多趴伏于灌木细枝上或树枝上休憩，被惊扰后行动迟缓。卵生，解剖一死亡个体，发现其具成熟的椭圆形卵 11 枚。

地理分布：青藏高原特有物种。分布范围狭窄，目前仅记录分布于西藏墨脱县。

濒危等级：无危（LC）

保护等级：暂未列入国家重点保护野生动物名录。

རྩངས་པའི་རིགས། Agamidae སྡོང་བོའི་རྩངས་པའི་ཁོངས། *Calotes*

5. མེ་ཏོག་སྡོང་རྩངས། *Calotes medogensis* Zhao and Li, 1984

གཟུགས་དབྱིབས་ཁྱད་ཆོས། གཟུགས་གཞི་ཆུང་ཆེ་ལ། ནར་སོན་པའི་སྡོང་རྩངས་ཀྱི་སྤྱིའི་རིང་ཚད་ལ་ཕལ་ཆེར་ལི་སྨི40ཡོད། མགོ་བོ་སྒོམ་ལ་གྲུ་བཞིའི་དབྱིབས་སུ་མངོན། དཔྲལ་བའི་དཀྱིལ་དུ་གོང་གོང་ཆུང་ཟད་ཡོད་ལ་མཇིང་བ་དང་དབྱེ་མཚམས་མངོན་གསལ་དོད་པོ་ཡིན། མིད་པ་ཆུང་ཆུང་ལ་ཇ་སྐྱི་ཆུང་ཆེ། ཁྲབ་བྱང་ཁེབས་མེད་ལ་ལུས་པོ་ཆུང་ལེབ་པ་དང་ཐྲག་པར་གསེག་ལྷེབ་ཡོད། མཇིང་བའི་རལ་ཁྲབ་རྒྱས་ལ་དོག་ཅིང་རིང་བ་དང་རྒྱབ་ཏུ་རིམ་བཞིན་ཇེ་དམའ་རུ་སོང་ནས་རྒྱབ་རལ་དུ་གྱུར་ཡོད། རྒྱབ་ཁྲབ་ཆེ་ཆུང་འདྲ་ལ་ལེབ་ཅིང་འཛམ་པ་དང་ལྟོ་ཁྲབ་དང་ཉེ་སར་ཟུར་ཏ་ཅང་ཞན་པ་ཞིག་ལངས་ཡོད། ལྟོ་ཁྲབ་རྒྱབ་ཁྲབ་ལས་ཆུང་ལ་རྩེ་ཟུར་མངོན་གསལ་དོད་པོ་ཡིན། རྐང་ལག་བཞི་པོ་ཆུང་ཕྲ་ཞིང་རིང་ལ་ཁྲབ་བྱང་གི་ཆེ་ཆུང་ཆ་སྙོམས། རྐང་པ་ཕྱི་མ་མདུན་དུ་བསྲིང་དུས་རྐང་པའི་ལེབ་མགོ་མིག་གི་དཀྱིལ་དུ་ཐོན་ཐུབ། ཇ་མ་ཆུང་རིང་ལ་ཇ་མའི་རིང་ཚད་མགོ་གཟུགས་ཀྱི་ལྡབ3ལ་ཉེ་བ་རེད། རང་བྱུང་གི་རྣམ་པའི་འོག་ཏུ་ལུས་པོ་ཡོངས་ནི་ལྗང་མདོག་ཡིན་ལ་ལུས་པོའི་གཞོགས་ངོས་སུ་གསེག་ནས་ཡོད་པའི་མདོག་དཀར་པོ་ཅན་གྱི་ཐིག་རིས་ཡོད། ཐྲག་པའི་འོག་ཏུ་

མདོག་དམར་པོ་ཅན་གྱི་ཐིག་རིས་ཡོད། འཇིགས་སྐྲག་ཐེབས་པའམ་ཡང་ན་བྲེལ་འཚུབ་ཀྱི་རྣམ་པར་གནས་པའི་སྐབས་སུ་མདོག་ནི་ལྟང་སྨུག་ཏུ་འགྱུར་སྲིད་ལ། ལུས་པོའི་གཞོགས་ངོས་ཀྱི་མདོག་དཀར་པོ་ཡང་དེ་དང་བསྟུན་ནས་ཁམ་མདོག་ཏུ་འགྱུར་སྲིད།

སྐྱེ་ཁམས་གོམས་གཤིས། སྐྱེ་དངོས་འདིའི་རིགས་མཚོ་ངོས་ལས་མཐོ་ཚད་སྨི1200མན་གྱི་རྒྱུན་ལྟང་ལོ་མ་ཆེ་བའི་ནགས་ཚལ་གྱི་ཁྲོད་དུ་འཚོ་སྡོད་བྱེད་པ་དང་། སྲུག་རིང་འགོས་རྩངས་དང་ཕྲུའུ་ཧྲེ་རྡོ་རྩངས་སོགས་སྐྱེ་དངོས་རིགས་དང་ཁྱབ་ཁོངས་གཅིག་པ་ཡིན། གཙོ་བོར་སྡོང་པོའི་སྟེང་དུ་འཚོ་ལ་ཁ་ཟས་ནི་འབུ་སྲིན་སྦྲ་ཚོགས་སོགས་སྐལ་ཚོགས་མེད་པའི་སྲོག་ཆགས་ཡིན། ཉིན་དཀར་འགུལ་སྐྱོད་བྱེད་སྐབས་མགྱོགས་པར་མ་ཟད་ལུས་མདོག་ཁོར་ཡུག་དང་འདྲ་མཚུངས་ཡིན་པས་མཐོང་དཀའ་བ་དང་། མཚན་མོ་སྡོང་ཕྲན་གྱི་ཡལ་ག་ཕྲ་མོའི་སྟེང་ངམ་སྡོང་པོའི་ཡལ་གའི་སྟེང་དུ་ཉལ་ནས་ངལ་གསོ་བྱེད་ལ། བར་ཆད་བཟོས་རྗེས་འགུལ་སྐྱོད་དལ་བ་རེད། སྒོང་སྐྱེས་རིགས་ཡིན་ལ། མངལ་ལྡན་ཤི་བོ་ཞིག་གཤགས་བཅོས་བྱས་པ་ལས་འཇོང་དབྱིབས་ཀྱི་སྒོ་ང11ཡོད་པ་ཤེས་རྟོགས་བྱུང་།

ས་ཁམས་ཁྱབ་ཚུལ། མདོ་དབུས་མཐོ་སྒང་ལ་དམིགས་བསལ་དུ་ཡོད་པའི་སྐྱེ་དངོས་ཤིག་སྟེ། ཁྱབ་ཁོངས་ཀུ་དོག་སྟེ་མིག་ཐུར་བོད་ལྗོངས་ཀྱི་མེ་ཏོག་རྫོང་ཁོ་ནར་ཁྱབ་ཡོད།

ཉེན་བཅར་རིམ་པ། ཉེན་མེད། (LC)

སྲུང་སྐྱོབ་རིམ་པ། གནས་སྐབས་སུ་རྒྱལ་ཁབ་ཀྱིས་གཙོ་གནད་དུ་སྲུང་སྐྱོབ་བྱ་རྒྱུའི་སྲོག་ཆགས་ཀྱི་མིང་ཐོའི་ནང་ལ་བཀོད་མེད།

鬣蜥科 Agamidae　岩蜥属 *Laudakia*

6. 西藏岩蜥 *Laudakia papenfussi* Zhao, 1998

形态特征：体形较大，成年个体全长可达 30 厘米以上。身体扁平；头略呈三角形；体侧皮肤松弛，在背侧形成纵向和斜向的褶皱；四肢粗壮，指、趾发达，爪长而尖；尾呈圆柱状，长度约为头体长的 2 倍，覆以大而强起棱的鳞片，各鳞片排列成环并分节，背面每 4 行成一节，腹面每 3 行成一节；雄性腹部和肛前具胼胝鳞，雌性仅肛前具胼胝鳞，可作为雌、雄鉴别特征。自然状态下，头背面呈黑色或棕黑色；身体背面及侧面呈灰黑色，并散布淡黄色小斑点，背脊处的斑点常连缀成不规则的小短线；四肢及尾部背面灰黑色。头腹面多呈灰黑色并杂以白色斑点，体腹部灰黑色，胸部具白色虫纹，腹部具橘红色斑块。体色往往随年龄增大而加深。

生态习性：该物种主要栖息于海拔 3050—3300 米的河谷地带，多活动于路边土石及峭壁上，或藏匿于岩缝中，行动敏捷且警惕性较强。卵生，窝卵数 6—7 枚。有研究人员曾在野外观察到该物种取食花朵，而在实验饲养期间其主动取食昆虫，据此推测该物种应为杂食性。

地理分布：青藏高原特有物种。分布范围狭窄，目前仅记录分布于西藏札达县。

濒危等级：无危（LC）

保护等级：暂未列入国家重点保护野生动物名录。

རྩངས་པའི་རིགས། Agamidae བྲག་རྩངས་ཁོངས། *Laudakia*

6. བོད་ལྗོངས་བྲག་རྩངས། *Laudakia papenfussi* Zhao, 1998

གཟུགས་དབྱིབས་ཁྱད་ཆོས། གཟུགས་གཞི་ཆུང་ཆེ་བ་དང་། ནར་སོན་པའི་བྲག་རྩངས་ཀྱི་སྤྱིའི་རིང་ཚད་ནི་ལི་སྨི30ཡན་ཟིན་ཐུབ། ལུས་པོ་ལེབ་མོ་ཡིན་ལ་མགོ་བོ་ཟུར་གསུམ་དབྱིབས་སུ་མངོན། ལུས་པོའི་གཡོགས་ཀྱི་སྐྱི་པགས་སྐྱོད་པ་དང་རྒྱབ་ངོས་ནི་གཞུང་སྒྲིག་དང་གསེག་སྒྲིག་གི་ལྷེབ་གཉེར་གྱིས་གྲུབ་ཡོད། རྐང་ལག་བཞི་པོ་སྦོམ་ལ་མཛུབ་མོ་དང་རྐང་བའི་ལེབ་མགོ་ཆེ་ཞིང་། སྙེར་མོ་རིང་ལ་རྩེ་མོ་རྣོ་བ་དང་ཛ་མ་ཀ་ཟླུམ་དབྱིབས་སུ་མངོན། དེའི་རིང་ཚད་ཕལ་ཆེར་མགོ་གཟུགས་ཀྱི་ལྡབ2ཡོད། དེར་ཆེ་ཞིང་སྟོབས་ཆེ་བའི་རྩེ་མོ་ཅན་གྱི་ཁྲབ་བྱང་ལངས་ཡོད་ལ། ཁྲབ་བྱང་སོ་སོ་ཞ་ལོང་དུ་བསྒྲིགས་ནས་དུམ་བུ་རེ་གྲུབ་ཡོད་པ་དང་། རྒྱབ་ངོས་ནི་སྐར་བ4རེ་དུམ་བུ་རེ་བྱས་ནས་གྲུབ་པ་དང་ལྟོ་ངོས་སུ་སྐར་བ3རེ་དུམ་བུ་རེས་གྲུབ་ཡོད། ཕོ་རིགས་ཀྱི་ཕོ་བ་དང་བཤང་ལམ་གྱི་མདུན་དུ་ཤ་དྲིག་ཁྲབ་མོ་ཡོད་པ་དང་། མོ་རིགས་ཀྱི་བཤང་མདུན་ཁོ་ནར་ཤ་དྲིག་ཁྲབ་མོ་ཡོད་པ་དེ་མོ་དང་ཕོ་དབྱེ་འབྱེད་ཀྱི་ཁྱད་ཆོས་སུ་བརྩིས་ཆོག རང་བྱུང་གི་རྣམ་པའི་འོག་མགོའི་ཕྱི་ལྤག་མདོག་ནག་པོའམ་ཁམ་ནག་ཡིན་པ་དང་། ལུས་པོའི་རྒྱབ་ངོས་དང་གཡོགས་ངོས་ཀྱི་

མདོག་ནག་སྐྱ་ཡིན་པར་མ་ཟད། དེར་མདོག་སེར་སྐྱའི་ཁྲ་ཐིག་ཆུང་ཆུང་ཁྱབ་པ་དང་། སྒལ་ཚིགས་ཀྱི་ཁྲ་ཐིག་ནི་དོ་མི་མཉམ་པའི་ཐིག་དུམ་ཆུང་ཆུང་དུ་སྦྲེལ་ཡོད། སུག་བཞི་དང་ཇ་མའི་རྒྱབ་ངོས་ནག་སྐྱ་ཡིན་ལ་འོག་ཞབས་མང་ཆེ་བ་ཡང་ནག་སྐྱ་ཡིན་པར་མ་ཟད་དེའི་ནང་དཀར་ཐིག་འདྲེས་ཡོད། ལུས་ཀྱི་གསུས་ཁོག་ནག་སྐྱ་ཡིན་ལ་བྲང་ཁར་འབུ་རིས་དཀར་པོ་ཡོད་པ་དང་གསུས་ཁོག་ཏུ་ཁྲ་ཐིག་དམར་སེར་ཁྱབ་ཡོད། ལུས་མདོག་ནི་ལོ་ན་ཇེ་ཆེར་སོང་བ་དང་བསྟུན་ནས་ཇེ་ཟབ་ཏུ་འགྲོ་བཞིན་ཡོད།

སྐྱེ་ཁམས་གོམས་གཤིས། སྐྱེ་དངོས་འདིའི་རིགས་གཙོ་བོ་མཚོ་ངོས་ལས་མཐོ་ཚད་སྨི3050—3300བར་གྱི་གྲོག་རོང་ཁུལ་དུ་འཚོ་སྡོད་བྱེད་པ་དང་། ལམ་འགྲམ་གྱི་ས་ཧོ་དང་གཡང་གཟར་སྟེང་དུ་འགྲུལ་སྐྱོད་མང་ཙམ་བྱེད་པའམ་ཡང་ན་བྲག་སྲུབས་སུ་སྦས་སྐྱུང་བྱེད་པ་ཡིན། འགྲུལ་སྐྱོད་སྐྱེན་ཞིང་ངོགས་ཐོན་རང་བཞིན་ཅུང་ཆེ། སྒོང་སྐྱེས་སྲོག་ཆགས་ཀྱི་རིགས་ཤིག་ཡིན་ལ། བཙའ་ཐེངས་རེར6—7བར་ཡོད། ཞིབ་འཇུག་མི་སྣས་སྔོན་ཆད་རི་ཐང་ནས་ལྟ་ཞིབ་བྱེད་དུས་སྲོག་ཆགས་ཀྱི་རིགས་འདིས་མེ་ཏོག་ཟ་བ་མཐོང་མྱོང་མོད་ཀྱང་། གཟན་གསོ་ཚོད་ལྟ་བྱེད་སྐབས་འདིའི་རིགས་ཀྱིས་རང་འགུལ་དུ་འབུ་སྲིན་ཟ་བའང་མཐོང་བས། དེ་ལ་བརྟེན་ནས་སྲོག་ཆགས་རིགས་འདི་ནི་ཟས་རིགས་འདྲེས་མ་ཟ་བའི་རང་བཞིན་ཅན་ཞིག་ཡིན་པ་ཚོད་དཔག་བྱས།

ས་ཁམས་ཁྱབ་ཚུལ། འདི་ནི་མདོ་དབུས་མཐོ་སྒང་ལ་དམིགས་བསལ་དུ་ཡོད་པའི་སྲོག་ཆགས་ཤིག་ཡིན་ལ། ཁྱབ་ཁོངས་གུ་དོག་པས་མིག་སྔར་བོད་ལྗོངས་ཀྱི་རྫ་མདའ་རྫོང་ཁོ་ནར་ཁྱབ་ཡོད།

ཉེན་བཅར་རིམ་པ། ཉེན་མེད། (LC)

སྲུང་སྐྱོབ་རིམ་པ། གནས་སྐབས་སུ་རྒྱལ་ཁབ་ཀྱིས་གཙོ་གནད་དུ་སྲུང་སྐྱོབ་བྱ་རྒྱུའི་སྲོག་ཆགས་ཀྱི་མིང་ཐོའི་ནང་བཀོད་མེད།

7. 吴氏岩蜥 *Laudakia wui* Zhao, 1998

形态特征：体形较大，成年个体全长可达 30 厘米以上。背腹扁平；四肢粗壮，指、趾及爪发达；尾细长，覆以大而强起棱的鳞片，各鳞片排列成环并分节，背面每 4—5 行成一节，腹面每 3 行成一节；雄性腹部和肛前具胼胝鳞，雌性无胼胝鳞，可作为雌、雄鉴别特征。自然状态下，成年个体头背面呈棕灰色，体背面灰黑色，体侧颜色稍浅，腋部及胯部略偏蓝色；体背部具 7—8 条灰白色或灰蓝色横纹，贯穿背脊或略错开；四肢背面呈灰黑色，具浅色的模糊横纹；尾基颜色与体侧接近，向尾梢颜色逐渐加深成灰黑色；颌部前方灰色，后方棕灰色，隐约可见模糊的棕黑色纵纹，有的在喉部形成棕黑色斑；身体、四肢和尾基腹面多呈棕黄色或棕灰色，散布稀疏的灰黑色小点斑；幼体腹面及体侧多呈红色。

生态习性:该物种栖息于海拔 700—2350 米的热带、亚热带雨林河谷，常见于多碎石的石山向阳面。白昼活动，晴天日出后常趴伏于岩壁或大石上晒太阳，中午地表温度过高时活动频率降低。人接近时常昂首注视，受惊扰后快速躲入岩缝中或大石下。卵生。杂食性，主要以昆虫等无脊椎动物为食，兼食少量植物。

地理分布：青藏高原特有物种。分布范围狭窄，目前仅记录分布于西藏巴宜区、波密县及墨脱县。

濒危等级：无危（LC）

保护等级：暂未列入国家重点保护野生动物名录。

7. ཝུའུ་ཧྲི་བྲག་རྩངས་པ། *Laudakia wui* Zhao,1998

གཟུགས་དབྱིབས་ཁྱད་ཆོས། གཟུགས་གཞི་ཅུང་ཆེ་ལ་ནར་སོན་པའི་ཝུའུ་ཧྲི་བྲག་རྩངས་ཀྱི་སྤྱིའི་རིང་ཚད་ནི་ལི་སྨི30ཡན་ཐེན། སྟོ་བ་ལེབ་མོ་ཡིན་ལ་རྐང་ལག་བཞི་པོ་སྦོམ་པ་དང་། མཇུབ་མོ་དང་རྐང་བའི་ལེབ་མགོ སྲེར་མོ་བཅས་ཆེ། ཛ་མ་ཕྲ་ཞིང་རིང་ལ་དེར་ཆེ་ཞིང་སྟོབས་ཆེ་བའི་རྩེ་མོ་ཅན་གྱི་ཁྲབ་བྱང་གིས་ཁེབས་ཡོད། ཁྲབ་བྱང་སོ་སོ་ཨ་ལོང་དབྱིབས་སུ་སྟར་བསྒྲིགས་ཤིང་དུམ་ཚན་དུ་བགོས་པ་དང་། རྒྱབ་ངོས་སུ་སྟར་ཕྲེང4—5བར་དུམ་ཚན་གཅིག་ཡོད། གསུས་ངོས་སུ་སྟར་ཕྲེང3རེ་དུམ་ཚན་གཅིག་ཡོད། ཕོ་རིགས་ཀྱི་གསུས་ཁོག་དང་བཤང་ལམ་གྱི་མདུན་དུ་ཤ་དྲིག་ཁྲབ་མོ་ཡོད་པ་དང་། མོ་རིགས་ལ་ཤ་དྲིག་ཁྲབ་མོ་མེད་པ་ནི་མོ་དང་ཕོ་རིགས་ཀྱི་དབྱེ་འབྱེད་ཁྱད་ཆོས་ཡིན། རང་བྱུང་གི་རྣམ་པའི་འོག་ནར་སོན་པའི་ཝུའུ་ཧྲི་བྲག་རྩངས་ཀྱི་མགོའི་ལྟག་རྒྱབ་ཁམ་སྐྱ་ཡིན་པ་དང་། ལུས་རྒྱབ་ནག་སྐྱ་མདོག་ཡིན་ལ། ལུས་པོའི་གཞོགས་ངོས་ཀྱི་ཁ་དོག་ཅུང་སྲབ་པ་དང་། མཆན་ཁུང་དང་དཔྱི་མགོ་ཅུང་སྔོན་པོ་ཡིན། ལུས་པོའི་རྒྱབ་ངོས་སུ་སྐྱ་མདོག་གམ་སྔོ་སྐྱའི་མདོག་གི་འཕྲེད་རིས7—8ཡོད་པ་དེ་རྒྱབ་ངོས་སུ་ཁྱབ་པའམ་ཡང་ན་ཕར་འཁྱོར་ཚུར་འཁྱོར་དང་ཁྱབ་

ཡོད། རྐང་ལག་བཞི་པོའི་རྒྱབ་ངོས་ནག་སྐྱ་ཡིན་ལ་དེའི་སྟེང་དུ་མདོག་ནག་སྐྱའི་འཕྲེད་རིས་རབ་རིབ་ཅིག་ཀྱང་ཡོད། ཇ་མའི་རྨང་གཞིའི་ཁ་དོག་དང་ལུས་པོའི་གཞོགས་ངོས་ཀྱི་མདོག་ཚུར་ཉེ་བ་དང་ཇ་རྩེའི་ཕྱོགས་སུ་རིམ་བཞིན་མདོག་ཇེ་ཟབ་ཏུ་སོང་ནས་ནག་སྐྱར་གྱུར་ཡོད། མ་མགལ་གྱི་མདུན་ཕྱོགས་སྐྱ་མདོག་དང་ཕྱི་ཕྱོགས་ཁམ་སྐྱ་ཡིན་ལ། གསལ་ལ་མི་གསལ་བའི་མདོག་ཁམ་ནག་གི་གཞུང་རིས་ཤིག་ཀྱང་མཐོང་ཐུབ། ལ་ལའི་མིད་པའི་ངོས་སུ་ཁམ་ནག་གི་ཁྲ་ཐིག་ཡོད་ལ། ལུས་པོ་དང་སུག་བཞི། ཇ་རྩའི་ངོས་མང་ཆེ་བ་མདོག་ཁམ་སེར་འམ་ཁམ་སྐྱ་ཡིན་པ་དེར་ནག་ཐིག་ཐར་ཐོར་གྱིས་ཁྱབ་ཡོད། ལྟོ་གུའི་གསུས་ངོས་དང་གཞོགས་ངོས་མང་ཆེ་བའི་མདོག་དམར་པོ་ཡིན།

སྐྱེ་ཁམས་གོམས་གཤིས། སྦྲུལ་ཆགས་འདིའི་རིགས་མཚོ་ངོས་ལས་མཐོ་ཚད་སྨི700—2350བར་གྱི་ཚ་ཁྱུལ་དང་ཚ་ཁྱུལ་གྱི་ནགས་གྲོག་རོང་དུ་འཚོ་སྡོད་བྱེད་པ་དང་། རྒྱུན་དུ་རྡོ་ཧྲུག་མང་བའི་རྫ་རི་ཉེན་ཕྱོགས་སུ་མཐོང་། ཉིན་དཀར་འགྲུལ་སྐྱོད་བྱེད་པ་དང་། གནམ་དྭངས་ནས་ཉི་མ་ཤར་རྗེས་རྒྱུན་དུ་བྲག་ལྷེབས་སམ་རྡོ་ཆེན་སྟེང་དུ་ཉལ་ནས་ཉི་མར་ལྡེ་བ་རེད། ཉིན་གུང་ས་ངོས་ཀྱི་དྲོད་ཚད་མཐོ་དྲགས་པའི་སྐབས་སུ་འགྲུལ་སྐྱོད་བྱེད་ཚད་ཇེ་དམའ་རུ་འགྲོ་བཞིན་ཡོད། མི་ཉེ་སར་བཅར་ན་རྒྱུན་དུ་མགོ་བོ་དགྱེ་ནས་བལྟ་བ་དང་། བར་ཆད་ཐེབས་རྗེས་མྱུར་དུ་བྲག་གསེབ་དང་རྡོ་ཆེན་འོག་ཏུ་སྦས། སྒོང་སྐྱེས་རིགས་ཡིན་ལ། ཟས་རིགས་འདྲེས་མ་ཟ་བ་སྟེ། གཙོ་བོར་འབུ་སྲིན་སོགས་སྐལ་ཚིགས་མེད་པའི་སྲོག་ཆགས་ཟས་སུ་བསྟེན་ཞིང་། ཞོར་དུ་རྩི་ཤིང་ཅུང་ཙམ་ཡང་ཟ་བཞིན་ཡོད།

ས་ཁམས་ཁྱབ་ཚུལ། མདོ་དབུས་མཐོ་སྒང་དུ་དམིགས་བསལ་དུ་ཡོད་པའི་སྲོག་ཆགས་ཤིག་སྟེ། ཁྱབ་ཁོངས་གུ་དོག་པས་མིག་སྔར་བོད་ལྗོངས་ཀྱི་བྲག་ཡིབ་ཆུས་དང་སྨོ་བོ་རྫོང་དང་དེ་བཞིན་མེ་ཏོག་རྫོང་ཁོ་ནར་ཁྱབ་ཡོད་པ་རེད།

ཉེན་བཅར་རིམ་པ། ཉེན་མེད། (LC)

སྲུང་སྐྱོབ་རིམ་པ། གནས་སྐབས་སུ་རྒྱལ་ཁབ་ཀྱིས་གཙོ་གནད་དུ་སྲུང་སྐྱོབ་བྱ་རྒྱུའི་སྲོག་ཆགས་ཀྱི་མིང་ཐོའི་ནང་ལ་བཀོད་མེད།

8. 拉萨岩蜥 *Laudakia sacra* (Smith, 1935)

形态特征：体形较大，成年个体全长可达 40 厘米以上。身体扁平；头部略呈三角形，头长大于头宽；喉部具纵向喉囊，雄性喉囊较明显且在喉部形成横向喉褶；颈部皮肤松弛，具颈褶；颈背处具 1 行极低矮的刺鳞；四肢粗壮，后肢贴体前伸时最长趾可达下颌末端；指、趾发达，末端均具长而尖的爪；尾细长，呈圆柱状，覆以大而起强棱的鳞片，各鳞片排列成环并分节，背面每节 4 行，腹面每节 3—4 行；雄性腹部和肛前具胼胝鳞，雌性无胼胝鳞或仅肛前具胼胝鳞，可作为雌、雄鉴别特征。自然状态下，头背面多呈黑色，部分个体前额部棕黄色并带有黑色斑点，枕部黑色；体背面底色多为棕黄色，散布密集的杂色斑点或横纹；四肢及尾基部背面呈棕黄色或棕灰色，无横纹或具模糊的灰黑色横纹；尾中段及尾梢黑色；雄性腹面胼胝鳞多呈土黄色。

生态习性：该物种栖息于海拔 3000—4100 米的高海拔河谷中，常活动于多缝隙及碎石的石山附近。具有一定的领地性，通常由一成年雄性，若干成年雌性及幼体共同占领一堆石砾。白昼活动，晴天时多趴伏于岩壁或大岩石上晒太阳，警惕性高，稍受惊扰立即躲入岩缝或大石下。食性杂，以各种昆虫、花朵及嫩草为食。卵生，每年 7 月左右产卵，窝卵数多为 6—8 枚。

地理分布：青藏高原特有物种。仅分布于西藏拉萨市附近、乃东区、加查县、朗县、米林县等。

濒危等级：无危（LC）

保护等级：暂未列入国家重点保护野生动物名录。

8. ལྷ་སའི་བྲག་རྫངས། *Laudakia sacra* (Smith,1935)

གཟུགས་དབྱིབས་ཁྱད་ཆོས། གཟུགས་གཞི་ཅུང་ཆེ་ལ་ནར་སོན་པའི་ལྷ་སའི་བྲག་རྫངས་ཤིག་གི་སྤྱིའི་རིང་ཚད་ནི་ལི་སྨི40ཡན་ཟིན་ཐུབ། ལུས་པོ་ལེབ་མོ་ཡིན་ལ། མགོ་བོ་ཟུར་གསུམ་དབྱིབས་སུ་མངོན་པ་དང་མགོ་བོའི་རིང་ཚད་ནི་མགོ་ཞེང་ལས་ཆེ་བ་ཡིན། མིད་པར་གཞུང་ཕྱོགས་ཀྱི་ཤ་འབུར་ཡོད་པ་དང་། ཕོ་རིགས་ཀྱི་མིད་པའི་ཤ་འབུར་ཅུང་མངོན་གསལ་ཡོད་པ་མ་ཟད་མིད་པར་འཕྲེད་ཕྱོགས་ཀྱི་ལྤེབ་གཉེར་གྲུབ་ཡོད། མཛིང་བའི་སྐྱི་པགས་སྐོད་ཡོད་པ་དང་སྐེ་ལྤེབ་ཡོད། སྐེ་རྒྱབ་ཏུ་ཏ་ཙང་ཐུང་བའི་ཚེར་ཁྲབ་ཡོད་ལ། རྐང་ལག་བཞི་པོ་སྲོམ་པ་དང་རྐང་བ་མདུན་དུ་བསྲིང་དུས་ཆེས་རིང་བའི་རྐང་བ་མ་མགལ་གྱི་མཐུག་སྣེ་ལ་སླེབས་ཐུབ། མཇུག་མ་དང་རྐང་བའི་ལེབ་མགོ་དར་རྒྱས་ཆེ་ལ། མཇུག་སྣེ་ཚང་མར་རིང་ཞིང་རྣོ་བའི་སྒེར་མོ་ཡོད། ཛ་མ་ཕྲ་ཞིང་རིང་ལ་ཀ་ཟླུམ་དབྱིབས་སུ་མངོན་པ་དང་། དེར་ཆེ་ཞིང་སྟོབས་པའི་ཁྲབ་བྱང་གིས་ཁེབས་ཡོད། ཁྲབ་བྱང་སོ་སོ་གདུབ་དབྱིབས་སུ་བསྒྲིགས་ནས་དུམ་བུར་བགོས་པ་དང་། རྒྱབ་ངོས་ཀྱི་དུམ་བུ་རེར་ཐིག་ཕྲེང4དང་གསུམ་ངོས་ཀྱི་དུམ་བུ་རེར་ཐིག་ཕྲེང3—4ཡོད། ཕོ་རིགས་ཀྱི་གསུས་ཁོག་དང་བཤང་ལམ་

གྱི་མདུན་དུ་ཤ་དྲིག་ཁྲབ་བྱུང་ཡོད་པ་དང་། མོ་རིགས་ལ་ཤ་དྲིག་ཁྲབ་བྱུང་མེད་པའམ་ཡང་ན་བཤད་ལམ་གྱི་མདུན་ཕོ་ནར་ཤ་དྲིག་ཁྲབ་བྱུང་ཡོད་པ་དེ་མོ་རིགས་དང་ཕོ་རིགས་དབྱེ་འབྱེད་ཀྱི་ཁྱད་ཆོས་ཤིག་ཡིན། རང་བྱུང་གི་རྣམ་པའི་འོག་མགོའི་ལྤག་རྒྱབ་ནག་པོ་ཡིན་པ་དང་། ཆ་ཤས་ཤིག་གི་དཔྲལ་བ་ཁམ་སེར་ཡིན་པ་མ་ཟད་ནག་ཐིག་ཡོད་པ་དང་། ཐུས་མགོ་ནག་པོ་ཡིན། ལུས་ཀྱི་རྒྱབ་ངོས་ཀྱི་མདོག་མང་ཆེ་བ་ཁམ་སེར་ཡིན་ལ། དེར་ཚགས་དམ་པའི་མདོག་སྣ་ཚོགས་ཀྱི་ཁྲ་ཐིག་གམ་འཕྲེད་རིས་ཁྲབ་ཡོད། རྐང་ལག་བཞི་པོ་དང་ཧ་རྩའི་རྒྱབ་ངོས་ནི་ཁམ་སེར་འམ་ཁམ་སྐྱ་ཡིན་ལ། འཕྲེད་རིས་མེད་པའམ་ཡང་ན་རབ་རིབ་ཀྱི་འཕྲེད་རིས་ནག་སྐྱ་ཞིག་ལས་མེད། ཧ་མའི་དཀྱིལ་རྒྱུད་དང་ཧ་རྩེ་ནག་པོ་ཡིན། ཕོ་རིགས་ཀྱི་གསུས་ངོས་སུ་ས་སེར་མདོག་གི་ཤ་དྲིག་ཁྲབ་བྱུང་ཡོད།

སྐྱེ་ཁམས་གོམས་གཤིས། སྲོག་ཆགས་འདིའི་རིགས་མཚོ་ངོས་ལས་མཐོ་ཚད་སྨི3000—4100བར་གྱི་ས་བབ་མཐོ་བའི་ལུང་གཞུང་དུ་འཚོ་སྡོད་བྱེད་པ་དང་། རྒྱུན་དུ་སྦུབས་ཀ་མང་བ་དང་རྡོ་རྡུག་མང་བའི་རྡོ་རིའི་ཉེ་འགྲམ་དུ་འགྲུལ་སྐྱོད་བྱེད་ཀྱིན་ཡོད། ས་ཁོངས་རང་བཞིན་ངེས་ཅན་ལྡན་པ་དང་། རྒྱུན་པར་ནར་སོན་པའི་ཕོ་རིགས་དང་ནར་སོན་པའི་མོ་རིགས་དང་རྩངས་ཕྲུག་འགའ་ཡིས་མཉམ་དུ་རྡོ་རྡུག་མང་པོ་བཟུང་ཡོད། ཉིན་དཀར་འགྲུལ་སྐྱོད་བྱེད་ལ། གནམ་དྭངས་སྐབས་ཐྲག་ལྡེབས་སམ་ཐྲག་རྡོ་ཆེན་པོའི་ཐོག་མང་ཙམ་ཉལ་ནས་ཉི་མར་ལྡེ་བ་དང་། དོགས་ཟོན་ཆེ་བས་དངངས་སྐྲག་ཕྲན་བུ་བྱུང་ཚེ་འཕྲལ་མར་ཐྲག་སྦུབས་སམ་རྡོ་ཆེན་འོག་ཏུ་ཡིབ་ནས་སྡོད་ཀྱིན་ཡོད། ཟས་རིགས་འདྲེས་མ་ཟ་བའི་རིགས་ཏེ། འབུ་སྲིན་སྣ་ཚོགས་དང་མེ་ཏོག་དང་རྩྭ་གསར་སོགས་ཟས་སུ་བྱེད་པ་ཡིན། སྒོང་སྐྱེས་རིགས་ཏེ། ལོ་རེའི་ཟླ7པའི་ཡར་མར་ལ་སྒོང་གཏོང་བ་དང་། མང་ཆེ་བར་སྒོང6—8བར་གཏོང་བ་ཡིན།

ས་ཁམས་ཁྱབ་ཚུལ། མདོ་དབུས་མཐོ་སྒང་ལ་དམིགས་བསལ་དུ་ཡོད་པའི་སྲོག་ཆགས་ཤིག་སྟེ། བོད་ལྗོངས་ཀྱི་ལྷ་ས་གྲོང་ཁྱེར་གྱི་ཉེ་འདབས་དང་སྟེ་གདོང་ཆུས། རྒྱ་ཚ་རྫོང་། སྣང་རྫོང་། སྨན་གླིང་རྫོང་སོགས་ཁོ་ནར་ཁྱབ་ཡོད།

ཉེན་བཅར་རིམ་པ། ཉེན་མེད། (LC)

སྲུང་སྐྱོབ་རིམ་པ། གནས་སྐབས་སུ་རྒྱལ་ཁབ་ཀྱི་གཙོ་གནད་དུ་སྲུང་སྐྱོབ་བྱ་རྒྱུའི་སྲོག་ཆགས་ཀྱི་མིང་ཐོའི་ནང་ལ་བཀོད་མེད།

9. 西藏沙蜥 *Phrynocephalus theobaldi* Blyth, 1863

形态特征:体形较小，成年个体全长约 10 厘米。头呈三角形，短而高；体短而扁平，背脊部鳞片略呈覆瓦状排列；四肢鳞片平滑，指、趾较短；尾呈圆柱形，末端较钝。自然状态下，体背多呈浅灰色或棕色，散布黑色或浅色镶黑边的眼状斑；背部两侧具 2 列略呈纵行的黑色锥鳞丛；四肢和尾背具黑色斑点或横斑；腹面多呈白色；雄性个体咽部、腹中线和尾梢腹面呈黑色；雌性个体尾梢腹面呈橘黄色。

生态习性：该物种主要栖息于海拔 3000—4800 米的高山荒漠环境，多见于山麓冲积、洪积形成的倾斜沙砾地带、丘陵缓坡及河湖沿岸的干燥砂砾地或沙丘上。栖息环境植被覆盖度低，仅生有稀疏的旱生灌丛。掘穴而居，洞口多开于草丛、灌丛或石块下，最深处距地表可达半米以上。白昼活动，清晨出洞晒太阳及觅食，主要捕食小型昆虫，兼食少量植物的花和嫩叶。发现猎物时，立即伏身地面，摇动尾巴缓慢前进，待接近猎物后便纵身跃起，张口扑咬。受到惊扰时，常迅速跑出 2—5 米，随即止步，昂首观察，若仍感危险，则继续急速逃窜。活跃程度及行动敏捷程度随温度升高而增加，中午及下午达到日活动高峰，20 时左右返回洞中。该物种营胎生繁殖以适应高原严酷的气候环境，即胚胎从母体中发育完全才产出，此举能够保护胚胎不受外界环境的伤害，加速胚胎的发育，大大降低外界环境对胚胎孵化的影响。每年 8 月上旬起可见大量个体开始产仔。

地理分布：青藏高原广布种。广泛分布于西藏拉萨市、林芝市、日喀则市、阿里地区等，国内还分布于新疆；国外分布于印度、尼泊尔及哈萨克斯坦。

濒危等级：无危（LC）

保护等级：暂未列入国家重点保护野生动物名录。

རྩངས་པའི་རིགས། Agamidae ཐེ་རྩངས་ཁོངས། *Phrynocephalus*

9. བོད་ལྗོངས་ཐེ་རྩངས། *Phrynocephalus theobaldi* Blyth, 1863

གཟུགས་དབྱིབས་ཁྱད་ཆོས། གཟུགས་གཞི་ཅུང་ཆུང་བ་དང་ནར་སོན་པའི་བོད་ལྗོངས་ཐེ་རྩངས་ཤིག་གི་སྤྱིའི་རིང་ཚད་ལ་ལི་སྨི10ཙམ་ཡོད། མགོ་ནི་ཟུར་གསུམ་དབྱིབས་སུ་མངོན་ལ་ཐུང་ཞིང་མཐོ་བ་དང་། གཟུགས་ཐུང་ཞིང་ལེབ་མོ་ཡིན་ལ་སྐལ་ཚོགས་ཀྱི་ཁྲབ་ལེབ་ཅུང་ཟད་ཁང་ཀླད་ཀྱི་རྫ་ལེབ་དབྱིབས་ལྟར་བསྒྲིགས་ཡོད། སུག་བཞིའི་ཁྲབ་ལེབ་འཛམ་ལ་མཛུབ་མོ་དང་རྐང་བའི་ལེབ་མགོ་ཅུང་ཐུང་བ་ཡིན། མཇུག་མ་ནི་ཀ་ཟླུམ་དབྱིབས་སུ་མངོན་ལ། མཇུག་སྣེ་ཅུང་རྟུལ་པོ་ཡིན། རང་བྱུང་གི་རྣམ་པའི་འོག་ལུས་རྒྱབ་མང་ཆེ་བ་སྐྱ་སྐྱའམ་ཁམ་མདོག་ཡིན་པ་དང་། ནག་པོའམ་སྐྱ་མདོག་གིས་མཐའ་རྒྱན་པའི་མིག་དབྱིབས་ཁྲ་ཐིག་ཁྱབ་ཡོད་པ་དང་། རྒྱབ་ཀྱི་གཞོགས་གཉིས་སུ་ཅུང་གཞུང་ཚུགས་འབབ་པའི་མདོག་ནག་པོའི་སྣུང་དབྱིབས་ཁྲབ་ཚོམ་སྟར་གཉིས་ཡོད། རྐང་ལག་བཞི་པོ་དང་ཇ་མའི་རྒྱབ་ཏུ་ནག་ཐིག་གམ་འཕྲེད་ཐིག་ཡོད་པ་དང་། གསུས་ངོས་མང་ཆེ་བ་དཀར་པོ་ཡིན་ལ། ཕོ་རིགས་ཀྱི་མིད་པ་དང་གསུས་པའི་དཀྱིལ་ཐིག ཇ་སྟེའི་ཞབས་ངོས་བཅས་མདོག་ནག་པོ་ཡིན། མོ་རིགས་ཀྱི་ཇ་སྟེའི་ཞབས་ངོས་མདོག་དམར་སེར་ཡིན།

སྐྱེ་ཁམས་གོམས་གཤིས། སྲོག་ཆགས་འདིའི་རིགས་གཙོ་བོ་མཚོ་ངོས་ལས་མཐོ་ཚད་སྨི3000—4800བར་གྱི་རི་མཐོའི་བྱེ་ཐང་གི་ཁོར་ཡུག་ཏུ་འཚོ་སྡོད་བྱེད་ཀྱིན་ཡོད་པ་དང་། རི་འདབས་སུ་ཆུ་བསགས་པ་དང་ཆུ་ལོག་བསགས་པ་ལས་གྲུབ་པའི་གསེག་པའི་བྱེ་མའི་ས་ཁུལ་དང་། དེའུ་འབྲུར་རི་ལྷེབས་དང་དེ་བཞིན་ཆུ་བོ་དང་མཚོའུ་འགྲམ་རྒྱུད་ཀྱི་སྐམ་ཤས་ཆེ་བའི་བྱེ་མའི་ས་ཁུལ་ལམ་བྱེ་སྔང་ཐོག་བཅས་སུ་མཐོང་རྒྱུ་མང་། འཚོ་སྡོད་བྱེད་སའི་ཁོར་ཡུག་གི་སྡོ་ཁེབས་ཀྱི་ཁེབས་ཚད་དམའ་བ་དང་། ཐར་ཐོར་གྱི་སྡོང་ཕྲན་ནགས་རྫོབ་ལས་སྐྱེས་མེད། ཁུང་བུ་བརྐོས་ནས་སྡོད་པ་དང་ཕུག་སྒོ་མང་ཆེ་བ་རྩྭ་གསེབ་དང་སྡོང་ཕྲན་ནགས་རྫོབ་ཡང་ན་རྡོ་འོག་ཏུ་ཕྱེ་ནས་ཆེས་ཟབ་ས་ནས་ས་ངོས་དང་བར་ཐག་སྨི་ཕྱེད་ཀ་ཡན་ཟིན་ཐུབ། ཉིན་དཀར་འགུལ་སྐྱོད་བྱེད་ལ། ཞོགས་པར་ཁུང་བུ་བཏོན་ལ་ནས་ཉི་མར་ལྡེ་བ་དང་ཟས་འཚོལ་བ་ཡིན་ལ། ཁ་ཟས་སུ་གཙོ་བོར་འབུ་སྲིན་ཆུང་གྲས་ཟ་བ་དང་། རྩི་ཤིང་ཞུང་ཤས་ཀྱི་མེ་ཏོག་དང་ལོ་མ་གསར་བའང་ཞོར་དུ་ཟ་བ་ཡིན། ཁ་ཟས་མཐོང་མ་ཐག་མྱུར་དུ་ས་ངོས་སུ་མར་འཛབ་ནས་ཛ་མ་གཡུག་བཞིན་དལ་མོར་མདུན་དུ་བསྐྱོད་པ་དང་། ཁ་ཟས་དང་ཉེ་བར་བཅར་རྗེས་མཆོང་ལྡིང་བྱེད་བཞིན་ཁ་གདངས་ནས་སོ་འདེབས་པ་ཡིན། དངངས་སྐྲག་སྐྱེ་སྐབས་རྟག་ཏུ་མགྱོགས་པོའི་ངང་སྨི2—5བར་བརྒྱུགས་རྗེས་དེ་མ་ཐག་ཏུ་གོམ་པ་སྒྲོ་མཚམས་བཞག་ནས་མགོ་བོ་བཏེགས་ཏེ་ལྟ་ཞིབ་བྱེད་ལ། གལ་སྲིད་ སྡར་བཞིན་ཉེན་ཁ་ཡོད་ཚེ་མུ་མཐུད་མགྱོགས་མྱུར་ངང་བྲོས་བྱོལ་དུ་འགྲོ་བ་ཡིན། འབྲུག་ཆ་དོད་ཚད་དང་འགུལ་སྐྱོད་སྐྱིན་ཚད་ནི་དྲོད་ཚད་མཐོ་རུ་ཕྱིན་པ་དང་བསྟུན་ནས་ཡར་འཕར་བ་དང་། ཉིན་གུང་དང་ཕྱི་དྲོ་ནི་ཉིན་རེའི་འགུལ་སྐྱོད་བྱེད་ཚད་ཆེས་མང་བའི་དུས་ཡིན། ཆུ་ཚོད20ཡས་མས་སུ་དོང་ཕུག་ནང་ཕྱིར་ལོག་པ་རེད། སྲོག་ཆགས་རིགས་འདི་སྐྱེ་འཕེལ་བྱེད་སྟངས་ནི་ས་མཐོའི་གདུག་རྩུབ་ཆེ་བའི་ནམ་གཤིའི་ཁོར་ཡུག་དང་འཚམ་པའི་སྒོ་ནས་སྐྱེ་འཕེལ་བྱ་སྟེ། མངལ་སྦྲུམ་པ་ནས་འཚར་ལོངས་ཡོངས་སུ་བྱུང་རྗེས་ད་གཟོད་བཙའ་བས། བྱེད་སྟངས་དེས་ཕྲུ་གུ་ལ་ཕྱི་རོལ་ཁོར་ཡུག་གི་གནོད་འཚེ་མི་ཐོག་པར་བྱེད་ཐུབ་པ་དང་། ཕྲུ་གུ་འཚར་ལོངས་བྱུང་བ་ཇེ་མགྱོགས་སུ་བཏང་ནས་ཕྱི་རོལ་ཁོར་ཡུག་གིས་ཐེབས་སྲིད་པའི་གནོད་འཚེ་ཆེས་ཆེར་ཆུང་དུ་བཏང་ཡོད། ལོ་རེའི་ཟླ8པའི་ཟླ་སྟོད་ནས་བཟུང་བྱེ་རྩངས་འཕོར་ཆེན་ཞིག་གིས་ཕྲུ་གུ་སྐྱེ་འགོ་ཚུགས་པ་མཐོང་ཐུབ།

ས་ཁམས་ཁྱབ་ཚུལ། མདོ་དབུས་མཐོ་སྒང་དུ་རྒྱ་ཆེར་ཁྱབ་ཡོད་དེ། བོད་ལྗོངས་ཀྱི་ལྷ་ས་གྲོང་ཁྱེར་དང་ཉིང་ཁྲི་གྲོང་ཁྱེར། གཞིས་རྩེ་གྲོང་ཁྱེར། མངའ་རིས་ས་ཁུལ་སོགས་སུ་རྒྱ་ཁྱབ་ཏུ་ཁྱབ་ཡོད་པ་དང་། ད་དུང་རྒྱལ་ནང་གི་ཞིན་ཅང་དུ་ཁྱབ་ཡོད་ལ། ཕྱི་རྒྱལ་གྱི་རྒྱ་གར་དང་བལ་པོ། ཏ་སག་སི་ཐན་བཅས་སུ་ཁྱབ་ཡོད།

ཉེན་བཅར་རིམ་པ། ཉེན་མེད། (LC)

སྲུང་སྐྱོབ་རིམ་པ། གནས་སྐབས་སུ་རྒྱལ་ཁབ་ཀྱིས་གཙོ་གནད་དུ་སྲུང་སྐྱོབ་བྱ་རྒྱུའི་སྲོག་ཆགས་ཀྱི་མིང་ཐོའི་ནང་ལ་བཀོད་མེད།

10. 青海沙蜥 *Phrynocephalus vlangalii* Strauch, 1876

形态特征：体形较小，成年个体全长约 10 厘米。身体短宽而扁平，背部披圆形粒鳞，脊鳞较体侧鳞略大；四肢短粗；尾细长，尾长与头体长几乎相等，尾基部扁平，向尾梢逐渐变圆，末端细钝。自然状态下，通体背面呈黄褐色，头部散布少量黑色斑点；背脊中央有一浅色纵纹，自头后延伸至尾基（部分个体纵纹不明显），纵纹两侧具大块深色色斑成列排布，周围散布浅色小圆斑；雄性个体颏部、胸部及腹部具深色色斑，尾梢腹面呈黑色；雌性个体颏部、胸部及腹部色斑较浅且小，尾梢腹面呈橙黄色或橙红色，可作为雌雄鉴别特征；幼体腹面多为黄白色，不具黑色色斑。

生态习性：该物种主要栖息于海拔 2000—4500 米的青藏高原干旱沙带及镶嵌在草甸、草原之间的沙地和丘状高地。掘穴而居，洞口圆形，大多朝南或东南方向，以便其获取充足的太阳辐射。洞道多无分支，径直斜向地下，洞道长短及深浅与个体体形大小成正比，长度多在 20—110 厘米之间，最深处距地面的垂直距离可超半米。白昼活动，以蝗虫、蚂蚁及甲虫等小型无脊椎动物为食，其中尤以蚂蚁的占比较高。胎生，每年 8 月产仔，每胎 2—4 仔。幼体在越冬前集中出生，冬季与成体共享洞穴，尤以雌性个体搭配幼体的组合最为普遍，这种“抱团取暖”的越冬方式可有效降低极端寒冷天气对幼体的威胁。此外，有研究表明，青海沙蜥可以通过特殊的肢体动作进行交流，如通过调节卷曲和甩动尾巴的幅度和速度传递个体的身体状况和洞穴质量等信息，这种信息传递有助于缓解个体之间的社会冲突和辅助配偶评估。

地理分布：青藏高原特有物种。广泛分布于青海全境及甘肃、新疆和四川的部分地区。

濒危等级：无危（LC）

保护等级：暂未列入国家重点保护野生动物名录。

10. མཚོ་སྔོན་གྱི་བྱེས་སྐྱེས་རྩངས་པ། *Phrynocephalus vlangalii* Strauch,1876

གཟུགས་དབྱིབས་ཁྱད་ཆོས། གཟུགས་གཞི་ཅུང་ཆུང་། ཆེར་སོན་དུས་གཟུགས་པོའི་རིང་ཚད་ལ་ཕལ་ཆེར་ལི་སྨི10ཡོད། ལུས་པོ་ཐུང་ཞིང་ལེབ་མོ་ཡིན་པ་དང་། རྒྱབ་ཏུ་སྒོར་དབྱིབས་ཀྱི་ཁྲབ་ཡོད། སྐལ་ཚོགས་ཅུང་ཆེ་ལ་རྐང་ལག་བཞི་པོ་ཐུང་ཞིང་སྦོམ་པ་དང་། རྔ་མ་ཕྲ་ཞིང་རིང་བ། རྔ་མའི་རིང་ཚད་དང་མགོ་བོའི་རིང་ཚད་ཕལ་ཆེར་འདྲ། རྔ་མའི་རྩ་བ་ལེབ་མོ་ཡིན་ལ་མཇུག་སྣེ་ཕྲ་ཞིང་རྟལ་ལ་རིམ་བཞིན་ཟླུམ་པོར་གྱུར་ཡོད། རང་བྱུང་གི་རྣམ་པའི་འོག་ཏུ། ལུས་ཡོངས་ཀྱི་རྒྱབ་ངོས་ཀྱི་མདོག་སེར་པོ་ཡིན་པ་དང་། མགོ་ལ་ནག་ཐིག་ཞུང་ཙམ་ཁྲབ་པ། སྐལ་ཚོགས་ཀྱི་དཀྱིལ་དུ་སྐྱ་མདོག་གི་གཞུང་རིས་ཤིག་ཡོད་པ་དེ་མགོ་ནས་མཇུག་བར་དུ་བསྲིངས་ཡོད། གཞུང་རིས་ཀྱི་གཡོགས་གཉིས་སུ་མདོག་ནག་པོའི་ཁྲ་ཐིག་ཆེན་པོ་ཞིག་ཡོད་པ་དང་། མཐའ་འཁོར་ནི་མདོག་སྐྱ་བོའི་སྒོར་ཐིག་ཆུང་ཆུང་ཁྲབ་ཡོད། ཕོ་རིགས་ཀྱི་བྲང་ཁོག་དང་གསུས་ཁོག་ལ་མདོག་ནག་པོའི་ཁྲ་ཐིག་ཡོད་ལ་མཇུག་སྣེ་ནག་པོ་ཡིན་པ་དང་། མོ་རིགས་ཀྱི་བྲང་ཁོག་དང་གསུས་ཁོག་གི་མདོག་ཅུང་ཐབ་པར་མ་ཟད་ཆུང་ལ་མཇུག་སྣེ་གསུས་ངོས་ནི་སེར་པོའམ་དམར་པོ་ཡིན་པས་ཕོ་མོ་དབྱེ་འབྱེད་ཀྱི་ཁྱད་

ཚོས་སུ་བརྗིས་ཚོག ཕྲུ་གུའི་གསུས་ངོས་མང་ཆེ་བ་ནི་སེར་པོ་དང་དཀར་པོ་ཡིན་པ་ལས་ནག་པོའི་ཁྲ་ཐིག་མེད།

སྐྱེ་ཁམས་གོམས་གཤིས། སྲོག་ཆགས་འདིའི་རིགས་གཙོ་བོ་མཚོ་ངོས་ལས་མཐོ་ཚད་སྨི2000—4500བར་གྱི་མདོ་དབུས་མཐོ་སྒང་གི་ཐན་སྐམ་བྱེ་རྒྱུད་དང་། རྩྭ་ཐང་དང་རྩྭ་ཐང་བར་གྱི་བྱེ་ཐང་དང་དེའུ་འབུར་སོགས་སུ་འཚོ་སྡོད་བྱེད་བཞིན་ཡོད། རང་གིས་ཕུག་སྒོ་བྲུམ་པོ་ཡིན་པའི་ཁུང་བུ་བརྐོས་ནས་འཚོ་སྡོད་བྱས་ཡོད། ཁུང་བུ་མང་ཆེ་བའི་ཁ་སྔོ་ཕྱོགས་དང་ཤར་སྔོའི་ཕྱོགས་སུ་འཁོར་ཡོད་པས་ཉི་འོད་འདང་ངེས་འཕྲོ་ཐུབ། ཁུང་བུར་ཡན་ལག་མེད་པར་ཐད་ཀར་ས་འོག་ཏུ་གསེག་ཡོད་པས་ཁུང་བའི་ཟབ་ཚད་དང་གཟུགས་གཞིའི་ཆེ་ཆུང་མཐུན། ཁུང་བའི་རིང་ཚད་མང་ཆེ་བ་ནི་ལི་སྨི20—110བར་ཡིན་ལ་ཆེས་ཟབ་ས་ནས་ས་ངོས་བར་གྱི་དྲང་འཕྱང་བར་ཐག་སྨི་ཕྱེད་ཀ་ལས་བརྒལ་ཐུབ། ཉིན་དཀར་འབུ་ཆ་ག་པ་དང་གྲོག་མ་དང་སྦྲང་བ་སོགས་སྐལ་ཚོགས་མེད་པའི་སྲོག་ཆགས་ཆུང་གྲས་བཟུང་ནས་ཁ་ཟས་སུ་བྱེད་པ་དང་ལྷག་པར་དུ་གྲོག་མ་འཛིན་ཚད་མང་ཙམ་ཡོད། ལོ་རེའི་ཟླ8པར་ཕྲུ་གུ་བཙའ་བ་དང་བཙའ་ཐེངས་རེ་ལ་ཕྲུ་གུ2—4བར། ཕྲུ་གུ་དགུན་མ་ཐོན་གོང་གཅིག་སྡུད་ཐོག་བཙའ་དང་དགུན་དུས་གཟུགས་གྲུབ་ནས་ཁུང་བུ་མཉམ་སྤྱོད་བྱེད་པ་དང་། ལྷག་པར་དུ་མོ་རིགས་ཀྱིས་ཕྲུ་གུ་ཆ་སྡེབ་ནས་གནས་པ་མང་བ་དང“ཚོགས་པ་བསྒྲིགས་ནས་ཕན་ཚུན་ཉོད་ལེན་པའི”དགུན་སྐྱེལ་སྟངས་དེ་རིགས་ཀྱིས་གྲང་ངར་ཤིན་ཏུ་ཆེ་བའི་གནམ་གཤིས་ཀྱིས་ཕྲུ་གུར་འཇིགས་སྐྱོལ་ཐེབས་ཚད་ནུས་ལྡན་དང་དམའ་རུ་གཏོང་ཐུབ། ཞིབ་འཇུག་བྱས་པ་ལས་མཚོ་སྔོན་གྱི་བྱེ་རྩངས་ཀྱིས་དམིགས་བསལ་གྱི་ཡན་ལག་འགྲུལ་སྟངས་ལ་བརྟེན་ནས་བསམ་བློ་བརྗེ་རེས་བྱེད་ཚོག་སྟེ་དཔེར་ན་འཁྱིལ་བ་དང་ཇ་མ་གཡུག་པའི་ཚད་དང་མྱུར་ཚད་སྟོམ་སྒྲིག་བྱས་པ་བརྒྱུད་གཟུགས་པོའི་གནས་ཚུལ་དང་ཁུང་བུའི་ སྲུས་ཚད་སོགས་ཀྱི་ཆ་འཕྲིན་བརྒྱུད་སྤྲོད་བྱེད་པ་དང་། ཆ་འཕྲིན་བརྒྱུད་སྤྲོད་དེ་རིགས་ཀྱིས་ཕན་ཚུན་དབར་གྱི་གདོང་གཏུག་ཞི་སྐྱོད་དུ་གཏོང་བ་དང་ཕོ་མོའི་འབྲེལ་བར་རམ་འདེགས་བྱ་རྒྱུར་ཕན་ཐོགས་ཡོད་པར་མངོན།

ས་ཁམས་ཁྱབ་ཚུལ། མདོ་དབུས་མཐོ་སྒང་ལ་དམིགས་བསལ་དུ་ཡོད་པའི་སྲོག་ཆགས། མཚོ་སྔོན་གྱི་མངའ་ཁོངས་ཡོངས་དང་ཀན་སུའུ། ཞིན་ཅང་། སི་ཁྲོན་བཅས་ཀྱི་ས་ཁུལ་ཁ་ཤས་སུ་རྒྱ་ཁྱབ་ཏུ་ཁྱབ་ཡོད།

ཉེན་བཅར་རིམ་པ། ཉེན་མེད། (LC)

སྲུང་སྐྱོབ་རིམ་པ། གནས་སྐབས་སུ་རྒྱལ་ཁབ་ཀྱིས་གཙོ་གནད་དུ་སྲུང་སྐྱོབ་བྱ་རྒྱུའི་ཐེམ་སྐྱེས་སྲོག་ཆགས་ཀྱི་མིང་ཐོའི་ནང་ལ་བཀོད་མེད།

11. 红尾沙蜥 *Phrynocephalus erythrurus* Zugmayer, 1909

形态特征：体形较小，成年个体全长约 10 厘米。头呈三角形，短而高；吻端钝圆，略向上翘起；体鳞光滑，无棱或突起的鳞丛；四肢均较短，前肢贴体前伸时，仅中间 3 指略超过吻端，后肢贴体前伸时，趾端仅达腋部；尾细短，尾长与头体长几乎相等。自然状态下，通体背面呈暗灰色，散布有浅色圆斑；沿背脊正中有 2 纵列黑斑，部分彼此相连或向体侧延伸成横纹状；四肢背面连同指、趾均有黑斑或由此连成的横纹；爪白色；尾背具 9—11 个黑色半环；颌缘、吻端、眼睑、四肢和背、尾的斑纹间呈现棕红色；胸腹部淡红色，随年龄增长逐渐出现黑斑，并不断扩大；成年雄性尾较粗大，自肛孔至尾梢呈深黑色，雌性尾较细短，腹面不呈黑色，尾梢部呈橘红色。在原始描述中曾依据有限的标本记录该物种具有红色的尾梢，并以此特征将该物种命名为“红尾”，但实际上仅有成年雌性具有此特征，雄性及幼体尾梢均不呈红色。

生态习性：该物种栖息于海拔 4500—5300 米的羌塘高原的荒漠沙地，所处栖息地气候环境严酷，寒冷季节漫长，无真正的夏季，植被覆盖度仅有 30%—50%，几乎无其他爬行动物与之同域分布，是世界上已知分布海拔最高的爬行动物之一。该物种灵活机敏，行动迅捷，主要捕捉各种昆虫为食。胎生，每年 5—9 月繁殖，每胎产仔 2—3 只。

地理分布：青藏高原特有物种。分布于西藏安多县、色尼区、申扎县、双湖县、当雄县等羌塘高原地区及青海沱沱河。

濒危等级：无危（LC）

保护等级：暂未列入国家重点保护野生动物名录。

11. ཛ་དམར་ཟྭེས་སྐྱེས་རྩངས་པ། *Phrynocephalus erythrurus* Zugmayer, 1909

གཟུགས་དབྱིབས་ཁྱད་ཆོས། གཟུགས་གཞི་ཅུང་ཆུང་། ཆེར་སོན་དུས་ཀྱི་གཟུགས་པོའི་རིང་ཚད་ལ་ཕལ་ཆེར་ལི་སྨི10ཡོད། མགོ་ནི་ཐུང་ཞིང་མཐོ་བའི་ཟུར་གསུམ་དབྱིབས་སུ་མངོན་པ་དང་། མཆུ་སྣེ་རྟུལ་ཞིང་ཅུང་ཙམ་ཡར་བཀྱགས་ཡོད། ལུས་ཀྱི་ཁྲབ་ལ་རྩེ་མོ་དང་འབབ་འབུར་མེད་པར་འཇམ་པོ་ཡིན། རྐང་ལག་བཞི་པོ་ཆ་སྙོམས་ཀྱིས་ཅུང་ཐུང་བ་དང་། རྐང་ལག་སྔོན་མ་མདུན་དུ་བསྲིང་དུས་དཀྱིལ་གྱི་མཛུབ་མོ3པོ་དེ་མཆུ་སྣེ་ལས་བརྒལ་ཞིང་། རྐང་ལག་ཕྱི་མ་མདུན་དུ་བསྲིང་དུས། རྐང་བའི་མཛུབ་མོ་མཆན་ཁུང་ལ་ཐོན། ཛ་མ་ཕྲ་ཞིང་ཐུང་ལ། ཛ་མའི་རིང་ཚད་དང་མགོ་བོའི་རིང་ཚད་ཕལ་ཆེར་འདྲ་མཚུངས་ཡིན། རང་བྱུང་གི་རྣམ་པའི་འོག་གཟུགས་པོ་སྤྱིའི་རྒྱབ་ངོས་སྐྱ་མདོག་མངོན་པ་དང་། སྔོར་ཐིག་གིས་ཁྱབ་ཡོད། སྐལ་ཚོགས་ཀྱི་དཀྱིལ་དུ་ནག་ཐིག2ཡོད་པ་དང་། ཆ་ཤས་ཕན་ཚུན་འབྲེལ་བའམ་ཡང་ན་ལུས་པོའི་གཞོགས་སུ་བསྲིངས་ནས་འཕྲེད་རིས་དབྱིབས་གྲུབ་ཡོད། རྐང་ལག་བཞི་པོའི་རྒྱབ་ངོས་སུ་མཛུབ་མོ་དང་མཛུབ་མོ་ཚང་མར་ནག་ཐིག་ཡོད་པའམ་ཡང་ན་དེ་ལས་སྦྲེལ་ནས་འཕྲེད་རིས་གྲུབ་ཡོད། སྟེར་མོ་དཀར་པོ་ཡིན་ལ། ཛ་མའི་རྒྱབ་ངོས་སུ་ནག་

ཐིག9—11གི་སྣོར་ཕྱེད་ཡོད། མགལ་མཐའ་དང་མཆུ་སྣེ། མིག་ལྟེབས། རྐང་ལག་བཞི་པོ་དང་རྒྱབ། རྫ་མའི་ཁྲ་ཐིག་བར་དུ་བྲང་ཁོག་དམར་སྐྱ་ཡིན་པ་དང་། ལོ་ན་རྒས་པ་དང་བསྟུན་ནས་ནག་ཐིག་རིམ་བཞིན་ཐོན་པར་མ་ཟད། རྒྱུན་ཆད་མེད་པར་རྒྱ་སྐྱེད་བཞིན་ཡོད། ནར་སོན་པའི་ཕོ་རིགས་ཀྱི་རྫ་མ་རྩུང་སྒྲོམ་པ་དང་། བཤང་ལམ་ནས་མཇུག་སྣེ་ནག་པོ་ཡིན། མོ་རིགས་ཀྱི་རྫ་མ་རྩུང་ཕྲ་ཞིང་ཐུང་ལ། གསུས་ངོས་ནག་པོ་མིན་པར་མཇུག་སྣེ་ཚ་ལུ་མའི་མདོག་ཡིན། གདོང་མའི་ཡིག་ཆ་ལས་རྫོན་གྱི་ཚད་ཡོད་ཀྱི་དཔེ་གཞིར་བཟུང་ནས་སྦྲག་ཆགས་རིགས་འདི་ལ་མཇུག་སྣེ་དམར་པོ་ཡོད་པ་ཟེན་ཐོར་བཀོད་ཡོད་པར་མ་ཟད། ཁྱད་ཆོས་འདི་ལ་བརྟེན་ནས་དངོས་རིགས་འདིའི་མིང་ལ"མཇུག་མ་དམར་པོ"ཞེས་བཏགས་སོང་། འོན་ཀྱང་དོན་དངོས་སུ་ནར་སོན་པའི་མོ་རིགས་ཁོ་ནར་ཁྱད་ཆོས་འདི་ལྡན་པ་དང་། ཕོ་རིགས་དང་ཕྲུ་གུའི་མཇུག་སྣེ་ཚང་མ་དམར་པོ་མིན།

སྐྱེ་ཁམས་གོམས་གཤིས། སྦྲག་ཆགས་འདིའི་རིགས་མཚོ་ངོས་ལས་མཐོ་ཚད་སྨི4500—5300བར་གྱི་བྱང་ཐང་མཐོ་སྒང་གི་སྤྱི་ངམ་ཐང་དུ་འཚོ་སྡོད་བྱེད་པ་དང་། གནས་སའི་གནམ་གཤིས་ཁོར་ཡུག་གདུག་རྩུབ་ཆེ་བ་དང་། གྲང་ངར་ཆེ་བའི་དུས་ཚིགས་རིང་བ། གཞི་རྩའི་སྟེང་དབྱར་དུས་ངོ་མ་ཞིག་མེད། རྩྭ་ཁེབས་ཚད30%—50%བར་ལས་མེད་པ། གོག་འགྲོའི་སྦྲག་ཆགས་གཞན་དག་དང་ས་ཁོངས་གཅིག་ཏུ་ཏ་ལམ་མེད་པ་བཅས་འཛམ་གླིང་ཐོག་མཚོ་ངོས་ལས་མཐོ་ཚད་མཐོ་ཤོས་སུ་གནས་པའི་གོག་འགྲོའི་སྦྲག་ཆགས་ཀྱི་གྲས་ཤིག་རེད། སྦྲག་ཆགས་ཀྱི་རིགས་འདི་སྤྱུང་གྲུང་ལྡན་ལ་འགྱུལ་སྐྱོད་མགྱོགས་པས་གཙོ་བོར་འབུ་སྲིན་སྣ་ཚོགས་འཛིན་བཟུང་བྱས་ནས་ཟ་བཞིན་ཡོད། ཕྲུ་གུ་བཙའ་བར་ལོ་རེའི་ཟླ5—9པའི་བར་སྐྱེ་འཕེལ་བྱེད་པ་དང་ཐེངས་རེར་ཕྲུ་གུ2—3བར་བཙའ་བཞིན་འདུག

ས་ཁམས་ཁྱབ་ཚུལ། མདོ་དབུས་མཐོ་སྒང་དུ་དམིགས་བསལ་དུ་ཡོད་པའི་སྦྲག་ཆགས། བོད་ལྗོངས་ཀྱི་ཨ་མདོ་རྫོང་དང་སེ་ཉི་ཆུས། ཤན་རྩ་རྫོང་། མཚོ་གཉིས་རྫོང་། འདམ་གཞུང་རྫོང་སོགས་བྱང་ཐང་མཐོ་སྒང་ས་ཁུལ་དང་མཚོ་སྔོན་གྱི་ཐུའོ་ཐུའོ་ཆུ་བོའི་ཁོངས་སུ་ཁྱབ་ཡོད།

ཉེན་བཅར་རིམ་པ། ཉེན་མེད། (LC)

སྲུང་སྐྱོབ་རིམ་པ། གནས་སྐབས་སུ་རྒྱལ་ཁབ་ཀྱིས་གཙོ་གནད་དུ་སྲུང་སྐྱོབ་བྱ་རྒྱུའི་བྱེས་སྐྱེས་སྦྲག་ཆགས་ཀྱི་མིང་ཐོའི་ནང་ལ་བཀོད་མེད།

鬣蜥科 Agamidae　龙蜥属 *Diploderma*

12. 帆背龙蜥 *Diploderma vela* (Wang, Jiang, Pan, Hou, Siler, and Che, 2015)

形态特征：体形中等，成年个体全长约 20 厘米。尾较长，约为头体长的 2 倍。自然状态下性二态明显，即雌、雄个体在形态上具有明显差异。雄性自颈部至尾基部具有发达的连续帆状皮褶，该物种也因此特征而得名“帆背”；头背黑褐色，具浅灰色横纹；头侧白色，眼眶周围具明显的辐射状条纹；体背黑色，具多条浅黄色横纹；体两侧自颈部至胯部各具 1 条浅黄色纵纹，其下有数行浅色圆点；尾部浅灰色，具深色环纹。雌性不具帆状皮褶；身体色浅，多呈棕褐色或蓝褐色；背部浅色横纹明显，且长度较雄性更长；体侧仅前部具有模糊的橘红色细纵纹。

生态习性：该物种栖息于海拔 2370 米左右的干热河谷地区，常见于河谷两侧的灌丛、乱石滩、农田田埂及废弃农屋附近。上午及傍晚较活跃，其余时间多躲避于石缝下避暑。成年雄性常占据较高的岩石晒太阳且具有明显的领地行为，领地主人会对入侵者做出点头动作，并展示喉囊，如果入侵者拒绝离开，则会发生追逐及撕咬行为。雌性和幼体多活动于较低的岩石堆附近，未发现领地行为。同域分布的黑眉锦蛇和大型鸦类可能是该物种的潜在天敌。

地理分布：青藏高原特有种。分布于西藏澜沧江上游芒康措瓦至盐井段的河谷内以及云南西北部德钦县澜沧江河谷内。

濒危等级：无危（LC）

保护等级：二级。

12. ཟླན་པེ་ལུང་རྩངས་པ། *Diploderma vela* (Wang, Jiang, Pan, Hou, Siler, and Che, 2015)

གཟུགས་དབྱིབས་ཁྱད་ཆོས། གཟུགས་གཞི་འབྲིང་ཙམ་ཡིན་པ་དང་། ནར་སོན་པའི་གཟུགས་པོའི་རིང་ཚད་ལ་ཕལ་ཆེར་ལི་སྨི20ཙམ་ཡོད། ཇ་མ་ཐུང་རིང་ཞིང་ཕལ་ཆེར་མགོ་གཟུགས་ཀྱི་ལྡབ2ཡིན། རང་བྱུང་གི་རྣམ་པའི་འོག་ཏུ་རྣམ་པ་གཉིས་མངོན་གསལ་ཡིན་པ་སྟེ། ཕོ་དང་མོ་གཉིས་ཀྱི་རྣམ་པའི་སྟེང་ན་ཁྱད་པར་མངོན་གསལ་ཡིན། ཕོ་རིགས་ཀྱི་སྐེ་ནས་ཇ་རྩའི་བར་གཡོར་དབྱིབས་ཀྱི་པགས་ལྷེབ་སྨོད་པོ་ཡོད་པ་དང་། སྲོག་ཆགས་ཀྱི་རིགས་འདིའི་ཁྱད་ཆོས་ལ་བརྟེན་ནས་མིང་ལ“གཡོར་རྒྱབ”ཟེར། ཁམ་ནག་གི་མགོ་རྒྱབ་ཏུ་སྐྱ་མདོག་གི་འཕྲེད་རིས་ཤིག་ཡོད། མགོ་གཞོགས་དཀར་པོ་དང་མིག་གི་མཐའ་འཁོར་དུ་མངོན་གསལ་གྱི་འགྱེད་འཕྲོའི་དབྱིབས་ཀྱི་ཐིག་རིས་ཤིག་ཡོད། ལུས་རྒྱབ་ནག་པོ་ཡིན་ལ་སེར་སྐྱའི་ཐིག་རིས་མང་པོ་ཡོད། ལུས་པོའི་གཞོགས་གཉིས་ཀྱི་སྐེ་ནས་དབྱི་མགོའི་བར་མདོག་སེར་སྐྱ་ཡིན་པའི་གཞུང་རིས་རེ་ཡོད་པ་དང་། དེའི་འོག་ཏུ་མདོག་སྐྱ་བོའི་ཐིག་ཕྲེང་མང་པོ་ཡོད། ཇ་མ་སྐྱ་མདོག་ཡིན་ལ་དེའི་སྟེང་མདོག་ནག་པོའི་རི་མོ་

ཡོད། མོ་རིགས་ལ་གཡོར་དབྱིབས་ཀྱི་ལྟེབ་གཉེར་མེད་པ་དང་། ལུས་པོའི་མདོག་སྐྱ་བོ་ཡིན་ལ་མང་ཆེ་བ་ཁམ་མདོག་དང་སྔོན་པོ་ཡིན། རྒྱབ་ཀྱི་སྐྱ་མདོག་གི་འཕྲེད་རིས་མངོན་གསལ་ཡིན་པར་མ་ཟད་རིང་ཚད་ཕོ་རིགས་ལས་རིང་། ལུས་པོའི་མདུན་ཕྱོགས་སུ་རབ་རིབ་ཀྱི་ཚ་ལུ་མའི་གཞུང་རིས་ཕྲ་མོ་ཡོད།

སྐྱེ་ཁམས་གོམས་གཤིས། སྲོག་ཆགས་འདིའི་རིགས་མཚོ་ངོས་ལས་མཐོ་ཚད་སྨི2370ཡས་མས་ཀྱི་སྙམ་ཚ་གྲོག་རོང་ས་ཁུལ་དུ་འཚོ་སྡོད་བྱེད་པ་དང་། རྒྱུན་དུ་གྲོག་རོང་གཞོགས་གཉིས་ཀྱི་སྡོང་ཕྲན་ནགས་རྫོབ་དང་། རྡོ་རྡོག་ཕྲམ་ཐང་། ཞིང་ཁའི་ཞིང་ཆེགས་དང་ས་རྐོད་ཀྱི་ཉེ་འགྲམ་དུ་མཐོང་རྒྱུ་ཡོད། ཐ་དྲོ་དང་ས་སྲོས་སུ་ཙུང་འཁྲུག་ཆ་དོད་པ་དང་། ཉུས་ཚོད་ལྷག་མ་མང་ཆེ་བ་རྗོ་སྒྲུབས་ཀྱི་འོག་ཏུ་ཚ་གཡོལ་བྱེད་པ་རེད། ནར་སོན་པའི་ཕོ་རིགས་ཀྱིས་རྒྱུན་དུ་ཙུང་མཐོ་བའི་བྲག་རྡོ་བཟུང་ནས་ཉེ་མར་ལྡེ་བར་མ་ཟད་མངོན་གསལ་གྱི་འགྱུལ་སྤྱོད་མངའ་ཁོངས་ས་ཆ་ནས་མཐོང་། མངའ་ཁོངས་ཀྱི་བདག་པོས་བཙན་འཛུལ་བར་མགོ་བོ་གཡུག་ནས་བརྡ་སྟོན་པར་མ་ཟད། མིད་པ་སྟོན་ངེས། གལ་ཏེ་བཙན་འཛུལ་བ་ཁ་བྲལ་རྒྱུ་དང་ལེན་མ་བྱས་ན། དེའི་རྗེས་འདེད་པའམ་སོ་འདེབས་པའི་བྱ་སྤྱོད་འབྱུང་སྲིད། མོ་རིགས་དང་ཕྲུ་གུ་མང་ཆེ་བ་ཙུང་དམའ་བའི་བྲག་རྡོའི་ཉེ་འགྲམ་དུ་འགྱུལ་སྐྱོད་བྱེད་བཞིན་ཡོད་པ་དང་། མངའ་ཁོངས་ཀྱི་བྱ་སྤྱོད་མ་མཐོང་། ས་ཁོངས་གཅིག་ཏུ་ཁྱབ་པའི་སྦྲིན་མ་ནག་པོ་ཅན་གྱི་སྦྲུལ་དང་ཁྭ་ཏའི་རིགས་ཆེན་པོ་ནི་ཕལ་ཆེར་སྲོག་ཆགས་རིགས་འདིའི་མི་མངོན་པའི་དགྲ་བོ་ཡིན།

ས་ཁམས་ཁྱབ་ཚུལ། མདོ་དབུས་མཐོ་སྒང་ན་དམིགས་བསལ་དུ་ཡོད་པའི་རིགས་ཤིག བོད་ལྗོངས་ཀྱི་རྫ་ཆུའི་སྟོད་རྒྱུད་ཀྱི་སྨར་ཁམས་ཀྱི་མཚོ་ཕྱ་ནས་ཚྭ་ཁྲོན་བར་གྱི་ལུང་གཞུང་དང་དེ་བཞིན་ཡུན་ནན་ནུབ་བྱང་རྒྱུད་ཀྱི་བདེ་ཆེན་རྫོང་རྫ་ཆུའི་ལུང་གཞུང་དུ་ཁྱབ་ཡོད།

ཉེན་བཅར་རིམ་པ། ཉེན་ཁ་མེད་པའི་རིགས་ཡིན།(LC)

སྲུང་སྐྱོབ་རིམ་པ། རིམ་པ་གཉིས་པ།

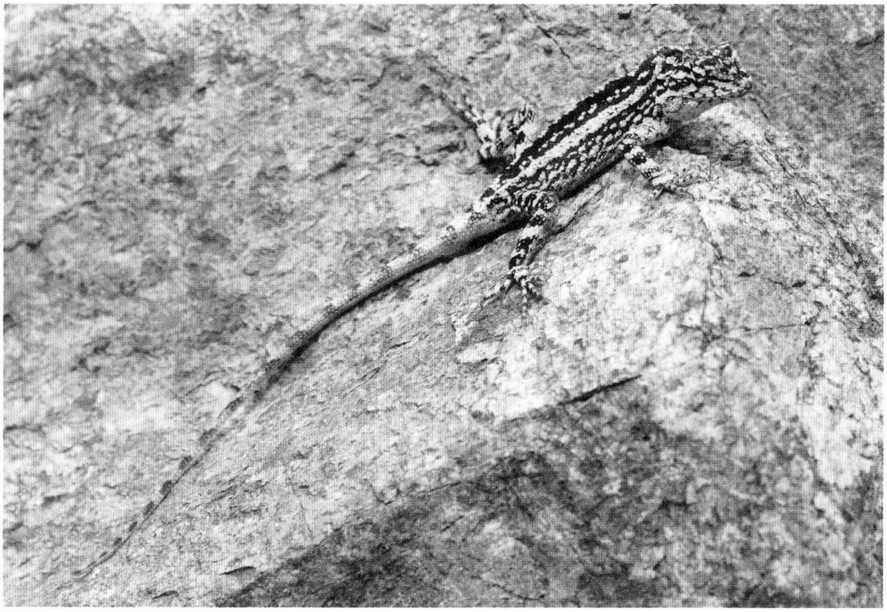

13. 翡翠龙蜥 *Diploderma iadinum* (Wang, Jiang, Siler, and Che, 2016)

形态特征：体形中等，成年个体全长约 18 厘米。自然状态下性二态明显，雄性具发达的鬣鳞，通体呈翠绿色，该物种也因此特征而得名“翡翠”；头背具 4 条黑色横纹，约为等距排列；体中央具 1 条黑色纵纹，自头后一直延伸至尾基部；体侧散布黑色网纹，与体中央的黑色纵纹一同在体两侧形成 2 道平行于身体的翠绿色条纹；尾背黄绿色，具若干深灰色横纹；头腹具蓝黑色蠕虫纹，喉部斑块呈宝石蓝色；身体腹部呈现均匀的蓝白色。雌性鬣鳞明显低矮不发达，色斑也与雄性截然不同。雌性通体背面颜色暗淡，多呈棕黄色，具若干黑色横纹；喉部斑块呈黄绿色；身体及四肢腹面呈乳白色。

生态习性：该物种栖息于澜沧江流域海拔 3000 米以下的干热河谷内。白昼活动，常见于乱石滩或杂草灌丛中，主要以各种昆虫等无脊椎动物为食。夜间多抱握灌丛或树木的细枝休憩。天气晴好时，雄性常占据裸露的大石晒太阳并做出类似“俯卧撑”的动作宣示领地主权。在缺少绿色植被的干热河谷中，雄性翠绿的体色显得尤为显眼，极易受到天敌的关注和捕杀。这种与环境不相容的反常体色，或是该物种在矛盾的自然选择（体色暗淡，提升个体存活率）和性选择（体色艳丽，提升繁殖成功率）的共同作用下，平衡利弊后的演化结果，具体成因仍有待后续的深入研究。

地理分布：青藏高原特有物种。分布范围狭窄，目前仅记录分布于云南德钦县及维西县。

濒危等级：近危（NT）

保护等级：暂未列入国家重点保护野生动物名录。

13. གཡུ་འབྲུག་རྩངས་པ། *Diploderma iadinum* (Wang, Jiang, Siler, and Che, 2016)

གཟུགས་དབྱིབས་ཁྱད་ཆོས། གཟུགས་གཞི་འབྲིང་ཙམ་དང་ནར་སོན་པའི་གཟུགས་པོའི་རིང་ཚད་ལ་ཕལ་ཆེར་ལི་སྨི18ཡོད། རང་བྱུང་གི་རྣམ་པའི་འོག་ཏུ་མཚན་མའི་རྣམ་པ་གཉིས་མངོན་གསལ་ཡིན། ཕོ་རིགས་ལ་འཚུབ་ཁ་ཆེ་བའི་ཁྲབ་ཡོད་པ་དང་། སྤྱིའི་གཟུགས་རྗོ་ལྗང་ཡིན། སྲོག་ཆགས་རིགས་འདིའི་ཁྱད་ཆོས་ལ་བརྟེན་ནས་མིང་ལ"གཡུ་འབྲུག་རྩངས་པ"ཞེས་བཏགས་པ་དང་། མགོ་རྒྱབ་ཏུ་འཕྲེད་རིས་ནག་པོ4ཡོད་པ་དང་། ཕལ་ཆེར་བར་ཐག་འདྲ་མཚུངས་སུ་བསྒྲིགས་ཡོད། གཟུགས་པོའི་དཀྱིལ་དུ་གཞུང་རིས་ནག་པོ1ཡོད་པ་དང་། མགོ་ནས་མཇུག་མའི་རྩ་བའི་བར་དུ་བསྲིངས་ཡོད། ལུས་པོའི་ཟུར་དུ་དྲ་རིས་ནག་པོས་ཁྱབ་པ་དང་། ལུས་པོའི་དཀྱིལ་གྱི་གཞུང་རིས་ནག་པོ་དང་མཉམ་དུ་ལུས་པོའི་གཞོགས་གཉིས་སུ་མཉམ་འགྲོའི་རྗོ་ལྗང་ཐིག་རིས་གཉིས་ཡོད། རྔ་མའི་རྒྱབ་ལྗང་སེར་ཡིན་པ་དང་། དེར་སྐྱ་མདོག་གི་འཕྲེད་རིས་འགའ་ཡོད། མགོ་པོའི་ཐོག་ཏུ་མདོག་སྔོན་པོ་དང་ནག་པོ་ཡིན་པའི་འབུ་སྲིན་གྱི་རི་མོ་ཡོད། མིད་པའི་མདོག་སྔོན་པོ་ཡིན། ལུས་པོའི་

སྔོ་བར་ཆ་སྙོམས་ཀྱི་སྔོན་པོ་དང་དཀར་པོ་མངོན་ཡོད། མོ་རིགས་ཀྱི་ཏུས་པ་མངོན་གསལ་གྱིས་དམའ་ལ་དེ་འདྲ་དར་མེད་པ་དང་། ཐིག་མདོག་ཀྱང་ཕོ་རིགས་དང་གཏན་ནས་མི་འདྲ། མོ་རིགས་ཀྱི་རྒྱབ་ངོས་ཀྱི་ཁ་དོག་རབ་རིབ་ཡིན་པ་དང་མང་ཆེ་བའི་མདོག་སེར་པོ་ཡིན། འཕྱེད་རིས་ནག་པོ་འགའ་ཡོད་ལ་མིད་པའི་ཁྲ་ཛོག་ནི་ལྡང་སེར་ཡིན། ལུས་པོ་དང་རྐང་ལག་བཞི་སྔོ་བའི་ངོས་སུ་མདོག་དཀར་པོར་མངོན་ཡོད།

སྐྱེ་ཁམས་གོམས་གཤིས། སྲོག་ཆགས་འདིའི་རིགས་རྫ་ཆུའི་འབབ་རྒྱུད་ཀྱི་མཚོ་ངོས་ལས་མཐོ་ཚད་སྨི3000མན་གྱི་སྐམ་ཆ་ཆུ་བོའི་གྲོག་རོང་ནང་འཚོ་སྡོད་བྱེད་ཀྱིན་ཡོད། ཉིན་དཀར་རྒྱུན་དུ་རྡོ་རྡོག་གམ་རྩྭ་ལྕུམ་གྱི་ཁྲོད་དུ་འགྲུལ་སྐྱོད་བྱེད་བཞིན་པ་དང་། གཙོ་བོར་འབུ་སྲིན་སྦྲ་ཚོགས་སོགས་སྐལ་ཚོགས་མེད་པའི་སྲོག་ཆགས་ཟས་སུ་བྱེད་པ་ཡིན། མཚན་མོར་སྡོང་ཕྲན་ནགས་རྫོབ་དང་སྡོང་བོའི་ཡལ་ག་ཕྲ་མོ་སྟེང་ནས་ངལ་གསོ་བྱེད། གནམ་གཤིས་དྲོས་པའི་སྐབས་སུ་ཕོ་རིགས་ཀྱིས་རྒྱུན་དུ་ཕྱིར་མངོན་པའི་རྡོ་ཆེན་སྟེང་ནས་ཉི་མར་ལྡེ་བར་མ་ཟད་ཁ་བུབ་ཏུ་ལག་པ་བརྩུགས་ནས་སྒྲེང་འགྱུག་ལུས་རྩལ་དང་འདྲ་བའི་འགྲུལ་སྟངས་ཀྱིས་མངའ་ཁོངས་བདག་དབང་གསལ་བསྒྲགས་བྱེད། སྔོ་ལྡང་སྔོ་ཁེབས་དགོན་པའི་སྐམ་ཆ་ལུང་གཞུང་དུ་ཕོ་རིགས་སྔོ་ལྡང་གི་གཟུགས་མདོག་དེ་བས་མངོན་གསལ་དོད་པོ་ཡོད་པས་དགྲ་བོས་དོ་ཁུར་དང་འཛིན་གསོད་བྱེད་སླ་པོ་ཡོད། ཁོར་ཡུག་དང་མི་མཐུན་པའི་རྒྱུན་ལྡན་མིན་པའི་ལུས་མདོག་འདི་རིགས་སམ་ཡང་ན་ས་རིགས་སྲོག་ཆགས་འདི་རང་བྱུང་དང་འགལ་བའི་གདམ་གསེས(ལུས་མདོག་རབ་རིབ་དང་། ཁེར་རྐྱང་གསོག་འཛོག་ཚད་ཇེ་མཐོར་གཏོང་བ)རང་བཞིན་གདམ་གསེས(ལུས་མདོག་བཀྲག་མདངས་ལྡན་པ། སྐྱེ་འཕེལ་ལེགས་འགྲུབ་བྱུང་ཚད་ཇེ་མཐོར་གཏོང་བ)ཀྱི་ཐུན་མོང་གི་ནུས་པའི་འོག་ཕན་གནོད་དོ་མཉམ་བྱས་རྗེས་ཀྱི་རིམ་འགྱུར་མཇུག་འབྲས་དང་། བྱེ་བྲག་གི་འབྱུང་རྐྱེན་ལ་ད་དུང་ཞིབ་འཇུག་གཏིང་ཟབ་བྱ་དགོས།

ས་ཁམས་ཁྱབ་ཚུལ། མདོ་དབུས་མཐོ་སྒང་དུ་དམིགས་བསལ་དུ་ཡོད་པའི་སྲོག་ཆགས། ཁྱབ་ཁོངས་ཀྱི་དོག་སྟེ་མིག་ཐར་ཡུན་ནན་གྱི་བདེ་ཆེན་རྫོང་དང་དེ་བཞིན་འབའ་ལུང་རྫོང་ཁོ་ནར་ཁྱབ་ཡོད།

ཉེན་བཅར་རིམ་པ། ཉེན་ཉེའི་རིགས་ཡིན། (NT)

སྲུང་སྐྱོབ་རིམ་པ། གནས་སྐབས་སུ་རྒྱལ་ཁབ་ཀྱིས་གཙོ་གནད་དུ་སྲུང་སྐྱོབ་བྱེད་པའི་བྱིས་སྐྱེས་སྲོག་ཆགས་ཀྱི་མིང་ཐོའི་ནང་ལ་བཀོད་མེད།

14. 长肢攀蜥 *Japalura andersoniana* Annandale, 1905

形态特征：体形中等，成年个体全长约 20 厘米。头较窄长，与颈部分界明显，吻端钝圆；后肢长，贴体前伸时趾端可达吻端或超过；尾侧扁，尾长约为头体长的 2 倍。自然状态下性二态明显。雄性颈部具波浪状的发达皮褶，颈鬣位于皮褶之上；背部也具隆起的皮褶，背鬣位于其上但不发达，颈鬣与背鬣分界明显，不成连续状；头背棕色，头侧颜色稍浅，上下唇呈米黄色；眼部具深色辐射纹；体背及四肢背面棕褐色，背部沿体中线隐约可见少量深色的“V”形斑；体侧散布不规则的污绿色斑纹，背两侧自枕部至体中段各有一浅色细纹；头腹浅棕黄色，喉部具草绿色椭圆形喉斑，中央呈亮黄色，后缘可延伸至前胸。雌性颈鬣、背鬣均不发达；身体多呈棕色或棕褐色，体背具极不清晰的浅色纵纹或无纵纹；喉部无色斑。雌、雄腹部均呈黄棕色，无明显斑纹。

生态习性：该物种主要栖息于海拔 1500 米以下的常绿阔叶林和林缘灌丛较开阔地带。白昼活动，树栖，晴天多活动于灌丛、树干或突出大石上，捕食各种小型无脊椎动物。成年雄性具有明显的领地行为，对于侵入领地的同性个体会做出类似“俯卧撑”的动作予以警告。夜间抱握于灌木细枝上休憩。卵生。

地理分布：分布于青藏高原东南缘，范围狭窄，国内仅记录于西藏墨脱县；国外分布于印度及不丹。

濒危等级：无危（LC）

保护等级：暂未列入国家重点保护野生动物名录。

རྩངས་པའི་རིགས། Agamidae རྩངས་པའི་ཁོངས། *Japalura*

14. ཁང་ལག་རིང་བའི་རྩངས་པ། *Japalura andersoniana* Annandale, 1905

གཟུགས་དབྱིབས་ཁྱད་ཆོས། གཟུགས་གཞི་འབྲིང་ཙམ་ཡིན། ནར་སོན་པའི་གཟུགས་པོའི་རིང་ཚད་ལ་ཕལ་ཆེར་ལི་སྨི20ཡོད། མགོ་ཅུང་གྲུ་ལ་སྐྱེ་དང་དབྱེ་མཚམས་མངོན་གསལ་དོད་པོ་ཡོད་པ་དང་། མཆུ་སྣེ་ཇོ་ལ་སྒོར་ཞིང་རྟུལ། ཁང་ལག་ཕྱི་མ་རིང་བས་ལུས་པོ་དང་སྦྱར་ནས་མདུན་དུ་བསྲིང་སྐབས་ཁང་བའི་མཐེབ་མོ་མཆུ་སྣེ་ལས་བརྒལ་ཐུབ། ཇ་མ་ལེབ་མོ་ཡིན་ལ་ཇ་མའི་རིང་ཚད་ཧ་ལམ་མགོ་གཟུགས་ཀྱི་རིང་ཚད་ཀྱི་ལྡབ2ཡིན། རང་བྱུང་གི་རྣམ་པའི་འོག་ཏུ་མཚན་མ་གཉིས་མངོན་གསལ་རེད། ཕོ་རིགས་ཀྱི་མཛིང་བར་ཐླབས་ཕྲེང་དབྱིབས་ཀྱི་པགས་གཉེར་སྟུག་པོ་ཡོད་པ་དང་། སྐེའི་རལ་བ་དེ་པགས་གཉེར་གྱི་སྟེང་དུ་ཡོད། རྒྱབ་ཏུ་ཡང་འབུར་བའི་པགས་གཉེར་ཡོད་པ་དང་། རྒྱབ་རལ་དེའི་སྟེང་དུ་ཡོད་ཀྱང་དེ་འདྲ་དར་མེད། སྐེའི་རལ་བ་དང་རྒྱབ་ཀྱི་རལ་བའི་དབྱེ་མཚམས་མངོན་གསལ་དོད་པོ་ཡོད་ཅིང་མུ་འབྲེལ་དབྱིབས་སུ་གྲུབ་མེད། མགོ་རྒྱབ་ཛ་མདོག་ཡིན་པ་དང་། མགོ་འགྲམ་གྱི་ཁ་དོག་ཅུང་སྐྱ། མཆུ་སྒྲོས་གོང་འོག་གི་མདོག་སེར་སྐྱ་ཡིན། མིག་ལ་སྣང་བའི་འགྱེད་འཕྲོའི་རི་མོ་ཡོད། ལུས་རྒྱབ་དང་ཁང་ལག་བཞི་པོའི་རྒྱབ་ངོས་ཁམ་མདོག་ཡིན་པ་

དང་། རྒྱབ་གཟུགས་ཀྱི་དཀྱིལ་ཐིག་བརྒྱུད་ནས་མདོག་ནག་པའི“V”དབྱིབས་ཀྱི་ཁྲ་ཐིག་ཞུང་ཤས་གསལ་ལ་མི་གསལ་བ་ཞིག་མཐོང་ཐུབ། ལུས་པོའི་གཞོགས་སུ་དོ་མཉམ་པའི་ལྗང་ཐིག་ཁྱབ་ཡོད་པ་དང་། རྒྱབ་ཀྱི་གཞོགས་གཉིས་ཀྱི་ཕྱས་མགོ་ནས་དཀྱིལ་བར་དུ་མདོག་སྐྱ་བོའི་རི་མོ་ཡོད། མགོ་བོ་སེར་སྐྱ་ཡིན་པ་དང་། མགྲིན་པ་ཏུ་རྦ་ལྗང་འཛོང་དབྱིབས་ཀྱི་ཁྲ་ཐིག་ཡོད། དེའི་དཀྱིལ་དུ་མདོག་སེར་པོ་མངོན་ཡོད། རྒྱབ་ཀྱི་མཐའ་ཐྲང་མདུན་དུ་བསྲིངས་ཚོག སོ་རིགས་ཀྱི་མཇིང་བའི་རལ་བདང་རྒྱབ་ཀྱི་རལ་བ་ཚང་མ་དར་མེད་པར་མ་ཟད། ལུས་པོ་མང་ཆེ་བ་ཐ་མདོག་གམ་ཁམ་མདོག་ཡིན་པ་དང་། གཟུགས་པོའི་རྒྱབ་ཏུ་ཧ་ཅང་གསལ་པོ་མིན་པའི་སྐྱ་མདོག་གི་གཞུང་རིས་ཡོད་མེད་ཙམ་ཡིན། མིད་པར་མདོག་ཁྲ་མེད། ཕོ་མོ་ཚང་མའི་ཕོ་བ་སེར་མདོག་ཡིན་ལ་མངོན་གསལ་གྱི་ཁྲ་ཐིག་མེད།

སྐྱེ་ཁམས་གོམས་གཤིས། སྲོག་ཆགས་འདིའི་རིགས་གཙོ་བོ་མཚོ་ངོས་ལས་མཐོ་ཚད་སྨི1500མན་གྱི་རྒྱུན་ལྗང་ལོ་མ་ཆེ་བའི་ནགས་ཚལ་དང་ནགས་ཚལ་གྱི་སྔོང་ཕྲན་ཙུང་ཡངས་པའི་ས་ཁུལ་དུ་འཚོ་སྡོད་བྱས་ཡོད། ཉིན་དཀར་འགྲུལ་སྐྱོད་བྱེད་པ་དང་། སྔོང་བོའི་སྟེང་ལ་གནས་ཤིང་། གནམ་ཐང་དུས་སྔོང་ཕྲན་ནགས་ཛོབ་དང་སྔོང་རྐང་ངམ་ཡང་ན་འབུར་དུ་ཐོན་པའི་རྡོ་ཆེན་གྱི་སྟེང་དུ་འགྲུལ་སྐྱོད་བྱེད། སྐལ་ཚོགས་མེད་པའི་སྲོག་ཆགས་ཆུང་གྲས་སྦྲ་ཚོགས་འཛིན་པ་རེད། ནར་སོན་པའི་ཕོ་རིགས་ལ་མངོན་གསལ་གྱི་འགྲུལ་སྤྱོད་མངའ་ཁོངས་ཡོད་པ་དང་། མཚན་མཐུན་རང་བཞིན་གྱི་བཙན་འཛུལ་མཁན་བྱུང་ཚེ“ཁ་བུབ་ཏེ་ལག་པ་བཙུགས་ནས་སྙིང་འགུག་ལུས་རྩལ”དང་འདྲ་བའི་བྱ་སྤྱོད་སྤེལ་བར་ཐ་ཚིག་སྒྲོག་པའི་རྣམ་པ་སྟོན། མཚན་མོར་སྔོང་ཕྲན་གྱི་ཡལ་གའི་སྟེང་ནས་ངལ་གསོ་བྱེད། སྔོང་སྐྱེས་ཀྱི་རིགས་ཤིག་ཡིན།

ས་ཁམས་ཁྱབ་ཚུལ། མདོ་དབུས་མཐོ་སྒང་གི་ཤར་ལྷོའི་མཐའ་མཚམས་སུ་ཁྱབ་པ་དང་ཁྱབ་ཁོངས་ཀྱི་ངོག་པས་རྒྱལ་ནང་གི་བོད་ལྗོངས་ཀྱི་མེ་ཏོག་རྫོང་པོ་ནར་གནས་པ་དང་ཕྱི་རྒྱལ་གྱི་རྒྱ་གར་དང་འབྲུག་ཡུལ་དུ་ཁྱབ་ཡོད།

ཉེན་བཅར་རིམ་པ། ཉེན་མེད། (LC)

སྲུང་སྐྱོབ་རིམ་པ། གནས་སྐབས་སུ་རྒྱལ་ཁབ་ཀྱིས་གཙོ་གནད་དུ་སྲུང་སྐྱོབ་བྱ་རྒྱུའི་བྱིས་སྐྱེས་སྲོག་ཆགས་ཀྱི་མིང་ཐོའི་ནང་ལ་བཀོད་མེད།

有鳞目 Squamata
蛇亚目 Serpentes
食螺蛇科 Dipsadidae　温泉蛇属 *Thermophis*

15. 西藏温泉蛇 *Thermophis baileyi* (Wall, 1907)

形态特征：中等体形无毒蛇，成年个体全长约 70—80 厘米。头略呈椭圆形，与颈部分界明显。自然状态下，通体背面呈浅棕灰色或棕黄色，头顶中央具左右对称的、不规则棕黑色细纹；眼后至口角具 1 条黑色线纹；背脊及身体两侧各具 1 列由黑褐色斑块连缀而成的纵纹，背脊处的 1 列最为明显；腹面多呈黄褐色，通常无斑。

生态习性：该物种主要栖息于海拔 4000 米左右的温泉、地热附近。野外调查和文献记录显示其最高分布海拔可达 4800 米，是世界上已知分布海拔最高的蛇类物种。虽然名为温泉蛇，但由于天然温泉温度过高且通常含有硫黄等物质，因此该物种几乎不会直接在温泉中活动。晴天时，常于温泉附近的草丛、灌木丛或乱石堆中晒太阳，待空气及河水温度上升到一定程度后，方进入温泉附近的河流（特别是温泉入河口处）或湿地觅食。主要以小型鱼类（如高原鳅、裂腹鱼等）及高山倭蛙为食。受惊扰或被捕捉后，常吐出胃内未消化的食物。夜晚躲藏于温泉附近的石堆岩缝内。借助温泉提供的稳定热源，该物种得以征服环境恶劣的青藏高原，甚至到了寒冷的冬季依然可以发现温泉蛇的踪迹。

地理分布：青藏高原特有物种，也是唯一栖息于青藏高原腹地的蛇类。在西藏多个县市均有分布，如拉萨市当雄县、墨竹工卡县、尼木县，林芝市工布江达县，日喀则市拉孜县、江孜县等。

濒危等级：近危（NT）

保护等级：一级。特殊的演化历史以及对极端环境的适应使得温泉蛇属物种具有极高的生态价值和科研价值。然而，地热开发等人类活动已对温泉蛇这一类对温泉具有极大依赖性的脆弱类群造成了严重威胁，多处生境遭到破坏，种群数量呈现明显下降趋势。在 2021 年新调整的《国家重点保护野生动物名录》中，温泉蛇属下辖的 3 个物种均被列为国家一级保护动物。

ཉ་ཁྲབ་སྡེ་ཁག Squamata
སྦྲུལ་ཕལ་སྡེ་ཁག Serpentes
ཟས་དྭང་སྦྲུལ་ཚན་གྱི་རིགས། Dipsadidae ཆུ་ཚན་སྦྲུལ་ཁོངས། *Thermophis*

15. བོད་ལྗོངས་ཀྱི་ཆུ་ཚན་སྦྲུལ། *Thermophis baileyi* (Wall, 1907)

གཟུགས་དབྱིབས་ཁྱད་ཆོས། གཟུགས་འབྲིང་ཙམ་ལ་དུག་མེད་པ་དང་། ནར་སོན་པའི་གཟུགས་པོའི་རིང་ཚད་ལ་ཕལ་ཆེར་ལི་སྨི70—80བར་ཡོད། མགོ་ནི་འཇོང་དབྱིབས་ཡིན་ལ་སྐེ་དང་དབྱེ་མཚམས་མངོན་གསལ་ཡིན། རང་བྱུང་གི་རྣམ་པའི་འོག་གཟུགས་པོ་སྤྱིའི་རྒྱབ་ངོས་སུ་ཁམ་མདོག་མངོན་པ་དང་། མགོ་བོའི་དཀྱིལ་དུ་གཡས་གཡོན་ཆ་འགྲིག་ཅིང་སྒྲིག་སྲོལ་དང་མི་མཐུན་པའི་ཏ་ལའི་མདོག་ནག་པོའི་རི་མོ་ཡོད། མིག་གི་རྒྱབ་ནས་ཁ་ཟུར་དུ་ཐིག་རིས་ནག་པོ1ཡོད་པ་དང་། སྐལ་ཆོགས་དང་ལུས་པོའི་གཞོགས་གཉིས་སུ་ཁམ་ནག་ཁྲ་ཇོག་གིས་བརྒྱན་ནས་གྲུབ་པའི་གཞུང་རིས1ཡོད། སྐལ་ཆོགས་གནས་ཀྱི་སྟར་བ1མངོན་གསལ་དོད་ཕྱོས་ཡིན། ལྟོ་ངོས་མང་ཆེ་བ་ཁམ་སེར་ཡིན་པ་དང་རྒྱུན་པར་ཁྲ་ཐིག་མེད།

སྐྱེ་ཁམས་གོམས་གཤིས། སྲོག་ཆགས་འདིའི་རིགས་གཙོ་བོ་མཚོ་ངོས་ལས་མཐོ་ཚད་སྨི4000ཡས་མས་ཀྱི་ཆུ་ཚན་དང་ས་འོག་ཚ་ཐུས་ཀྱི་ཉེ་འགྲམ་དུ་འཚོ་སྡོད་བྱེད་ཀྱིན་ཡོད། རི་ཐང་བརྟག་དཔྱད་དང་ཚད་ལྡན་ཡིག་ཆའི་ཟིན་ཐོ་ལས་དེའི་ཁྱབ་ཚུལ་མཐོ་ཤོས་མཚོ་ངོས་ལས་མཐོ་ཚད་སྨི4800ཟིན་པ་དེ་ནི་འཛམ་གླིང་ཐོག་

ཤེས་ཟིན་པའི་མཚོ་ངོས་ལས་མཐོ་ཚད་མཐོ་ཤོས་ཀྱི་སྦྲུལ་རིགས་ཤིག་རེད། མིང་ལ་ཆུ་ཚན་སྦྲུལ་ཟེར་ཡང་རང་བྱུང་ཆུ་ཚན་གྱི་དྲོད་ཚད་མཐོ་དྲགས་པར་མ་ཟད་རྒྱུན་དུ་མུ་ཟི་སེར་པོ་སོགས་ཀྱི་དངོས་པོ་འདུས་ཡོད་པར་བརྟེན་སྲོག་ཆགས་རིགས་འདི་ཕ་ལམ་ཐད་ཀར་ཆུ་ཚན་ནང་འགྲུལ་སྐྱོད་བྱེད་མི་སྲིད། གནམ་ཐང་སྐབས་རྟག་ཏུ་ཆུ་ཚན་གྱི་ཉེ་འགྲམ་གྱི་རྡོ་གསེབ་དང་སྔོང་ཕྲན། ནགས་རྫོབ་བམ་ཡང་ན་རྡོ་ཕུང་གི་ནང་ཉེ་མར་ལྐེ་ནས་མཁའ་རླུང་དང་ཆུ་བོའི་དྲོད་ཚད་ཚད་གཞི་ངེས་ཅན་ཞིག་ཏུ་སླེབས་རྗེས་གཞི་ནས་ཆུ་ཚན་ཉེ་འགྲམ་གྱི་ཆུ་བོ(ལྷག་པར་དུ་ཆུ་ཚན་ཆུ་ཁར་འཇོལ་བ)འམ་ཡང་ན་འདམ་རར་ཟས་འཚོལ་བར་འགྲོ་གིན་ཡོད། གཙོ་བོར་ཉ་རིགས་ཆུང་གྲས(དཔེར་ན་ཀཱའོ་ཡོན་ཆིའུ་དང་ལྕོ་བ་གས་པའི་ཉ་སོགས)དང་རི་མཐོའི་སྦལ་བ་ཟས་སུ་བསྟེན་པ་རེད། བར་ཆད་ཐེབས་པའམ་ཡང་ན་འཛིན་བཟུང་བྱས་རྗེས། རྒྱུན་དུ་ཕོ་བའི་ནང་གི་འཇུ་མ་ཐུབ་པའི་ཟས་རིགས་སྐྱུགས་སྲིད། དགོང་མོར་ཆུ་ཚན་ཉེ་འགྲམ་གྱི་རྡོ་ཕུང་དང་བྲག་སྦུབས་སུ་སྦས་ཡོད། ཆུ་ཚན་གྱིས་མགོ་འདོན་བྱས་པའི་ཚ་ཁུངས་བརྟན་པོར་བརྟེན་ནས་སྲོག་ཆགས་རིགས་འདིས་ཁོར་ཡུག་ཞན་པའི་མདོ་དབུས་མཐོ་སྒང་དབང་དུ་བསྡུས་པ་དང་ཐ་ན་གྲང་ངར་ཆེ་བའི་དགུན་དུས་སུ་སླེབས་ཀྱང་སྔར་བཞིན་ཆུ་ཚན་སྦྲུལ་གྱི་རྗེས་ཤུལ་མཐོང་རྒྱུ་ཡོད།

ས་ཁམས་ཁྱབ་ཚུལ། མདོ་དབུས་མཐོ་སྒང་ཀ་དམིགས་བསལ་དུ་ཡོད་པའི་སྲོག་ཆགས་རིགས་ཤིག་ཡིན་ལ་མདོ་དབུས་མཐོ་སྒང་གི་དཀྱིལ་ཁུལ་དུ་འཚོ་སྡོད་བྱེད་པའི་སྦྲུལ་རིགས་ཤིག་ཀྱང་ཡིན། བོད་ལྗོངས་ཀྱི་རྫོང་དང་གྲོང་ཁྱེར་མང་པོར་ཁྱབ་ཡོད་དེ་དཔེར་ན་ལྷ་ས་གྲོང་ཁྱེར་འདམ་གཞུང་རྫོང་དང་མལ་གྲོ་གུང་དཀར་རྫོང་། སྙེ་མོ་རྫོང་། ཉིང་ཁྲི་གྲོང་ཁྱེར་ཀོང་པོ་རྒྱ་མདའ་རྫོང་། གཞིས་ཀ་རྩེ་གྲོང་ཁྱེར་ལྷ་རྩེ་རྫོང་། རྒྱལ་རྩེ་རྫོང་སོགས་སུ་ཡོད།

ཉེན་བཅར་རིམ་པ། ཉེན་ཉེ། (NT)

སྲུང་སྐྱོབ་རིམ་པ། རིམ་པ་དང་པོ། དམིགས་བསལ་གྱི་ལོ་རྒྱུས་རིམ་འགྱུར་དང་ཐལ་དྲགས་པའི་ཁོར་ཡུག་འཕྲོད་པ་དེས་ཆུ་ཚན་གྱི་སྦྲུལ་གྱི་སྲོག་ཆགས་རིགས་ལ་སྐྱེ་ཁམས་ཀྱི་རིན་ཐང་དང་ཚན་རིག་ཞིབ་འཇུག་གི་རིན་ཐང་ཧ་ཅང་ཆེན་པོ་ལྡན། འོན་ཀྱང་ས་འོག་ཚ་ཆུས་གསར་སྤེལ་སོགས་མིའི་རིགས་ཀྱི་བྱེད་སྒོས་ཆུ་ཚན་སྦྲུལ་ལྷ་བུའི་ཆུ་ཚན་ལ་གཞན་བརྟེན་རང་བཞིན་ཆེན་པོ་ལྡན་པའི་ཉམས་ཞན་རིགས་ལ་འཇིགས་སྐྱུལ་ཚབས་ཆེན་བཟོས་པ་དང་སྐྱེ་ཁམས་མང་པོར་གནོད་སྐྱོན་བཤིག་ཐོག་ནས་རིགས་ཁྱུའི་གྲངས་འབོར་མདོན་གསལ་དོད་པོས་ཉུང་དུ་འགྲོ་བའི་རྣམ་པ་ཐོན་ཡོད། 2021ལོར་གསར་དུ་ལེགས་སྒྲིག་བྱས་པའི《རྒྱལ་ཁབ་ཀྱི་གཙོ་གནད་སྲུང་སྐྱོབ་རི་སྐྱེས་སྲོག་ཆགས་ཀྱི་མིང་ཐོའི》ནང་ཆུ་ཚན་སྦྲུལ་ཁོངས་གཏོགས་ཀྱི་སྲོག་ཆགས་རིགས3ཚང་མ་རྒྱལ་ཁབ་ཀྱི་རིམ་པ་དང་པོའི་སྲུང་སྐྱོབ་སྲོག་ཆགས་ནང་ལ་བཀོད་ཡོད།

蝰科 Viperidae　亚洲蝮属 *Gloydius*

16. 红斑高山蝮 *Gloydius rubromaculatus* Shi, li, and Liu, 2017

形态特征：体形较小的管牙类毒蛇，成年个体全长约 50 厘米。具颊窝，毒牙短小。体形细长；头背略呈椭圆形，与颈部分界明显；体背鳞片较光滑。自然状态下，头及体背部呈乳黄色，头背散布大量黑点，眼后具橘红色眉纹；体背部具 2 列嵌黑边的鲜红色斑块自头后延伸至尾尖，2 列斑块或相对或交错，有的在脊部相连，略呈横斑，该物种因此特征得名，但该特征在不同个体间存在一定变异；身体两侧背鳞与腹鳞交界处各具 1 条由三角形或不规则图形构成的黑色腹侧斑；腹部多呈乳白色，具斑驳的不规则黑色斑；尾尖黑色；虹膜深褐色，瞳孔纵置，黑色。

生态习性：该物种系 2017 年描述的亚洲蝮属新物种，目前对其生物学资料的了解相对较少。有限的资料显示，该物种主要栖息于海拔 3300—

4770 米的三江源高山草甸地区，常见于沙质河岸、向阳坡地及灌丛附近，是我国已知分布海拔最高的毒蛇。白昼活动，清晨及落日前为其活动高峰期。胎生，每胎产仔 3—6 条。据胃内容物及排泄物分析显示，该物种或许以蛾类昆虫作为主要的食物来源，仅在一号标本胃中发现高原鼢鼠幼体，野外考察中还曾观察到受惊个体吐出完整的未消化飞蛾。这种特殊的食性在整个蛇类中都是相对罕见的，其产生的原因以及是否为季节性现象目前尚不清楚，有待于后期持续的野外调查和研究。

蝮亚科蛇类的头部两侧、鼻孔与眼之间，各有一个凹陷，称之为“颊窝”。颊窝是蝮亚科蛇类在演化过程中特化出的红外信号接收器官，是该类群具有红外感知能力的物理基础。其内部有一薄膜，将颊窝分隔为内外两室。颊窝内室以小孔与外界相通，保持与环境相同的温度；颊窝外室则朝向发出温热的物体，以接收其发出的热射线。因此，颊窝膜两侧感受的温度不同，在膜上形成温差电动势，通过三叉神经末梢传导至中枢神经，经中脑进行空间编码处理，并与视觉信息进行整合后，最后到达端脑进行判断与决策。这套红外感知系统对温度信息有着极高的灵敏度和精确度，其不仅能在一定距离内分辨出 0.003℃的温差，而且还能确定发出热射线物体的位置，得益于此，即使在夜晚或洞穴等黑暗环境中，蝮亚科蛇类也能准确发现猎物并加以捕食。

地理分布：青藏高原特有物种。主要分布于青海三江源地区通天河流域、西藏江达县以及四川理塘县、石渠县等。

濒危等级：未评估（NE）

保护等级：暂未列入国家重点保护野生动物名录。

16. རི་བོ་དམར་པོའི་དུག་སྦྲུལ། *Gloydius rubromaculatus* Shi, li, and Liu, 2017

གཟུགས་དབྱིབས་ཁྱད་ཆོས། གཟུགས་གཞི་ཅུང་ཆུང་བའི་སྦྲུ་གུའི་རིགས་ཀྱི་དུག་སྦྲུལ་ཞིག་ཡིན། ནར་སོན་པའི་གཟུགས་པོའི་རིང་ཚད་ལ་ཕལ་ཆེར་ལི་སྨི50ཡོད། འགྲམ་ཚང་ལ་དུག་སོ་ཐུང་། གཟུགས་གཞི་ཕྲ་ཞིང་རིང་བ་དང་། མགོ་བོ་འཇོང་དབྱིབས་སུ་མངོན་པ། མཛིང་བ་དང་དབྱེ་མཚམས་མངོན་གསལ་ཡིན། གཟུགས་པོའི་རྒྱབ་ཁྲབ་ཅུང་འཛམ་པོ་ཡིན་པ་དང་། རང་བྱུང་གི་རྣམ་པའི་འོག་མགོ་དང་ལུས་རྒྱབ་སེར་པོ་ཡིན་ལ་མགོ་ཏུ་ནག་ཐིག་མང་པོས་ཁྱབ་ཡོད། མིག་རྒྱབ་ལ་ཚ་ལུ་མའི་མདོག་གི་སླིན་མའི་རི་མོ་དམར་པོ་ཡོད་པ་དང་། ལུས་རྒྱབ་ལ་མཐའ་ནག་པོ་ཡིན་པའི་མདོག་དམར་པོ་ཅན་གྱི་ཁྲ་ཐིག2ཡོད་པ་མགོ་ནས་མཇུག་བར་དུ་བསྒྲིངས་ཡོད་པས། ཁྲ་ཐིག་གཉིས་སྟོས་བཅས་སམ་སྟོལ་མར་འདྲེས་པ་དང་། ལ་ལ་སྣལ་ཚོགས་སུ་སྒྲིལ་ནས་འཕྲེད་ཐིག་ཅུང་ཙམ་མངོན། སྲོག་ཆགས་རིགས་འདིའི་ཁྱད་ཆོས་ལས་མིང་ཐོབ་སོང་། འོན་ཀྱང་ཁྱད་ཆོས་དེའང་རེ་རེ་མི་འདྲ། ལུས་པོའི་གཞོགས་གཉིས་ཀྱི་རྒྱབ་ཁྲབ་དང་གསུམ་ཁྲབ་ཀྱི་འབྲེལ་མཚམས་སུ་ཟུར་གསུམ་དབྱིབས་སམ་ཡང་ན་དོ་མི་མཉམ་པའི་རིས་དབྱིབས་ལས་གྲུབ་པའི་ནག་པོའི་གསུམ་པའི་ཟུར་ཐིག་ཡོད་པ་དང་། གསུམ་པ་མང་ཆེ་བ་འོ་མ་ལྟར་དཀར་པོ་ཡིན་ཞིང་ཁྲ་ཁྲ་ཡིན་པའི་དོ་མི་མཉམ་པའི་ནག་ཐིག་ཡོད་པ་དང་ཛ་མའི་རྩེ་མོ་ནག་པོ་ཡིན། འཛའ་སྐྱི་ཁམ་ནག་ཡིན་ཞིང་། མིག་གི་རྒྱལ་མོ་གཞུང་དུ་སྒྲིག་ཞིང་མདོག་ནག་པོ་ཡིན།

སྐྱེ་ཁམས་གོམས་གཤིས། སྲོག་ཆགས་འདིའི་རིགས་ནི2017ལོར་ཛོ་སྦྱོད་བྱས་པའི་ཡ་གླིང་གི་དངོས་

རིགས་གསར་བ་ཞིག་ཡིན། མིག་སྔར་སྐྱེ་དངོས་རིག་པའི་རྒྱུ་ཆ་ལ་རྒྱུས་ལོན་བྱས་པ་ལྟོས་བཅས་ཀྱིས་ཙུང་ཞུང་། ཚད་ཡོད་ཀྱི་དཔྱད་གཞིའི་ཡིག་རིགས་ལས་མངོན་པར་གཞིགས་ན་སྲོག་ཆགས་རིགས་འདི་གཙོ་བོ་མཚོ་ངོས་ལས་མཐོ་ཚད་སྨི3300—4770བར་འཚོ་སྡོད་བྱེད་པའི་གཙང་གསུམ་ཆུ་འགོའི་རི་མཐོ་རྩ་ཐང་དུ་རྒྱུན་དུ་བྱེ་རྒྱུ་ཆུ་ངོགས་དང་ཉེན་ཁའི་རི་སྐྱང་། དེ་བཞིན་སྔོང་ཐྲན་ནགས་རྫོབ་ཀྱི་ཉེ་འགྲམ་དུ་མཐོང་རྒྱུ་ཡོད་པ་དེ་ནི་རང་རྒྱལ་གྱིས་ཤེས་ཟིན་པའི་མཚོ་ངོས་ལས་མཐོ་ཚད་མཐོ་ཤོས་ཀྱི་དུག་སྦྲུལ་ཞིག་རེད། ཉིན་དཀར་འགུལ་སྐྱོད་བྱེད་ལ། ཞོགས་པ་དང་ཉི་མ་མ་ནུབ་སྔོན་གྱི་དུས་ཚོད་ནི་ཁོ་ཚོའི་བྱ་འགུལ་ཆེས་མང་བའི་དུས་ཡིན། ཕྲུ་གུ་བཙའ་ཐེངས་རེར3—6བར་བཙའ་བཞིན་ཡོད། ཕོ་བའི་ནང་གི་དངོས་པོ་དང་གཅིན་སྐྱག་ལ་དབྱེ་ཞིབ་བྱས་པ་ལས་སྲོག་ཆགས་རིགས་འདིས་གཅིག་བྱས་ན་འབུ་མེ་ལྕེབས་རིགས་ཀྱི་འབུ་སྲིན་དེ་བཟའ་བཅའི་ཡོང་ཁུངས་གཙོ་བོར་བྱེད། དམར་དཔེ་ཨང་དང་པོའི་ཕོ་བའི་ནང་ས་མཐོའི་བྱི་བའི་གཟུགས་པོ་མཐོང་བ་དང་རི་ཐང་དུ་རྟོག་ཞིབ་བྱེད་རིང་དུ་དུང་ཆ་ཚང་བའི་ཟས་འཇུ་མ་ཐུབ་པའི་འབུ་མེ་ལྕེབས་སྐྱུགས་པ་སོགས་འཛིགས་སྣང་ཐེབས་པའི་ལྟ་ཞིབ་ཐུབ་ཡོད། དམིགས་བསལ་གྱི་ཟས་རིགས་རང་བཞིན་ལྡན་པ་དེ་རིགས་སྦྲུལ་རིགས་རྩིལ་པོའི་ནང་ལྟོས་བཅས་ཀྱིས་མཐོང་དཀོན་པ་ཞིག་ཡིན་པ་དང་དེ་ཐོན་པའི་རྒྱུ་རྐྱེན་དང་དེ་ནི་དུས་ཚིགས་རང་བཞིན་གྱི་སྣང་ཚུལ་ཡིན་མིན་མིག་སྔར་ད་དུང་གསལ་པོ་ཤེས་མེད། ཡ་ཁི་སྦྲུལ་རིགས་ཀྱི་མགོ་བོའི་གཞོགས་གཉིས་དང་སྣ་ཁུང་། མིག་གི་བར་དུ་ཀོང་ཀོང་རེ་ཡོད་པ་དེར་འགྲམ་ཚང་ཟེར། འགྲམ་ཚང་ནི་སྦྲུལ་རིགས་འགྱུར་བའི་བརྒྱུད་རིམ་ཁྲོད་ཁྱད་པར་ཅན་དུ་གྱུར་པའི་དམར་ཕྱིའི་བརྡ་རྟགས་སྣུད་ལེན་དབང་པོ་ཡིན་ལ། རིགས་འདི་ནི་དམར་ཕྱིའི་ཤེས་ཚོར་ནུས་པ་ལྡན་པའི་དངོས་ལུགས་ཀྱི་རྨང་གཞི་ཡིན། དེའི་ནང་ཁུལ་དུ་སྲབ་སྐྱི་ཞིག་ཡོད་པ་དང་། འདིའི་འགྲམ་པ་ཕྱི་ནང་གཉིས་སུ་དབྱེ་ཡོད། འགྲམ་ཚང་ནང་གི་ཁུང་བུ་ཆུང་ཆུང་དེ་ཕྱི་རོལ་དང་འབྲེལ་ཡོད་པ་དང་། ཁོར་ཡུག་དང་འདྲ་བའི་དྲོད་ཚད་རྒྱུན་འཁྱོངས་བྱེད་པའི་ནུས་པ་ལྡན་ཡོད། འགྲམ་ཚང་ཕྱི་རོལ་གྱི་ཁང་བ་དེ་དྲོད་འཛམ་གྱི་དངོས་གཟུགས་ལ་གཏད་ཡོད་པ་དང་། དེ་ལས་བྱུང་བའི་ཚ་བའི་འཕྲོ་ཐིག་སྣུད་ལེན་བྱེད་ཀྱིན་ཡོད། དེར་བརྟེན་འགྲམ་པའི་སྐྱི་མོའི་གཞོགས་གཉིས་ཀྱི་སྨྱུང་ཚོར་གྱི་དྲོད་ཚད་མི་འདྲ་བ་དང་སྐྱི་མོའི་ཐོག་དྲོད་ཚད་ཏེ་བག་གི་གློག་སྐྱུལ་རྣམ་པ་ཆགས་ནས་གསུམ་ཚེབ་དབང་རྩའི་མཇུག་སྣེ་བརྒྱུད་དབང་རྩའི་ལྟེ་བར་བརྒྱུད་འདྲེན་བྱས་པ་དང་གླད་པའི་ནང་བར་སྟོང་ཨང་སྒྲིག་ཐག་གཅོད་བྱེད་པར་མ་ཟད་མཐོང་ཚོར་ཆ་འཕྲིན་དང་སྦྱད་སྒྲིལ་བྱས་རྗེས་མཇུག་མཐར་སྣེ་མོར་འཁྱོར་ནས་བརྡར་ཤ་གཅོད་པ་དང་རྟུས་ཐག་གཅོད་པ་རེད། དམར་ཕྱིའི་ཤེས་ཚོར་མ་ལག་དེས་དྲོད་ཚད་ཆ་འཕྲིན་ལ་ཚོར་སྐྱེན་ཚད་དང་གནད་ལ་འཁེལ་ཚད་ཏ་ཅང་མཐོན་པོ་ཡོད་པ་དང་དེས་བར་ཐག་ངེས་ཅན་ཞིག་གི་ནང་དྲོད་ཚད་ཏེ་བག0.003℃དབྱེ་འབྱེད་ཐུབ་པར་མ་ཟད་ད་དུང་ཚ་འོད་འཕྲོ་ཐིག་དངོས་གཟུགས་ཀྱི་གནས་ཡུལ་གཏན་འཁེལ་ཐུབ་པ་དེ་ལས་བྱུང་བ་ཞིག་ཡིན། མཚན་མོའམ་བྲག་ཕུག་སོགས་མུན་ནག་གི་ཁོར་ཡུག་ཁྲོད་དུའང་ཡ་ཁི་སྦྲུལ་རིགས་ཀྱིས་རྗེན་དངོས་གཏད་ལ་འཁེལ་བའི་སྒོ་ནས་ཤེས་རྟོགས་ཐུབ་པར་མ་ཟད་ཟས་འཚོལ་ཐུབ་ཀྱིན་ཡོད།

ས་ཁམས་ཁྱབ་ཚུལ། མདོ་དབུས་མཐོ་སྒང་དུ་དམིགས་བསལ་དུ་ཡོད་པའི་སྲོག་ཆགས་ཤིག གཙོ་བོར་མཚོ་སྔོན་གྱི་གཙང་གསུམ་ཆུ་འགོའི་ས་ཁུལ་གྱི་འབྲི་ཆུའི་འབབ་རྒྱུད་དང་བོད་ལྗོངས་ཀྱི་འཇོ་མདའ་རྫོང་། དེ་བཞིན་སི་ཁྲོན་གྱི་ལི་ཐང་རྫོང་དང་སེར་ཤུལ་རྫོང་སོགས་སུ་ཁྱབ་ཡོད།

ཉེན་བཅར་རིམ་པ། དཔྱད་དཔོག་བྱས་མེད། (NE)

སྲུང་སྐྱོབ་རིམ་པ། གནས་སྐབས་སུ་རྒྱལ་ཁབ་ཀྱིས་གཙོ་གནད་དུ་སྲུང་སྐྱོབ་བྱེད་པའི་བྱེས་སྐྱེས་སྲོག་ཆགས་ཀྱི་མིང་ཐོའི་ནང་ལ་བཀོད་མེད།

蝰科 Viperidae　烙铁头蛇属 *Ovophis*

17. 察隅烙铁头蛇 *Ovophis zayuensis* (Jiang, 1977)

形态特征：中等体形管牙类毒蛇，具颊窝。身形短粗，成年个体全长约 60—100 厘米。头呈明显的三角形，与颈部分界明显，头背被覆小鳞，呈覆瓦状排列；眼较小，瞳孔椭圆形，纵置；尾较短。自然状态下颜色多变。通体背面呈砖红色或棕红色，亦有个体呈棕褐色或黑褐色；头背部无明显斑纹，自颊窝后至颌角隐约可见 1 条浅色细纹；体背部具 1 列形似城垛的嵌黑边棕褐色斑块，自头后延伸至尾前段，自尾中段起，斑块逐渐融为一体；腹面呈橘红色，身体和尾腹面散布不规则的灰黑色碎斑，部分个体尾腹中央的碎斑相互连缀形成 1 条纵向黑线。

生态习性：该物种栖息于海拔 1300—2300 米植被较好的林间或林缘，常盘踞于落叶堆上，体色与环境色极为相似，较难被发现。行动迟缓，受惊扰后缓慢逃跑，或盘踞不动。有报道称，曾在野外观察到该物种常保持身体静止不动，仅摆动与身体颜色有些差异的尾巴，或是在模仿某种昆虫以吸引猎物，从而达到辅助捕食的目的。目前尚无关于其食性的确切报道，推测可能以小型哺乳动物、鸟类及蜥蜴为食。夜间活动。卵生。

地理分布：分布范围较狭窄，主要分布于青藏高原东南部，如西藏察隅县、墨脱县、巴宜区及云南高黎贡山；国外分布于印度及缅甸。

濒危等级：无危（LC）

保护等级：暂未列入国家重点保护野生动物名录。

དུག་སྦྲུལ་གྱི་རིགས། Viperidae ལྕགས་མགོ་སྦྲུལ་གྱི་ཁོངས། *Ovophis*

17. རྫ་ཡུལ་ལྕགས་མགོ་སྦྲུལ། *Ovophis zayuensis* (Jiang,1977)

གཟུགས་དབྱིབས་ཁྱད་ཆོས། གཟུགས་འབྱིང་ཙམ་གྱི་སོ་སྦྲུག་རིགས་ཀྱི་དུག་སྦྲུལ། འགྲམ་ཚང་ཡོད་ལ། ལུས་གཟུགས་ཐུང་ཞིང་སྦོམ་པ་དང་། ནར་སོན་པའི་གཟུགས་པོའི་རིང་ཚད་ལ་ཕལ་ཆེར་ལི་སྨི60—100བར་ཡོད། མགོ་ནི་མངོན་གསལ་གྱི་ཟུར་གསུམ་དབྱིབས་ཡིན་ལ་སྐེ་དང་དབྱེ་མཚམས་མངོན་གསལ་ཡིན། མགོ་བོ་ཆུང་བ་དང་ལྷ་དབྱིབས་ལྟར་བསྒྲིགས་ཡོད། མིག་ནི་ཆུང་བ་དང་མིག་གི་རྒྱལ་མོ་ནི་འཛིང་དབྱིབས་ཡིན་ལ། ཇ་མ་ཅུང་ཐུང་། རང་བྱུང་གི་རྣམ་པའི་འོག་ཏུ་ཁ་དོག་ལ་འགྱུར་ལྡོག་མང་། གཟུགས་ཀྱི་རྒྱབ་ངོས་སུ་སོ་ཕག་གི་མདོག་ལྟ་བུ་དམར་པོ་མངོན་ལ་སྤྱིའི་ཆ་ནས་མདོག་སྨུག་པོའམ་ནག་པོ་མངོན། མགོའི་རྒྱབ་ངོས་སུ་མངོན་གསལ་གྱི་ཁྲ་ཐིག་མེད་པ་དང་། འགྲམ་པའི་རྒྱབ་ངོས་ནས་མ་མགལ་གྱི་ཟུར་དུ་གསལ་ལ་མི་གསལ་བའི་མདོག་སྐྱ་བོའི་རི་མོ་ཞིག་མཐོང་། ལུས་རྒྱབ་ཏུ་མཁར་སྨུག་དང་འདྲ་བའི་ཕྲ་ཞིང་མཐའ་ནག་པོའི་ཁམ་མདོག་གི་ཁྲ་ཐིག་ཅིག་ཡོད་པ་དེ་མགོ་རྒྱབ་ནས་མཇུག་བར་བསྒྲིངས་ཡོད། ཇ་མའི་དཀྱིལ་ནས་བཟུང་ཁྲ་ཐིག་རིམ་བཞིན་གཞི་གཅིག་ཏུ་འདྲེས་ཡོད། ལྟོ་བའི་ངོས་སུ་ཚ་ལུ་མའི་མདོག་མངོན་པ་དང་། ལུས་པོ་དང་ཇ་མའི་ངོས་

སུ་དོ་མི་མཉམ་པའི་ཐལ་ནག་གི་ཁྲ་ཐིག་ཡོད་པ་དང་། ཇ་མའི་ཆ་ཤས་དཀྱིལ་གྱི་ཁྲ་ཐིག་ཕན་ཚུན་སྦྲེལ་ནས་གཞུང་ཕྱོགས་ཀྱི་ཐིག་ནག་པོ་ཞིག་གྲུབ་ཡོད།

སྐྱེ་ཁམས་གོམས་གཤིས། སྒྲོག་ཆགས་འདིའི་རིགས་མཚོ་ངོས་ལས་མཐོ་ཚད་སྨི1300—2300བར་གྱི་རྫ་ཁེབས་རྩང་ལེགས་པའི་ནགས་ཚལ་དུ་འཚོ་སྡོད་བྱེད་པ་དང་། རྒྱུན་དུ་སར་ལྷུང་བའི་ལོ་མའི་ཕུང་པོའི་སྟེང་དུ་གནས། ལུས་མདོག་དང་ཁོར་ཡུག་གི་མདོག་ཧ་ཅང་འདྲ་བས་རྟོད་དཀའ། འགུལ་སྐྱོད་དལ་བ་དང་། བར་ཆད་ཐེབས་རྗེས་དལ་མོར་བྲོས་ཕྱོལ་བྱེད་པའམ་ཡང་ན་གྲག་འགུལ་ཅི་ཡང་མེད་པར་འདུག གསལ་བསྒྲགས་བྱས་པར་གཞིགས་ན། སྔོན་ཆད་ཕྱི་རོལ་ནས་སྒྲོག་ཆགས་འདིའི་རིགས་ཀྱིས་རྒྱུན་དུ་ལུས་མི་འགུལ་བ་རྒྱུན་འཁྱོངས་ཐུབ་པ་དང་། ལུས་པོའི་ཁ་དོག་དང་ཁྱད་པར་ཡོད་པའི་ཇ་མ་འགུལ་བའམ་ཡང་ན་འབུ་སྲིན་གྱི་མོ་ཞིག་ལ་ལད་ཟློས་བྱས་ནས་རྗོན་དངོས་འགུག་པ་དང་། དེ་ནས་ཟས་འཚོལ་བར་རམ་འདེགས་བྱེད་པའི་དམིགས་ཡུལ་འགྲུབ་པ་ལྟ་ཞིབ་བྱེད་པ་རེད། མིག་སྔར་དེར་ཟས་རིགས་གཏན་འཁེལ་ཞིག་མེད་པ་དང་། ཚོད་དཔག་བྱས་ན་ཕལ་ཆེར་འོ་འཛུང་སྲོག་ཆགས་ཆུང་གྲས་དང་། བྱ་རིགས། རྩངས་པ་བཅས་ཟས་སུ་སྤྱོད་པ་རེད། མཚན་མོར་འགུལ་སྐྱོད་བྱེད་པ་དང་། སྒོང་སྐྱེས་སྲོག་ཆགས་ཤིག་ཡིན།

ས་ཁམས་ཁྱབ་ཚུལ། ཁྱབ་ཁོངས་རྩང་གུ་དོག་པ་སྟེ་གཙོ་བོར་མདོ་དབུས་མཐོ་སྒང་གི་ཤར་ལྷོའི་རྒྱུད་དུ་ཁྱབ་ཡོད་པ་དཔེར་ན་བོད་ལྗོངས་ཀྱི་ཛ་ཡུལ་རྫོང་དང་མེ་ཏོག་རྫོང་། ཐག་ཡིབ་ཆུས་བཅས་དང་དེ་བཞིན་ཡུན་ནན་གྱི་གའོ་ལི་ཀུང་རི་བོ་དང་། ཕྱི་རྒྱལ་གྱི་རྒྱ་གར་དང་འབར་མར་ཁྱབ་ཡོད།

ཉེན་བཅར་རིམ་པ། ཉེན་མེད། (LC)

སྲུང་སྐྱོབ་རིམ་པ། གནས་སྐབས་སུ་རྒྱལ་ཁབ་ཀྱིས་གཙོ་གནད་དུ་སྲུང་སྐྱོབ་བྱ་རྒྱུའི་བྱེས་སྐྱེས་སྲོག་ཆགས་ཀྱི་མིང་ཐོའི་ནང་ལ་བཀོད་མེད།

18. 菜花原矛头蝮 *Protobothrops jerdonii* (Günther, 1875)

形态特征：中等体形管牙类毒蛇，具颊窝。身体细长，成年个体全长约 80—120 厘米。头较窄长，呈三角形。自然状态下体色多变，大致可分为 2 种色型：其一，头背黑色，具“箭头”形黄色细线纹，眼后至颌部末端具 1 条黑色纵纹，身体和尾部背面呈黄绿色，并散布黑色斑点，体中央具不规则的黑褐色或深红色斑块，体侧具黑褐色斑块，可延伸至腹鳞和尾下鳞两侧；尾梢黑色；头腹面黄白色，身体前段和中段腹面呈黄色，杂以灰黑色斑，身体后段和尾腹面为黄色和灰黑色相交杂。其二，通体背面呈棕灰色，头背两侧具 2 条深褐色粗纵纹，眼后至颌部末端具 1 条镶黑边的深褐色纵纹，外缘具白色细线，体背面具镶黑边的棕褐色不规则斑块，斑块外缘略带白色，尾背部色斑与体背相似；腹面灰色，散布灰褐色或棕褐色斑点，越往尾尖方向斑点越大而密。

生态习性：该物种栖息于海拔较高的山区或高原，最高分布海拔可达3200米。常见于乱石堆、荒草坡、灌木丛和路边草丛等环境。昼夜均可见，但白天多盘踞不动。若天气潮湿，特别是雨后天晴时，该物种常爬到草地间的大石上晒太阳；夜间活动、捕食更为频繁，多以鸟类及啮齿类等小型脊椎动物为食。每年7—9月交配繁殖，胎生，雌蛇每胎产仔蛇5—7条，产仔数量与雌蛇体形大小有关。

地理分布：分布广泛，青藏高原多地均有记录，如西藏东部、云南西部高黎贡山及四川西部山区等；此外，国内还分布于重庆、甘肃、广西、贵州、河南、湖北、湖南、山西、陕西；国外分布于印度、尼泊尔、缅甸及越南。

濒危等级：无危（LC）

保护等级：暂未列入国家重点保护野生动物名录。

དུག་སྦྲུལ་གྱི་རིགས། Viperidae སྔར་གྱི་མདུང་རྩེའི་དུག་སྦྲུལ། *Protobothrops*

18. སྔོ་ཚལ་མེ་ཏོག་གི་མདུང་རྩེའི་དུག་སྦྲུལ། *Protobothrops jerdonii* (Günther,1875)

གཟུགས་དབྱིབས་ཁྱད་ཆོས། གཟུགས་དབྱིབས་འབྲིང་ཙམ་ཡིན་ལ་སོ་སྦྲུག་རིགས་ཀྱི་དུག་སྦྲུལ་དང་འགྲམ་ཚང་ཡོད། གཟུགས་པོ་ཕྲ་ཞིང་རིང་བ་དང་ནར་སོན་པའི་གཟུགས་པོའི་རིང་ཚད་ལ་ལི་སྨི80—120བར་ཡོད། མགོ་རྩུང་དོག་ཅིང་རིང་བས་ཟུར་གསུམ་དབྱིབས་སུ་མངོན། རང་བྱུང་རྣམ་པའི་འོག་ལུས་མདོག་འགྱུར་ལྡོག་ཆེ་བ་དང་། ཕལ་ཆེར་རིགས2དབྱེ་ཆོག་སྟེ། གཅིག་ནི་མགོ་རྒྱབ་ནག་པོ་དང་། མདའ་མགོ་དབྱིབས་ཀྱི་མདོག་སེར་པོའི་ཐིག་རིས་ཕྲ་མོ་ཡོད། མིག་གི་རྒྱབ་ནས་མ་མགལ་བར་གྱི་མཇུག་སྣེ་ལ་གཞུང་རིས་ནག་པོ1ཡོད་པ་དང་། ལུས་པོ་དང་མཇུག་གི་རྒྱབ་ངོས་མདོག་ལྗང་སེར་དུ་མངོན་པར་མ་ཟད་ནག་ཐིག་གིས་ཁྱབ་ཡོད། ལུས་པོའི་དཀྱིལ་དུ་དོ་མི་མཉམ་པའི་ཁམ་ནག་གམ་དམར་ནག་གི་ཁྲ་ཐིག་ཡོད་ལ། ལུས་པོའི་གཞོགས་སུ་ཁམ་ནག་གི་ཁྲ་ཐིག་ཡོད་པ་དེ་ལྟོ་བ་དང་ཛ་མའི་འོག་གི་གཞོགས་གཉིས་སུ་བསྒྲིངས་ཆོག མཇུག་སྣེ་ནག་པོ་ཡིན་པ་དང་མགོ་དང་གསུས་ངོས་སེར་པོ་དང་དཀར་པོ་རེད། ལུས་པོའི་ཁོག་སྟོད་དང་ཁོག་དཀྱིལ་གྱི་ངོས་མདོག་སེར་པོ་ཡིན་ལ། མདོག་ནག་སྐྱའི་ཁྲ་ཐིག་འདྲེས་ཡོད། ཁོག་སྨད་ཀྱི་ཆ་དང་མཇུག་མའི་ངོས་སེར་པོ

དང་ནག་པོ་ཕན་ཚུན་འདྲེས་ཡོད། གཉིས་ནི། གཟུགས་ཀྱི་རྒྱབ་ངོས་སུ་སྐྱ་མདོག་མདོན་པ་དང་། མགོ་རྒྱབ་ཀྱི་གཞོགས་གཉིས་སུ་ཁམ་མདོག་གི་གཞུང་ཐིག་སྦོམ་པོ་གཉིས་ཡོད། མིག་གི་རྒྱབ་ནས་ཐོད་པའི་བར་དུ་མཐའ་ནག་པོས་བརྒྱན་པའི་ཁམ་མདོག་གི་གཞུང་ཐིག་ཅིག་ཡོད་པ་དང་། ཕྱི་འབྲེལ་ལ་སྐྱུད་པ་དཀར་པོ་ཕྲ་མོ་ཡོད་པར་མ་ཟད་གཟུགས་ཀྱི་རྒྱབ་ཀྱི་གདོང་འབབ་གི་མཐའ་ནག་པོས་བརྒྱན་པའི་ཁམ་མདོག་སྤྲིག་སྒྲོལ་དང་མི་མཐུན་པའི་ཁྲ་ཐིག་ཡོད། ཁྲ་རྡོག་གི་ཕྱི་ངོས་སུ་དཀར་པོ་ཙུང་ཙམ་ཡོད་པ་དང་ཇ་མའི་རྒྱབ་ཀྱི་ཁྲ་ཐིག་དང་ལུས་རྒྱབ་འདྲ་བར་འདུག སྟོ་བའི་ངོས་སྐྱ་མདོག་ཡིན་པ་དང་། ཐལ་མདོག་གམ་ཁམ་མདོག་གི་ཁྲ་ཐིག་ཁྱབ་ཡོད། ཇ་མའི་རྩེ་མོའི་ཕྱོགས་སུ་ཐེ་ཙམ་སོང་ན་ཁྲ་ཐིག་དེ་ལྟར་ཆེ་ཞིང་འཚུབ་པ་རེད།

སྐྱེ་ཁམས་གོམས་གཤིས། སྲོག་ཆགས་འདིའི་རིགས་མཚོ་ངོས་ལས་མཐོ་ཚད་ཅུང་མཐོ་བའི་རི་ཁུལ་ལམ་མཐོ་སྒང་དུ་འཚོ་སྡོད་བྱེད་པ་དང་། ཆེས་མཐོ་བ་མཚོ་ངོས་ལས་མཐོ་ཚད་སྨི3200ལ་སླེབས་ཐུབ། རྒྱུན་དུ་རྡོ་ཕུང་དང་རྩྭ་ཐང་། སྡོང་ཕྲན་ནམ་ནགས་ཚལ་དང་ལམ་འགྲམ་གྱི་རྩྭ་གསེབ་སོགས་སུ་ཉིན་མཚན་མེད་པར་མཐོང་ཐུབ་མོད། འོན་ཀྱང་ཉིན་དཀར་མང་པོ་ཞིག་འགྲུལ་མི་ཐུབ། གལ་ཏེ་གནམ་གཤིས་བསྙན་གཤེར་ཆེ་བ་དང་། ལྷག་པར་དུ་ཆར་རྗེས་གནམ་དྭངས་སྐབས། སྲོག་ཆགས་ཀྱི་རིགས་འདི་རྒྱུན་དུ་རྩྭ་ཐང་བར་གྱི་རྡོ་ཆེན་ཐོག་འཛེགས་ནས་ཉི་མར་ལྡེ་བ་དང་། མཚན་མོར་འགྲུལ་སྐྱོད་དང་ཟས་འཚོལ་བ་དང་། བྱ་རིགས་དང་སོ་སྐྱེས་སྲོག་ཆགས་ཆུང་གྲས་ཟས་སུ་སྤྱོད་པ་རེད། ལོ་རེའི་ཟླ7—9པའི་བར་རྒྱུད་སྤེལ་བ་དང་ཕྲུ་གུ་སྐྱེ་བ་རེད། སྦྲུལ་མོས་ཕྲུ་གུ་རེ་ལ་སྦྲུལ5—7བར་བཙའ་བཞིན་ཡོད། ཕྲུ་གུ་བཙས་པའི་གྲངས་འབོར་ནི་སྦྲུལ་མོའི་གཟུགས་པོའི་ཆེ་ཆུང་དང་འབྲེལ་བ་ཡོད།

ས་ཁམས་ཁྱབ་ཚུལ། ཁྱབ་ཁྱ་ཆེ་བ་དང་། མདོ་དབུས་མཐོ་སྒང་གི་ས་ཆ་མང་ཆེ་བར་ཟིན་ཐོ་བཀོད་ཡོད་པ་སྟེ་དཔེར་ན་བོད་ལྗོངས་ཀྱི་ཤར་རྒྱུད་དང་། ཡུན་ནན་གྱི་ནུབ་རྒྱུད་ཀཪ་ལི་ཀུང་རི་བོ་དང་སི་ཁྲོན་གྱི་ནུབ་རྒྱུད་རི་ཁུལ་སོགས་ཡིན་པ་དང་། དེ་མིན་རྒྱལ་ནང་གི་ཁྲུང་ཆིང་དང་ཀན་སུའུ། ཀོང་ཞི། ཀུའེ་ཀྲོའུ། ཧོ་ནན། ཧུའུ་པེ། ཧུའུ་ནན། ཧྲན་ཞི། ཧྲའན་ཞི་བཅས་སུ་ཁྱབ་ཡོད་པ་དང་། ཕྱི་རྒྱལ་གྱི་རྒྱ་གར་དང་བལ་པོ། འབར་མ། ཡོ་ནན་བཅས་སུ་ཁྱབ་ཡོད།

ཉེན་བཅར་རིམ་པ། ཉེན་མེད། (LC)

སྲུང་སྐྱོབ་རིམ་པ། གནས་སྐབས་སུ་རྒྱལ་ཁབ་ཀྱིས་གཙོ་གནད་དུ་སྲུང་སྐྱོབ་བྱ་རྒྱུའི་བྱེས་སྐྱེས་སྲོག་ཆགས་ཀྱི་མིང་ཐོའི་ནང་ལ་བཀོད་མེད།

19. 喜山原矛头蝮 *Protobothrops himalayanus* Pan, Chettri, Yang, Jiang, Wang, Zhang, and Vogel, 2013

形态特征：大型管牙类毒蛇，具颊窝。身体细长，成年个体全长最大可达 150 厘米以上。头部狭长，呈三角形，与颈部分界明显；头背被覆小鳞，凸出且大小不一；眼较小而外凸，呈棕色或棕红色，瞳孔纵置。自然状态下，头背呈棕红色，头侧黄色，1 条红棕色眉纹自眼后延伸至下颌后缘；体、尾背面呈橄榄绿色，体背具 48 条嵌黑边的棕红色横纹，尾背具 19 条；每条横纹在身体两侧各有一个颜色相近的斑块，有时与横纹相连；腹部通体呈灰白色，并散布有不规则的灰黑色斑纹。

生态习性：该物种系 2013 年依据西藏吉隆县采集的标本描述的原矛头蝮属新物种，主要栖息于海拔 1300—2100 米的喜马拉雅山南坡，目前对其生物学资料的了解较少。据国外对该物种的观察显示，其在5—6月份活动频繁，常被发现于林间道路及种植园潮湿的落叶堆中，由于活跃月份与当地旅游旺季重合，该物种面临着较高的路杀风险。据报道，在印度锡金北部，平均每晚有2—3条喜山原矛头蝮丧命于往来车辆的车轮下。9月中旬后不再活跃，几乎不可见。昼伏夜出，白天多躲藏于岩石下、草丛中或农田旁的石墙里，黎明时分外出觅食，主要以鼠类、鼩鼱等小型哺乳动物为食。

地理分布：分布范围狭窄，主要分布于青藏高原南缘，国内仅记录于西藏吉隆县；国外分布于印度、尼泊尔和不丹。

濒危等级：无危（LC）

保护等级：暂未列入国家重点保护野生动物名录。

19. ཞི་ཧྲན་གྱི་མདུང་རྩེའི་དུག་སྦྲུལ། *Protobothrops himalayanus* Pan, Chettri, Yang, Jiang, Wang, Zhang, and Vogel, 2013

གཟུགས་དབྱིབས་ཁྱད་ཆོས། འདི་ནི་སོ་སྦུག་རིགས་ཀྱི་དུག་སྦྲུལ་ཆེ་གྲས་འགྲམ་ཚང་ཡོད་པ་ཞིག་རེད། ལུས་པོ་ཕྲ་ཞིང་རིང་ལ། ནར་སོན་པའི་གཟུགས་པོའི་རིང་ཚད་ཆེས་ཆེ་བ་ལི་སྨི150ཡན་ལ་སླེབས་ཐུབ། མགོ་བོ་དོག་ཅིང་རིང་ལ་ཟུར་གསུམ་དབྱིབས་སུ་མངོན་པ་དང་སྐེ་དང་དབྱེ་མཚམས་མངོན་གསལ་དོད་པོ་ཡོད། མགོ་བོ་ཁྲབ་ཆུང་གིས་འབུར་བར་མ་ཟད་ཆེ་ཆུང་མི་འདྲ། མིག་ཅུང་ཆུང་ཞིང་ཕྱིར་འབུར་ཡོད་པར་མ་ཟད་ཟ་མདོག་གམ་དམར་པོ་ཡིན། མིག་གི་ཀྱལ་མོ་གཞུང་དུ་བསྒྲིགས་ལ། རང་བྱུང་རྣམ་པའི་འོག་མགོ་ཀྱབ་དམར་པོ་ཡིན་པ་དང་མགོ་ཟུར་སེར་པོ་ཡིན། སྨིན་མ་དམར་པོ་གཅིག་མིག་ཀྱབ་ནས་མ་མགལ་གྱི་མཐའ་ཙ་སྲིང་ཡོད་པ་དང་། གཟུགས་དང་མཇུག་མའི་ཀྱབ་ངོས་ནི་སྨྱུ་ཙ་ར་ལྗང་ཁུའི་མདོག་ཡིན། གཟུགས་ཀྱི་ཀྱབ་ངོས་སུ་མཐའ་ནག་པའི་འཕྲེད་རིས་དམར་པོ48དང་མཇུག་མའི་ཀྱབ་ངོས་སུ་དེ་འདྲ་བ19ཡོད། འཕྲེད་རིས་རེ་རེར་ལུས་པོའི་གཞོགས་གཉིས་སུ་ཁ་དོག་འདྲ་བའི་ཁྲ་ཐིག་རེ་ཡོད་པ་དང་། སྐབས་འགར་འཕྲེད་རིས་དང་

འབྲེལ་ཡོད། ཕོ་བའི་སྟེང་དུ་སྐྱ་མདོག་མངོན་པར་མ་ཟད་དོ་མི་མཉམ་པའི་སྐྱ་མདོག་གི་ཁྲ་ཐིག་ཡོད།

སྐྱེ་ཁམས་གོམས་གཤིས། སྒྲོག་ཆགས་འདིའི་རིགས2013ལོར་བོད་ལྗོངས་ཀྱི་སྐྱིད་རོང་རྫོང་གིས་འཚོལ་ཞིབ་བྱས་པའི་དམར་དཔེ་གཞིར་བཟུང་བརྗོད་པའི་དེ་སྔའི་མདུང་རྩེ་དངོས་རིགས་གསར་བའི་ཁོངས་སུ་གཏོགས་པ་དང་། གཙོ་བོར་མཚོ་ངོས་ལས་མཐོ་ཚད་སྨི1300—2100བར་གྱི་རི་བོ་ཧི་མ་ལ་ཡའི་ལྷོ་ངོས་སུ་འཚོ་སྡོད་བྱེད་ཀྱི་ཡོད་པས་མིག་སྔར་དེའི་སྐྱེ་དངོས་རིག་པའི་དཔྱད་གཞིའི་ཡིག་རིགས་ཤེས་རྟོགས་ཉུང་ཙམ་ལས་བྱུང་མེད། ཕྱི་རྒྱལ་གྱིས་སྒྲོག་ཆགས་རིགས་དེར་ལྟ་ཞིབ་བྱས་པ་ལས་མངོན་པར་གཟིགས་ན་ཟླ5—6པའི་བར་འགྱུལ་སྐྱོད་བྱེད་མང་བ་དང་། རྟག་ཏུ་ནགས་ཁྲོད་ཀྱི་འགྲོ་ལམ་དང་འདེབས་འཛུགས་ར་བའི་བཞའ་ཚན་ཆེ་བའི་ལོ་མ་ལྷུང་བའི་ཕུང་པོའི་ནང་འབྲུག་ཆ་དོད་པས་ཟླ་བ་དེ་དག་གི་ནང་ས་གནས་དེ་གའི་ཡུལ་སྐོར་པ་མང་བའི་དུས་ཚོགས་དང་ཐོ་ཐུག་པའི་རྐྱེན་གྱིས་སྒྲོག་ཆགས་རིགས་དེ་གསོད་པའི་ཉེན་ཁ་ཆེ་ཙམ་འཕྲད་ཀྱིན་ཡོད། གནས་ཚུལ་སྤྲེལ་བར་གཟིགས་ན་རྒྱ་གར་གྱི་འབྲས་ལྗོངས་བྱང་རྒྱུད་དུ་ཆ་སྙོམས་དགོང་མོ་རེར་དུག་སྦྲུལ2—3བར་ཕར་འགྲོ་ཚུར་འོང་བྱེད་མཁན་གྱི་རླངས་འཁོར་འཁོར་ལོའི་འོག་ཚེ་སྲོག་ཤོར་གྱིན་ཡོད། ཟླ9བའི་ཟླ་དཀྱིལ་གྱི་རྗེས་ནས་གསོན་ཤུགས་མེད་པར་ཕལ་ཆེར་མཐོང་མི་ཐུབ། ཉེན་མཚན་མེད་པར་ཕྱིར་ཐོན་པ་དང་ཉེན་མོ་མང་ཆེ་བ་བྲག་རྡོའི་འོག་དང་རྩྭ་གསེབ་བམ་ཡང་ན་ཞིང་ཁའི་འགྲམ་གྱི་རྡོ་གྱང་ནང་ལ་ཡིབ་ནས་སྐྱ་རེངས་ཀྱི་དུས་སུ་ཕྱིར་ཟས་འཚོལ་བར་འགྲོ་བ་དང་གཙོ་བོར་བྱི་བའི་རིགས་དང་འོ་འཁྱུང་སྒྲོག་ཆགས་ཆུང་གྲས་ཁ་ཟས་སུ་བྱེད་ཀྱིན་ཡོད།

ས་ཁམས་ཁྱབ་ཚུལ། ཁྱབ་ཁོངས་གྲུ་དོག་པ། གཙོ་བོར་མདོ་དབུས་མཐོ་སྒང་གི་ལྷོ་མཐའ་ཙ་ཁྱབ་ཡོད་དེ། རྒྱལ་ནང་གི་བོད་ལྗོངས་ཀྱི་སྐྱིད་རོང་རྫོང་ཁོ་ན་ལས་མེད། ཕྱི་རྒྱལ་གྱི་རྒྱ་གར་དང་བལ་པོ། འབྲུག་ཡུལ་བཅས་སུ་ཁྱབ་ཡོད།

ཉེན་བཅར་རིམ་པ། ཉེན་མེད། (LC)

སྲུང་སྐྱོབ་རིམ་པ། གནས་སྐབས་སུ་རྒྱལ་ཁབ་ཀྱིས་གཙོ་གནད་དུ་སྲུང་སྐྱོབ་བྱ་རྒྱུའི་བྱེས་སྐྱེས་སྒྲོག་ཆགས་ཀྱི་མིང་ཐོའི་ནང་ལ་བཀོད་མེད།

游蛇科 Colubridae　锦蛇属 *Elaphe*

20. 黑眉锦蛇 *Elaphe taeniura* Cope, 1861

形态特征：大型无毒蛇，成年个体全长可达200厘米以上。头呈椭圆形或略呈梯形，与颈部分界明显；眼大小适中，瞳孔圆形；身体粗壮；尾细长。自然状态下，头背呈浅褐色，眼后具1条明显的粗黑眉纹，该物种也因此特征而得名“黑眉”；体背黄褐色，体前段具蝴蝶形斑纹，至体后段逐渐不明显；自体中段起，体侧出现明显的4条黑色纵纹，一直延伸至尾梢。腹面呈灰白色或略带黄色，腹鳞两端具方形黑斑，中央具黑色斑点，体后段和尾部腹鳞两端黑斑连缀成纵线。该物种分布广泛，具若干亚种分化，因此不同地区个体在体色及斑纹上存在较大变异。

生态习性：生境多样，平原、丘陵及山区均有发现，最高可分布至海拔3000米左右。适应能力较强，也常见于城镇及乡村等人口聚居区附近，尤好盘踞于老式房屋的屋檐上，因此又有“家蛇”之称。行动迅速，性情凶猛，受惊扰时，常将身体前部弯曲为“S”形，同时张口威吓，作随时攻击状。白昼活动，主要以小型啮齿类、鸟类及蛙类为食，有时也偷食家禽。卵生，7月可见产卵，窝卵数8—13枚。

地理分布：分布范围极广泛，在青藏高原可见于东缘及东南缘的诸市县，如西藏墨脱县、察隅县及芒康县，云南贡山县、福贡县等；此外，国内大多数省区及东南亚、南亚多国均有分布。

濒危等级：易危（VU）

保护等级：暂未列入国家重点保护野生动物名录。

སྦྲུལ་རྒྱལ་གྱི་རིགས། Colubridae ཅིན་སྦྲུལ་གྱི་ཁོངས། *Elaphe*

20. སྨིན་མ་ནག་པོའི་སྦྲུལ། *Elaphe taeniura* Cope, 1861

གཟུགས་དབྱིབས་ཁྱད་ཆོས། དུག་མེད་སྦྲུལ་ཆེ་གྲས་ཏེ། ནར་སོན་པའི་གཟུགས་པོའི་རིང་ཚད་ལ་ལི་སྨི200ཡན་ཡོད། མགོ་ནི་འཛོང་དབྱིབས་སམ་ཟུང་ཟད་སྐས་དབྱིབས་སུ་མངོན་པ་དང་། སྣེ་དང་དབྱེ་མཚམས་མངོན་གསལ་ཡིན། མིག་གི་ཆེ་ཆུང་འཚམ་ཞིང་། མིག་གི་རྒྱལ་མོ་ཟླུམ་གཟུགས་དང་། ལུས་པོ་སྲོམ་པ། ཛ་མ་ཕྲ་ཞིང་རིང་ལ། རང་བྱུང་གི་རྣམ་པའི་འོག་མགོ་རྒྱབ་ཁམ་མདོག་ཡིན་པ་དང་། མིག་རྒྱབ་ཏུ་མངོན་གསལ་དོད་པའི་སྨིན་མ་ནག་པོའི་རི་མོ་ཞིག་ཡོད། སྲོག་ཆགས་འདིའི་རིགས་ཀྱི་ཁྱད་ཆོས་ལ་བརྟེན་ནས་མིང་ལ"སྨིན་མ་ནག་པོ"ཟེར། ལུས་རྒྱབ་ནི་ཁམ་མདོག་ཡིན་པ་དང་། ལུས་པོའི་མདུན་ངོས་སུ་ཕྱེ་ལེབ་དབྱིབས་ཀྱི་ཁྲ་ཐིག་ཡོད་ལ་ལུས་པོའི་ཕྱི་ངོས་སུ་རིམ་བཞིན་མངོན་གསལ་དོད་པོ་མེད། གཟུགས་པོའི་དཀྱིལ་ནས་བཟུང་ལུས་པོའི་གཞོགས་ངོས་སུ་མངོན་གསལ་དོད་པའི་གཞུང་ཐིག་ནག་པོ་བཞི་ཡོད་པ་དེ་མཇུག་སྣེ་བར་དུ་བསྲིངས་ཡོད། ལྟོ་བའི་ངོས་སུ་མདོག་སྐྱ་པོ་དང་སེར་པོ་མངོན་པ་དང་། ལྟོ་བའི་སྣེ་གཉིས་སུ་ནག་ཐིག་གྲུ་བཞི་མ་ཡོད་ལ་དཀྱིལ་དུ་ནག་ཐིག་ཡོད། གཟུགས་ཀྱི་ཕྱི་ངོས་དང་མཇུག་གི་ལྟོ་བའི་སྣེ་གཉིས་སུ་ནག་ཐིག་གིས

བརྒྱན་ཡོད། སྒོག་ཆགས་རིགས་འདི་ཁྱབ་ཀྱ་ཆེ་བ་དང་། རིགས་ཕལ་བ་ཁ་ཤས་ནི་ས་ཁུལ་མི་འདྲ་བ་ལྟར་ལུས་མདོག་དང་ཁྲ་ཐིག་སྟེང་དུ་འགྱུར་ལྡོག་ཆུང་ཆེན་པོ་ཡོད།

སྐྱེ་ཁམས་གོམས་གཤིས། སྐྱེ་ཚུལ་སྣ་མང་ཡིན། བདེ་ཐང་དང་དེའུ་འབུར། རི་ཁུལ་ཚང་མར་གསར་རྙེད་བྱུང་། ཆེས་མཐོ་ན་མཚོ་ངོས་ལས་མཐོ་ཚད་སྨི3000ཡས་མས་སུ་ཁྱབ་ཐུབ། འཕྲོད་ནུས་ཆེ་ཙམ་ཡོད་པ་དེའང་གྲོང་ཁྱེར་དང་གྲོང་རྡལ། གྲོང་གསེབ་སོགས་མི་འཁོར་འདུས་སྡོད་ཁུལ་གྱི་ཉེ་འདབས་སུ་རྟག་ཏུ་མཐོང་རྒྱུ་ཡོད་པ་དང་ལྷག་པར་དུ་ཁང་པ་རྙིང་བའི་མདའ་གཡབ་ཐོག་ཏམ་བཟུང་བྱེད་བདེ་པོ་ཡོད་པར་བརྟེན"ཁྱིམ་སྦྲུལ"ཞེས་འབོད། འགྲུལ་སྐྱོད་མགྱོགས་པ་དང་། གཤིས་ཀ་གདུག་དྲག་ཆེ་བ། དངངས་སྐྲག་སྐྱེས་པའི་སྐབས་སུ། རྒྱུན་དུ་ལུས་པོའི་མདུན་ཕྱོགས་དེ"S"དབྱིབས་སུ་འཁྱིལ་བ་དང་། དུས་མཚུངས་སུ་ཁ་གདངས་ནས་འཇིགས་སྣང་སྐྱུལ་བའམ། དུས་དང་རྣམ་པ་ཀུན་ཏུ་ཕར་རྒོལ་བྱེད་པའི་རྣམ་པ་བསྟན་པ་རེད། ཉིན་དཀར་གཙོ་བོར་སོ་འཚའ་བའི་རིགས་ཆུང་གྲས་དང་། བྱ་རིགས། སྦལ་བའི་རིགས་བཅས་བཟའ་བ་དང་། སྐབས་འགར་ཁྱིམ་བྱའང་སྒོག་ཟ་བྱེད། སྒོང་སྐྱེས་སྒོག་ཆགས་ཡིན་ལ། ཟླ7པར་སྒོ་ང་གཏོང་བ་དང་། ཐེངས་རེར་སྒོ་ང8—13བར་གཏོང་བ་ཡིན།

ས་ཁམས་ཁྱབ་ཚུལ། ཁྱབ་ཀྱ་ཏ་ཅང་ཆེ་བ་དང་། མདོ་དབུས་མཐོ་སྒང་གི་ཤར་རྒྱུད་དང་ཤར་ལྷོའི་རྒྱུད་དུ་ཡོད་པའི་གྲོང་ཁྱེར་དང་རྫོང་ཁག་དཔེར་ན་བོད་ལྗོངས་ཀྱི་མེ་ཏོག་རྫོང་དང་ཛ་ཡུལ་རྫོང་། སྨར་ཁམས་རྫོང་། ཡུན་ནན་གྱི་གུང་ཧྲན་རྫོང་ཧྲུ་ཀུང་རྫོང་སོགས་ཡོད་པ་དང་། དེ་མིན་རྒྱལ་ནང་གི་ཞིང་ཆེན་དང་རང་སྐྱོང་ལྗོངས་མང་ཆེ་བ་དང་། ཨེ་ཤ་ཡ་ཤར་ལྷོ་དང་ཨེ་ཤ་ཡ་ལྷོ་མའི་རྒྱལ་ཁབ་མང་པོར་ཁྱབ་ཡོད།

ཉེན་བཅར་རིམ་པ། ཉེན་ཁ་འབྱུང་སླ་བའི་རིགས། (VU)

སྲུང་སྐྱོབ་རིམ་པ། གནས་སྐབས་སུ་རྒྱལ་ཁབ་ཀྱིས་གཙོ་གནད་དུ་སྲུང་སྐྱོབ་བྱེད་པའི་བྱེས་སྐྱེས་སྲོག་ཆགས་ཀྱི་མིང་ཐོའི་ནང་ལ་བཀོད་མེད།

游蛇科 Colubridae　鼠蛇属 *Ptyas*

21. 黑线乌梢蛇 *Ptyas nigromarginata* (Blyth, 1854)

形态特征：大型无毒蛇，成年个体全长可达 200 厘米左右。头呈椭圆形，略比颈宽；眼大，瞳孔圆形；体、尾细长。自然状态下，头背和头侧呈黄绿色，体背翠绿色，前段无明显斑纹，自中段偏后起，逐渐出现 4 条黑色纵纹，中央 2 条较粗，肢体后段和尾部更加清晰且规则。头腹面白色，体腹前段呈白色略偏绿，体腹中后段和尾腹面黄白色。幼蛇通体呈鲜绿色，颜色较成体更加鲜明；体前段具 4 条由黑色斑点连缀而成的纵列，至体中段后变为连续的纵纹，其中 2 条居于背脊两侧，另 2 条位于身体两侧。

生态习性：该物种栖息于海拔 500—2100 米的丘陵或山区，多见于林木茂盛处或林缘灌木丛中。白昼活动，常到耕地附近觅食，主要以蛙类、蜥蜴及小型哺乳动物为食。雨后天晴时，常出现于公路旁的杂草地或岩石上晒太阳，行动敏捷，受惊扰后逃跑迅速。卵生。有报道称，曾在修路时掘出 200 余条幼蛇聚居一处，据此推测，该物种或有聚集产卵的习性。

地理分布：主要分布于青藏高原东南缘，如西藏墨脱县、察隅县及巴宜区，云南西部高黎贡山及四川西南山区的多市县；国内还分布于贵州；国外分布于印度、不丹、缅甸、尼泊尔、越南、老挝、泰国及孟加拉国。

濒危等级：无危（LC）

保护等级：暂未列入国家重点保护野生动物名录。

རྒྱལ་སྦྲུལ་གྱི་རིགས། Colubridae ཅི་སྦྲུལ་གྱི་ཁོངས། *Ptyas*

21. ནག་ཐིག་ཅན་གྱི་སྦྲུལ། *Ptyas nigromarginata* (Blyth, 1854)

གཟུགས་དབྱིབས་ཁྱད་ཆོས། དུག་མེད་པའི་སྦྲུལ་ཆེ་རིགས་ཡིན། ནར་སོན་ཆེ་སྤྱིའི་རིང་ཚད་ལ་ལི་སྨི200ཡས་མས་ཡོད། མགོ་ནི་འཇོང་དབྱིབས་ཡིན་པས་སྐེ་ལས་ཅུང་ཆེ། མིག་ཆེ་ཞིང་མིག་འབྲས་སྒོར་དབྱིབས་ཡིན། ལུས་དང་ཇ་མ་ཕྲ་ཞིང་རིང་བ་དང་། རང་བྱུང་གི་རྣམ་པའི་འོག་ཏུ། མགོའི་རྒྱབ་ངོས་དང་མགོའི་གཞོགས་ནི་ལྗང་སེར་ཡིན་པ་དང་། ལུས་པོའི་རྒྱབ་ངོས་ནི་ལྗང་ཁུ་ཡིན། ལུས་སྟོད་ལ་མངོན་གསལ་གྱི་ཁྲ་ཐིག་མེད། བར་དཀྱིལ་ནས་གཡོན་རྗེས་སུ་རིམ་གྱིས་ཐིག་ནག་པོ་བཞི་བྱུང་བ་དང་། དཀྱིལ་གྱི་ནག་ཐིག་གཉིས་ཅུང་སྲོམ་ལ། ཡན་ལག་རྗེས་ཀྱི་དུམ་བུ་དང་མཇུག་གི་ཁག་ནི་དེ་བས་གསལ་པོ་དང་སྒྲིག་སྲོལ་ལྡན། མགོ་དང་གསུམ་པའི་མདོག་དཀར་པོ་ཡིན་ལ། གསུམ་པའི་སྔོན་གྱི་མདོག་དཀར་པོ་དང་དེའི་ནང་ཅུང་ལྗང་ཁུ་འདུས་ཡོད། གསུམ་པའི་མཇུག་དང་གསུམ་པའི་གཞུག་གི་མདོག་སེར་དཀར་ཡིན། སྦྲུལ་ཕྲུག་གི་ལུས་ནི་ལྗང་མདོག་ཡིན་ལ། ཁ་དོག་ནི་དར་མ་ལས་གསལ། ལུས་སྟོད་དུ་འཕྲེད་དུ་བཅད་པའི་ནག་པོའི་ཁྲ་ཐིག་བཞི་ཡོད་ལ་ལུས་དཀྱིལ་ནས་མཇུ་སྣེལ་རང་བཞིན་གྱི་ཁྲ་ཐིག་ཏུ་གྱུར་ཡོད། དེའི་ནང་གི2ནི་རྒྱབ་ཟུར་གཉིས་སུ་

ཡོད་ཅིང་། གཞན་པ2ནི་ལུས་པོའི་གཞོགས་གཉིས་སུ་ཡོད།

སྐྱེ་ཁམས་གོམས་གཤིས། སྲོག་ཆགས་འདིའི་རིགས་མཚོ་ངོས་ལས་མཐོ་ཚད་སྨི500—2100བར་གྱི་རི་མ་ཐང་ངམ་རི་ཁུལ་དུ་འཚོ་སྡོད་བྱེད་ཀྱིན་ཡོད། ཉིན་དཀར་འགྲུལ་སྐྱོད་བྱེད་པ་དང་རྒྱུན་དུ་རྨོ་ཞིང་གི་ཉེ་འགྲམ་དུ་ཟས་འཚོལ་བ་དང་། གཙོ་བོར་སྦལ་བ་དང་དབྱི། འོ་འབྲུང་སྲོག་ཆགས་ཆུང་གྲས་བཅས་ཟ། ཆར་རྗེས་གནམ་དྭངས་དུས། རྒྱུན་དུ་གཞུང་ལམ་འགྲམ་གྱི་རྩྭ་སྐྱིགས་དང་བྲག་རྡོའི་ཐོག་ཏུ་ཉི་མར་བསྲོ་ཞིང་སྒྲོ་ང་གཏོང་བཞིན་ཡོད། ཡིག་ཆ་ལ་གཞིགས་ན། དེ་ཟླ་ལམ་ལས་སྐབས་སྦྲུལ་ཕྲུག200ལྷག་ཙམ་གཅིག་བསྡུས་བྱེད་པའི་ཚང་ཞིག་ རྙོག་འདོན་བྱས་ཡོད་པས། ཚོད་དཔག་བྱས་པ་ལྟར་ན། སྲོག་ཆགས་རིགས་འདི་ལ་གཅིག་བསྡུས་དང་སྒྲོ་ང་གཏོང་བའི་གོམས་གཤིས་ཡོད་པ་རེད།

ས་ཁམས་ཁྱབ་ཚུལ། གཙོ་བོར་མདོ་དབུས་མཐོ་སྒང་གི་ཤར་ལྷོའི་མཚམས་སུ་གནས་པ་དཔེར་ན། བོད་ལྗོངས་ཀྱི་མེ་ཏོག་རྫོང་དང་རྫ་ཡུལ་རྫོང་། བྲག་ཡིབ་ཁུལ་བཅས་དང་། ཡུན་ནན་ནུབ་རྒྱུད་ཀྱི་ཀཎ་ལི་ཀུང་རི་བོ་དང་དེ་བཞིན་སི་ཁྲོན་ལྡོ་ནུབ་རི་ཁུལ་གྱི་གྲོང་ཁྱེར་དང་རྫོང་མང་པོར་ཁྱབ་ཡོད། ད་དུང་རྒྱལ་ནང་གི་ཀུའེ་གྲོའུ་ཙུ་ཁྱབ་ཡོད། ཕྱི་རྒྱལ་གྱི་རྒྱ་གར་དང་འབྲུག་ཡུལ། འབར་མ། བལ་པོ། ཡོ་ནན། ལོ་སི། ཐེ་ལན། ཧྥང་ག་ལ་བཅས་སུ་ཁྱབ་ཡོད།

ཉེན་བཅར་རིམ་པ། ཉེན་ཁ་མེད་པའི་རིགས། (LC)

སྲུང་སྐྱོབ་རིམ་པ། གནས་སྐབས་སུ་རྒྱལ་ཁབ་གཙོ་གནད་སྲུང་སྐྱོབ་བྱ་རྒྱུའི་བྱེས་སྐྱེས་སྲོག་ཆགས་ཀྱི་མིང་ཐོའི་ནང་ལ་བཀོད་མེད།

游蛇科 Colubridae　斜鳞蛇属 *Pseudoxenodon*

22. 大眼斜鳞蛇 *Pseudoxenodon macrops* (Blyth, 1855)

形态特征：中等体形无毒蛇，成年个体全长约 100 厘米。头呈长椭圆形，与颈部分界明显；眼大，瞳孔圆形；脊鳞两侧的背鳞窄长，排列成斜行，该类群也因此特征而得名“斜鳞蛇”。自然状态下，颜色及斑纹极为多变。身体及尾部背面鳞片多呈棕褐色，鳞片边缘或局部呈现黑、白、红等颜色，共同组合成复杂的花纹；颈背处一般具 1 个粗大的黑色箭斑；腹部黄白色，部分腹鳞两端具棕色方斑，前段较规则且明显，后段和尾腹面呈灰色。高海拔地区个体，通体背面多呈黑色，不具明显斑纹，或有利于其吸收太阳辐射。

生态习性：栖息环境多样，山区林缘、灌丛、草地和农田中均可发现，尤以水域附近最为多见，垂直海拔分布范围达 500—3300 米。白昼活动，主要以蛙类为食。受惊扰时，常将身体前半段挺立、颈部平扁扩大，同时发出“嘶嘶”的呼气声，并不断前倾做攻击状，因此常被误认为是剧毒的眼镜蛇，故有“伪眼镜蛇”或“气扁蛇”之称。如被捕捉，会散发出强烈的特殊臭味，又被称为“臭蛇”。卵生，窝卵数 10 枚左右。

地理分布:分布广泛，青藏高原多地均有记录，如西藏墨脱县、米林县，云南西部和四川西部等。国内还分布于重庆、福建、甘肃、广东、广西、贵州、河南、湖北、湖南、陕西；国外分布于印度、尼泊尔、不丹、缅甸、老挝、泰国、越南、马来西亚。

濒危等级：无危（LC）

保护等级：暂未列入国家重点保护野生动物名录。

རྒྱལ་སྦྲུལ་གྱི་རིགས། Colubridae གསེག་ཁྲབ་སྦྲུལ་ཁོངས། *Pseudoxenodon*

22. མིག་ཆེན་གསེག་ཁྲབ་སྦྲུལ། *Pseudoxenodon macrops* (Blyth, 1855)

གཟུགས་དབྱིབས་ཁྱད་ཆོས། གཟུགས་དབྱིབས་འབྲིང་བའི་དུག་མེད་ཀྱི་སྦྲུལ་ཞིག་ཡིན། ནར་སོན་ཚེ་སྤྱིའི་རིང་ཚད་ལ་ཕལ་ཆེར་ལི་སྨི100ཡོད། མགོ་ནི་འཛོང་དབྱིབས་ཡིན་པ་དང་སྐེ་དང་དབྱེ་མཚམས་མངོན་གསལ་ཡིན། མིག་ཆེ་ཞིང་མིག་འབྲས་སྒོར་དབྱིབས་ཡིན། སྒལ་ཚོགས་ཀྱི་ཁྲབ་གཉིས་ཀྱི་སྒལ་ཁྲབ་ཕྲ་ཞིང་རིང་བས་གསེག་ནས་འགྲོ་བ་དང་། འདིའི་རིགས་ཀྱི་ཁྱུ་ལའང་དེའི་ཁྱད་ཆོས་ལྡན་པས"གསེག་ཅན་གྱི་སྦྲུལ"ཞེས་འབོད། རང་བྱུང་གི་རྣམ་པའི་འོག་ཏུ་ཁ་དོག་དང་ཁྲ་ཐིག་ཧ་ཅང་མང་། ལུས་པོ་དང་ཇ་མའི་རྒྱབ་ངོས་ཀྱི་ཁྲབ་མང་ཆེ་བར་སྨུག་པོར་གྱུར་ཡོད་ཅིང་། ཁྲབ་ཀྱི་མཐའ་དང་ཡང་ན་ལུས་ཀྱི་ཆ་ཤས་ལ་ནག་པོ་དང་དཀར་པོ། དམར་པོ་སོགས་ཀྱི་ཁ་དོག་མངོན་ནས་མཉམ་དུ་རྙོག་འཛིང་ཆེ་བའི་རི་མོ་ཆགས་ཡོད། སྐེ་ལྟག་ལ་སྤྱིར་བཏང་དུ་མདའ་ཁྲ་ནག་པོ་ཞིག་ཡོད་པ་དང་། གསུམ་པའི་ཁ་དོག་དཀར་ཞིང་མདོག་དཀར་པོ་ཡིན། གསུམ་ཁྲབ་ཁ་ཤས་ཀྱི་སྟེ་གཉིས་ལ་མདོག་སྨུག་པོའི་ཁྲ་ཐིག་ཡོད་ཅིང་། ཉིན་འགའི་སྔོན་ལ་ཙུང་ཚད་ལྡན་ཡིན་པར་མ་ཟད་མངོན་གསལ་ཡིན་ཞིང་། གཞུག་མཚམས་དང་གསུམ་ངོས་སྐྱ་པོ་ཡིན། ས་བབ་མཐོ་ཁུལ་དུ་གནས་པའི་

རིགས་ལ། སྤྱི་གཟུགས་ཀྱི་རྒྱབ་ངོས་ནི་ནག་པོ་ཡིན་པས། ཁྲ་ཐིག་གསལ་པོ་མེད་པའམ་ཡང་ན་ཉི་མའི་འཁྱིད་འཁོར་སྟུད་ལེན་བྱེད་པར་ཕན།

སྐྱེ་ཁམས་གོམས་གཤིས། ཁོར་ཡུག་སྣ་ཚོགས་སུ་འཚོ་སྡོད་བྱེད་པ་སྟེ། རི་ཁུལ་གྱི་ནགས་མཐའ་དང་སྡོང་ཕྲན་ནགས་ཚལ། རྩྭ་ཐང་། ཞིང་ཁའི་ནང་དུ་མཐོང་རྒྱུ་ཡོད་པ་དང་། ལྷག་པར་དུ་ཆུ་ཁོངས་ཀྱི་ཉེ་འགྲམ་དུ་མཐོང་རྒྱུ་ཡོད། དྲང་འཕྱང་གི་ས་བབ་ཁྱབ་ཁྱོན་སྨི500—3300བར་ཟིན། ཉིན་མོར་འགུལ་སྐྱོད་བྱེད་པ་དང་གཟན་ལ་གཙོ་བོར་སྦྲུལ་བའི་རིགས་ཟ། འཇིགས་སྐྲག་གི་གནོད་འཚེ་ཐེབས་སྐབས། རྒྱུན་དུ་ལུས་པོའི་མདུན་གྱི་ཕྱེད་ཀར་ཀྲོང་ངེར་ལངས་པ་དང་སྐེ་ལེབ་པོའི་སྒོས་རྒྱ་བསྐྱེད་ཐུབ། དུས་མཚུངས་སུ“སེ་སེ་སེ”ཞེས་པའི་དབུགས་ཕྱུང་བའི་སྒྲ་སྒྲོག་པ་དང་། སུ་མཐུད་དུ་མདུན་དུ་གསེག་ནས་ཕར་རྒོལ་གྱི་རྣམ་པ་བྱེད་པས། རྒྱུན་པར་དུག་ཤེད་ཆེ་བའི་དུག་སྦྲུལ་གྱི་མིག་ཤེལ་སྦྲུལ་ཡིན་པར་འཁྲུལ་ནས“མིག་ཤེལ་སྦྲུལ་རྫུས་མ”འམ་ཡང་ན“ក្លུང་གིས་སྦྲུལ་ལེབ”ཅེས་འབོད། གལ་ཏེ་འཛིན་བཟུང་བྱས་ཚེ། དམིགས་བསལ་གྱི་དྲི་ངན་སྦྲོ་སྤྲོད་ལ། དེ་བས“དྲི་ངན་སྦྲུལ”ཡང་ཟེར། སྒོ་ང་སྐྱེས་ན་ཚང་རེ་ལ་སྒོ་ང10ཡས་མས་ཡོད།

ས་ཁམས་ཁྱབ་ཚུལ། མདོ་དབུས་མཐོ་སྒང་གི་ས་ཆ་མང་པོར་ཐོ་འགོད་བྱས་ཡོད་པ་དཔེར་ན། བོད་ལྗོངས་ཀྱི་མེ་ཏོག་རྫོང་དང་རྣམ་གླིང་རྫོང་། ཡུན་ནན་གྱི་ནུབ་རྒྱུད་དང་སི་ཁྲོན་གྱི་ནུབ་རྒྱུད་སོགས་དང་། རྒྱལ་ནང་གི་ཁྲུང་ཆིང་དང་། ཧྲུ་ཅན། ཀན་སུའུ། ཀོང་ཏུང་། ཀོང་ཞི། ཀུའེ་ཀྲོའུ། ཧོ་ནན། ཧུའུ་པེ། ཧུའུ་ནན། ཏའན་ཞི་བཅས་སུ་ཁྱབ་ཡོད། ཕྱི་རྒྱལ་གྱི་རྒྱ་གར་དང་བལ་པོ། འབྲུག་ཡུལ། འབར་མ། ལའོ་སི། ཐེ་ལན། ལྦེ་ཐེ་ནམ། མ་ལེ་ཞི་ཡ་སོགས་ལ་ཁྱབ་ཡོད།

ཉེན་བཅར་རིམ་པ། ཉེན་ཁ་མེད་པ། (LC)

སྲུང་སྐྱོབ་རིམ་པ། གནས་སྐབས་སུ་རྒྱལ་ཁབ་གཙོ་གནད་སྲུང་སྐྱོབ་བྱ་རྒྱུའི་བྱེས་སྐྱེས་སྲོག་ཆགས་ཀྱི་མིང་ཐོའི་ནང་ལ་བཀོད་མེད།

23. 喜山颈槽蛇 *Rhabdophis himalayanus* (Günther, 1864)

形态特征：中等体形毒蛇，成年个体全长约 70—100 厘米。头呈椭圆形，与颈部分界明显；颈背正中央具 1 纵行的浅凹槽，该类群因此特征而得名“颈槽蛇”；眼大，瞳孔圆形；躯体略呈圆柱形；尾细长。自然状态下，通体背面呈灰褐色或橄榄绿色，头背部无斑，头侧上唇鳞鳞沟黑褐色，上唇鳞下缘和下唇鳞灰白色；枕部具 1 对较宽的橘红色斑；体背部和体侧具灰黑色细横纹，在体侧通过橘红色短横纹相连；尾部前段具模糊横纹，后段无斑纹；腹面灰白色，散布细小灰黑色碎点。幼体或亚成体体背多呈鲜明的黄色。

生态习性：该物种常栖息于海拔 900—1500 米的热带雨林或林缘灌木丛中，通常距离水源较近。白昼活动，主要以蛙类为食，偶尔也捕食蜥蜴。

卵生，冬眠期间交配，5—9 月均可见产卵，窝卵数 5—10 枚。

颈槽蛇属物种曾被认为是无毒蛇，然而不断有报道证明，被该属部分物种（如虎斑颈槽蛇、北方颈槽蛇等）咬伤可能会引起严重的中毒反应，甚至有致死案例。颈槽蛇属物种的毒性主要体现在两个方面：其一，该类群颈部中央具有纵向排列的发达腺体，受惊扰后其常将身体前段挺直，颈腺明显鼓起，进而分泌白色或黄白色液体，若该液体进入眼睛或体表伤口会引发红肿疼痛等中毒反应；其二，该类群口腔内部具可分泌血毒素的达氏腺，但该腺体并无毒牙与其直接相连，一般需要通过长时间的深度噬咬才能使毒液渗入伤口。因此，很多被颈槽蛇咬伤的人并没有出现中毒症状，这也是早期没有将该类群划分为毒蛇的主要原因。

地理分布：主要分布于青藏高原东南缘，如西藏墨脱县、云南贡山县；国外分布于印度、不丹、孟加拉国、尼泊尔及缅甸。

濒危等级：无危（LC）

保护等级：暂未列入国家重点保护野生动物名录。

རྒྱལ་སྦྲུལ་གྱི་རིགས། Colubridae སྦྲུལ་སྐེ་ཤུར་ཁོངས། *Rhabdophis*

23. ཞིས་རྟན་གྱི་སྐེ་ཤུར་སྦྲུལ། *Rhabdophis himalayanus* (Günther, 1864)

གཟུགས་དབྱིབས་ཁྱད་ཆོས། གཟུགས་དབྱིབས་འབྲིང་བའི་དུག་སྦྲུལ་ཞིག་ཡིན་ལ། ནར་སོན་ཚེ་སྤྱིའི་རིང་ཚད་ལ་ཕལ་ཆེར་ལི་སྨི70—100ཡོད། མགོ་ནི་འཛོང་དབྱིབས་ཡིན་ལ་སྐེ་དང་དབྱེ་མཚམས་གསལ་པོ་ཡིན། སྐེ་རྒྱབ་དྲང་ཞིང་དཀྱིལ་དུ་གཞུང་རྟ་གཅིག་ཡོད་པའི་གོང་ཤུར་དེ་རིགས་ཀྱི་ཁྱད་ཆོས་ལ་བརྟེན་ནས"སྐེ་ཤུར་སྦྲུལ"ཞེས་མིང་བཏགས་ཡོད། མིག་ཆེ་ཞིང་མིག་འབྲས་སྒོར་དབྱིབས་ཡིན། ལུས་ཕུང་ནི་ཀ་ཟླུམ་དབྱིབས་སུ་སྣང་ཞིང་། ཇ་མ་རིང་ལ་ཕྲ་བ་དང་། རང་བྱུང་གི་རྣམ་པའི་འོག་ཏུ། ཕུང་གཟུགས་ཀྱི་རྒྱབ་ངོས་མདོག་སྨུག་སྐྱའམ་ཡང་ན་ལྗང་མདོག་ཡིན། མགོའི་རྒྱབ་ངོས་སུ་ཁྲ་ཐིག་ཡོད། མགོའི་གཞོགས་སྟེང་གི་ཁྲབ་ལྕང་གི་ཁ་དོག་ནག་པོ་ཡིན། ཡ་མཆུ་ཡི་ཁྲབ་འོག་མཐའ་དང་འོག་ཁྲབ་དཀར་སྐྱ་ཡིན། མཇིང་པའི་ངོས་ཀྱི་ཆ་གཅིག་ལ་ཆུང་རྒྱ་ཆེ་བའི་ཚ་ལུ་མའི་ཁྲ་ཐིག་ཡོད་ལ། ལུས་པོའི་རྒྱབ་ངོས་དང་གཟུགས་པོའི་གཞོགས་ལ་ནག་སྐྱའི་འཕྲེད་རིས་ཡོད་པ་དང་། གཟུགས་པོའི་གཞོགས་ལ་སེར་མདོག་གི་འཕྲེད་རིས་ཕྲུང་ངུའི་ཐོག་ནས་འབྲེལ་ཡོད། མཇུག་མའི་གོང་དུ་རབ་རིབ་ཀྱི་འཕྲེད་རིས་ཡོད་པ་དང་། མཇུག་མའི་འོག་ཏུ་ཁྲ་ཐིག་མེད། གསུམ་པའི་

མདོག་ནི་དཀར་སྐྱ་ཡིན་པས། ནག་ཐིག་ཆུང་ངུ་གང་སར་བཀྲམས་ཡོད། ཕྲུ་གུའམ་གཟུགས་དར་མའི་རྒྱབ་མང་ཆེ་བ་སེར་པོ་ཡིན།

སྐྱེ་ཁམས་གོམས་གཤིས། སྦྲུལ་འདིའི་རིགས་རྒྱུན་པར་མཚོ་ངོས་ལས་མཐོ་ཚད་སྨི900—1500ཡོད་པའི་ཚ་ཁུལ་གྱི་ནགས་ཚལ་ལམ་ནགས་མཐའི་རྩི་ཤིང་ཁྲོད་དུ་འཚོ་ཞིང་། ཕྱིར་བཏང་དུ་ཆུའི་འབྱུང་ཁུངས་དང་བར་ཐག་ཐུང་ངེ། ཉིན་དཀར་འགུལ་སྐྱོད་བྱེད་པ་དང་། གཟན་ལ་གཙོ་བོར་སྦལ་པའི་རིགས་ཟ་ཞིང་། མཚམས་རེར་རྩངས་པ་ཁ་རལ་ཟ། སྒོ་ང་གཏོང་བ་དང་དགུན་ཉལ་རྒྱག་པའི་དུས་སུ་ཐེབ་སྐྱོར་བྱེད་བཞིན་པས། ཟླ5—9པའི་བར་དུ་སྒོ་ང་གཏོང་བ་དང་། ཚང་རེ་སྒོ་ང5—10བར་གཏོང་གིན་ཡོད།

སྦྲུལ་འདི་ནི་དུག་མེད་པར་ངོས་བཟུང་མོད། འོན་ཀྱང་སྔན་ཞུ་ལས་ར་སྤྲོད་བྱས་པ་ལྟར་ན། སྦྲུལ་དེའི་རིགས(དཔེར་ན་སྐེ་ཁྲ་སྦྲུལ་དང་། བྱང་ཕྱོགས་སྐེ་ཤུར་སྦྲུལ་སོགས)ཀྱིས་རྨུགས་ན་དུག་ཐོག་པའི་སྣང་ཚུལ་ཚབས་ཆེན་འབྱུང་སྲིད་ལ། ཐ་ན་ཤི་བའི་གྲོད་དཔེ་ཡང་བྱུང་ཡོད། དུག་སྦྲུལ་འདིའི་རིགས་ཀྱི་དུག་ནུས་དེ་གཙོ་བོ་ཕྱོགས་གཉིས་ནས་མཚོན་ཏེ། གཅིག་ནི་མཐེང་བའི་དཀྱིལ་དུ་གཞུང་དུ་བསྒྲིགས་པ་རྨེན་གཟུགས་ཆེན་པོ་ཡོད་པས། འཛིགས་སྐྲག་བསྐྱངས་རྗེས་ལུས་པོའི་དྲང་མོར་ལང་བ་དང་། སྐེ་རྨེན་མདོན་གསལ་གྱིས་འབུར་ནས་མདོག་དཀར་པོའམ་སེར་དཀར་གྱི་གཤེར་གཟུགས་ཟགས་ཐོན་བྱེད་པ་དང་། གལ་ཏེ་གཤེར་གཟུགས་དེ་མིག་གམ་ལུས་ཕྱིའི་རྨ་ཁ་ཙ་བྲན་ན་དམར་སྐྲངས་སོགས་དུག་ཐོག་པའི་སྣང་ཚུལ་འབྱུང་། གཉིས་ནི་དེའི་ཁ་ནང་དུ་ཁྲག་གི་དུག་རྒྱུ་ཟགས་ཐོན་ཐུབ་པའི་ཏ་ཧྲི་གཤེར་རྨེན་ཡོད་མོད། འོན་ཀྱང་རྨེན་གཟུགས་དེ་དུག་མེད་སོ་དང་ཐད་ཀར་འབྲེལ་ཡོད། ཕྱིར་བཏང་དུ་དུས་ཡུན་རིང་པོའི་ནང་དུ་མིད་ནས་སོ་བཏབ་ན་ད་གཟོད་དུག་ཁུ་རྨ་ཁ་ལ་འཐེམ་ཐུབ། དེ་བས། སྦྲུལ་སྐེ་ཚང་གིས་རྨུགས་པའི་མི་ལ་དུག་ཐོག་པའི་ནད་རྟགས་བྱུང་མེད་པ་རེད། འདི་ཡང་སྔ་དུས་སུ་དེ་དུག་སྦྲུལ་དུ་བརྩིས་མེད་པའི་རྒྱུ་རྐྱེན་གཙོ་བོ་ཡིན།

ས་ཁམས་ཁྱབ་ཚུལ། གཙོ་བོར་མདོ་དབུས་མཐོ་སྒང་གི་ཤར་ལྷོའི་མཐའ་ཙ་ཁྱབ་ཡོད་དེ་དཔེར་ན། བོད་ལྗོངས་ཀྱི་མེ་ཏོག་རྫོང་དང་ཡུན་ནན་གྱི་ཀུང་ཧྲན་རྫོང་ལྟ་བུ། ཕྱི་རྒྱལ་ནི་རྒྱ་གར་དང་འབྲུག་ཡུལ། ཀྲང་ག་ལ། བལ་བོ་དང་འབར་མ་བཅས་སུ་ཁྱབ་ཡོད།

ཉེན་བཅར་རིམ་པ། ཉེན་ཁ་མེད་པ། (LC)

སྲུང་སྐྱོབ་རིམ་པ། གནས་སྐབས་སུ་རྒྱལ་ཁབ་གཙོ་གནད་སྲུང་སྐྱོབ་བྱ་རྒྱུའི་བྱེས་སྐྱེས་སྲོག་ཆགས་ཀྱི་མིང་ཐོའི་ནང་ལ་བཀོད་མེད།

游蛇科 Colubridae　小头蛇属 *Oligodon*

24. 墨脱小头蛇 *Oligodon lipipengi* Jiang, Wang, Li, Ding, Ding, and Che, 2020

形态特征：中等体形无毒蛇，成年个体全长约 70—90 厘米。头较小，呈椭圆形，与颈部分界不明显；眼中等大小，瞳孔圆形；尾较短。自然状态下，通体背面呈棕灰色或棕红色，头背至颈部具镶黑边的深褐色“灭”字形斑纹，体背具 23—24 个镶黑边的深棕色椭圆形斑纹，尾背具 4—5 个镶黑边的深棕色蝶形斑，斑纹之间的部分鳞片边缘呈黑色；腹面黄白色，自颈部至尾中段腹面中央具红色纵纹，腹鳞两端具方形黑斑，部分在腹中央相连形成横斑。

生态习性：该物种主要栖息于海拔 600—800 米的山区林地或建筑物附近的石堆中。白昼活动，主要以爬行动物的卵为食。为匹配这一特殊的食性，小头蛇属物种上颌齿明显特化，以墨脱小头蛇为例，其左侧的 11 枚上颌齿中，后 4 枚明显扩大，最后 1 枚最大。这种扩大且宽扁的上颌齿形似弯刀，可轻易割开爬行动物的革质卵壳，从而得以将头伸入以吸食卵液。而小巧的头部也便于从蛋壳中退出，不至卡住。虽然小头蛇属物种无毒，但如果不慎被其咬伤，其刀刃般锋利的上颌齿会造成似割伤的开放性伤口，并导致大量出血。

地理分布：分布范围狭窄，主要分布于青藏高原东南缘的低海拔地区。国内仅记录于西藏墨脱县；国外分布于尼泊尔。

濒危等级：未评估（NE）

保护等级：暂未列入国家重点保护野生动物名录。

རྒྱལ་སྦྲུལ་གྱི་རིགས། Colubridae མགོ་ཆུང་སྦྲུལ་གྱི་ཁོངས། *Oligodon*

24. མེ་ཏོག་གི་སྦྲུལ་ཆུང་། *Oligodon lipipengi* Jiang, Wang, Li, Ding, Ding, and Che, 2020

གཟུགས་དབྱིབས་ཁྱད་ཆོས། གཟུགས་དབྱིབས་འབྲིང་བའི་རིགས་ཀྱི་དུག་མེད་སྦྲུལ་ཡིན། ནར་སོན་ཚེ་སྦྲུལ་གྱི་སྤྱིའི་རིང་ཚད་ལ་ཕལ་ཆེར་ལི་སྨི70—90ཡོད། མགོ་ཐུང་ཆུང་ལ་འཇོང་དབྱིབས་སུ་སྣང་ཞིང་སྐེ་དང་དབྱེ་མཚམས་གསལ་པོ་མེད། མིག་ཆེ་ཆུང་འབྲིང་ཙམ་ཡིན་པ་དང་མིག་འབྲས་སྒོར་དབྱིབས་ཡིན་ལ། ཇ་མ་ཐུང་། རང་བྱུང་གི་རྣམ་པའི་འོག་ཏུ་སྤྱི་གཟུགས་ཀྱི་རྒྱབ་ངོས་ཀྱི་མདོག་སྨུག་སྐྱའམ་སྨུག་པོ་ཡིན། མགོའི་རྒྱབ་ནས་སྐེ་ལ་ནག་མཐའ་ཡོད་པའི་སྨུག་སྐྱའི་དབྱིབས་ཀྱི་ཁྲ་ཐིག་ཡོད་པ་དང་། ལུས་ཀྱི་རྒྱབ་ལ་ནག་མཐའ23—24ཡོད་པའི་ཐ་མདོག་གི་ཁྲ་ཐིག་ཅིག་ཡོད། ཇ་མའི་རྒྱབ་ལ་ནག་མཐའ4—5ཡོད་པའི་ནག་སྐྱའི་དབྱིབས་ཀྱི་ཕྱེ་རིས་ཡོད། ཁྲ་ཐིག་བར་གྱི་ཁྲབ་ཁག་གི་མཐའ་ནི་ནག་པོ་ཞིག་ཡིན། གསུས་ངོས་སེར་སྐྱ་ཡིན་པ་དང་། སྐེ་ནས་མཇུག་དཀྱིལ་བར་གྱི་དཀྱིལ་ངོས་ཀྱི་ལྟེ་བ་ལ་དམར་པོའི་གཞུང་རིས་ཡོད་པ་དང་། གསུས་ཁྲབ་སྣེ་གཉིས་ལ་ནག་ཁྲ་ཡོད་ལ། ཆ་ཤས་གསུམ་དཀྱིལ་ལ་འབྲེལ་ནས་འཕྲེད་ཐིག་གྲུབ་ཡོད།

སྐྱེ་ཁམས་གོམས་གཤིས། སྦྲུལ་འདིའི་རིགས་གཙོ་བོ་མཚོ་ངོས་ལས་མཐོ་ཚད་སྨི600—800བར་གྱི་རི་ཁུལ་གྱི་ནགས་ས་དང་ཁང་བའི་ཉེ་འཁོར་གྱི་རྡོ་ཕུང་ནང་འཚོ་སྡོད་བྱེད་ཀྱིན་ཡོད། ཉིན་དཀར་འགུལ་སྐྱོད་བྱེད་པ་དང་གཟན་ལ་གཙོ་བོར་གོག་འགྲོའི་སྲོག་ཆགས་ཀྱི་སྒོ་ང་ཟ་བཞིན་ཡོད། དམིགས་བསལ་གྱི་ཁ་ཟས་དེར་གོམས་ཆེད། སྦྲུལ་ཆུང་རིགས་ཀྱི་མགལ་སོ་མངོན་གསལ་སྒོས་དམིགས་བསལ་ཅན་དུ་གྱུར་ཡོད་དེ། སྦྲུལ་ཕྲུག་ལ་གཡོན་ངོས་ཀྱི་མགལ་སོ11གི་ནང་ནས་རྗེས་ཀྱི4མངོན་གསལ་གྱིས་ཇེ་ཆེར་སོང་བ་དང་། ཆེས་མཇུག་གི1ནི་ཆེས་ཆེ་ཤོས་ཡིན། འདི་འདྲའི་རྒྱ་བསྐྱེད་པ་དང་ལེབ་ཞེང་ཆེ་བའི་མགལ་སོའི་དབྱིབས་ནི་གུག་གྱིའི་དབྱིབས་དང་འདྲ་བས། ལས་སླ་པོའི་སྒོས་སྟེ་འགྲོའི་སྲོག་ཆགས་ཀྱི་པགས་རྒྱ་འདྲེག་ཐུབ་པས། མགོ་དེ་སྒོ་ངའི་ནང་དུ་བརྒྱངས་ནས་འཐུང་བ་རེད། ད་ཅང་ཆུང་བའི་མགོ་ཡང་སྒོང་ཤུན་ལས་ཕྱིར་འབུད་པར་སྟབས་བདེ་ཞིང་འགག་པར་མི་འགྱུར། སྦྲུལ་ཆུང་གི་རིགས་ལ་དུག་མེད།

ས་ཁམས་ཁྱབ་ཚུལ། གཙོ་བོར་མདོ་དབུས་མཐོ་སྒང་གི་ཤར་ལྷོའི་མཚམས་ཀྱི་ས་བབ་དམའ་བའི་ས་ཁུལ་དུ་ཁྱབ་ཡོད། རྒྱལ་ནང་གི་བོད་ལྗོངས་ཀྱི་མེ་ཏོག་རྫོང་ཁོ་ནར་ཐོ་འགོད་བྱས་ཡོད། ཕྱི་རྒྱལ་གྱི་བལ་པོར་ཁྱབ་ཡོད།

ཉེན་བཅར་རིམ་པ། དཔྱད་དཔོག་བྱས་མེད་པ། (NE)

སྲུང་སྐྱོབ་རིམ་པ། གནས་སྐབས་སུ་རྒྱལ་ཁབ་གཙོ་གནད་སྲུང་སྐྱོབ་བྱ་རྒྱུའི་བྱེས་སྐྱེས་སྲོག་ཆགས་ཀྱི་མིང་ཐོའི་ནང་ལ་བཀོད་མེད།

钝头蛇科 Pareidae　钝头蛇属 *Pareas*

25. 喜山钝头蛇 *Pareas monticola* (Cantor, 1839)

形态特征：小型无毒蛇。体形修长，成年个体全长约60—70厘米。头大，吻端近乎平切状，头、颈分界明显；眼较大，呈棕黄色，瞳孔纵置；躯干与尾侧扁，尾末端尖细，略具缠绕性。自然状态下，通体背面呈棕褐色，头背散布不规则黑斑，顶鳞后具一“)(”形黑斑；眼后具上、下2条黑色线纹，居于上方的线纹向后延伸，与颈背的黑斑相连，下方线纹延伸至口角；体背部具不规则黑色横纹，前段较粗且明显，后段横纹模糊不清；尾背仅具黑色斑点或无明显斑纹；腹面多呈黄白色，散布黑褐色斑点或碎斑。

生态习性：该物种主要栖息于海拔1000—1980米的热带雨林或农田、灌木丛等潮湿环境中。昼伏夜出，白天多躲藏于落叶堆中或倒伏的树木下，夜间外出捕食，主要以蜗牛、蛞蝓等软体动物为食。

钝头蛇属物种专食腹足纲的陆生软体动物，是典型的寡食性蛇类。取食蜗牛时并不会将其整个吞下，而是待蜗牛软体部分完全伸展暴露时，立刻发动攻击，以上颌固定蜗牛外壳，下颌插入蜗牛壳内，利用左右下颌的交替回缩缓慢拉出蜗牛的软体部分。食用完毕后，将下颌撤出，并在地面或树枝上来回摩擦以去除口腔及面部多余的黏液。此外，为适应大多数蜗牛右旋形的外壳，钝头蛇演化出了左右不对称的下颌齿，更多的右侧下颌齿可以显著提高其取食右旋蜗牛的效率。

地理分布：分布于青藏高原东南缘，如西藏墨脱县、云南泸水市等；国外分布于印度、不丹、缅甸、越南。

濒危等级：无危（LC）

保护等级：暂未列入国家重点保护野生动物名录。

སྦྲུལ་མགོ་རྟུལ་གྱི་རིགས། Pareidae སྦྲུལ་མགོ་རྟུལ་གྱི་ཁོངས། *Pareas*

25. ཞི་རྡན་སྦྲུལ་མགོ་རྟུལ། *Pareas monticola* (Cantor, 1839)

གཟུགས་དབྱིབས་ཁྱད་ཆོས། དུག་མེད་ཀྱི་སྦྲུལ་ཡིན། གཟུགས་དབྱིབས་རིང་ཞིང་ནར་སོན་ཚེ་རིང་ཚད་ལ་ཕལ་ཆེར་ལི་སྨི60—70ཡོད། མགོ་ཆེ་ཞིང་མཆུ་སྣེ་ནི་ཕལ་ཆེར་འདྲ་ཞིང་། མགོ་དང་མཇིང་མཚམས་མངོན་གསལ་ཡིན། མིག་ཙུང་ཆེ་ཞིང་ཁ་དོག་སེར་པོར་སྣང་ལ་མིག་འབྲས་གཞུང་དུ་གནས་ཡོད། ལུས་གཞུང་དང་མཇུག་གི་ཟུར་ལེབ། མཇུག་གི་སྣེ་ཕྲ་ཞིང་ཕྲ་ལ། འཁྱུད་པའི་རང་བཞིན་ལྡན། རང་བྱུང་རྣམ་པའི་འོག་ཏུ། ལུས་ཡོངས་ཀྱི་རྒྱབ་ངོས་ནི་ཁམ་སྨུག་ཡིན་པ་དང་། མགོའི་རྒྱབ་ལ་དབྱིབས་ངེས་མེད་ཀྱི་ནག་ཐིག་ཡོད་ཅིང་། ཁྲབ་རྒྱབ་ལ་ཟོ་རྒྱབ2ཙམ་བུའི་ནག་ཐིག་ཡོད། མིག་གི་རྒྱབ་ཕྱོགས་སུ་ཐིག་ནག་རི་མོ་གཉིས་ཡོད་ཅིང་། དེའི་སྙིང་གི་ཐིག་རིས་རྒྱབ་ཕྱོགས་སུ་བསྲིངས་ཡོད་པ་ནི། སྐེ་རྒྱབ་ཀྱི་ཁྲ་ཐིག་དང་འབྲེལ་ཡོད། དེའི་འོག་ཏུ་ཐིག་རིས་ཁ་ཟུར་དུ་བསྲིངས་ཡོད། ལུས་པོའི་རྒྱབ་ངོས་སུ་དབྱིབས་ངེས་མེད་ཀྱི་འཕྲེད་རིས་ནག་པོ་ཡོད་པ་དང་། ལུས་སྟོད་ཙུང་སྦོམ་ཞིང་མངོན་གསལ་ཡིན་པ་དང་། དུམ་བུ་རྗེས་མའི་འཕྲེད་རིས་གསལ་པོ་མིན། ཇ་མའི་རྒྱབ་ངོས་ལ་ཁྲ་ཐིག་ནག་པོ་ཙམ་ལས་མེད་པའམ་ཁྲ་ཐིག་མངོན་གསལ་དོད་པོ་མེད་

ཅིང་། གསུས་ངོས་ཀྱི་མདོག་ནི་ཁ་དོག་སེར་དཀར་ཡིན་ལ། མདོག་སྨུག་པོའི་ཁྲ་ཐིག་དང་ཁྲ་ཐིག་ཐ་ཐོར་ཡོད།

སྐྱེ་ཁམས་གོམས་གཤིས། སྦྲུལ་འདིའི་རིགས་གཙོ་བོ་མཚོ་ངོས་ལས་མཐོ་ཚད་སྨི1000—1980བར་གྱི་ཆ་ཁུལ་གྱི་ནགས་ཚལ་ལམ་ཞིང་ཁ། སྤོང་ཐང་དང་ནགས་རྫོབ་སོགས་བརྟན་གཞིར་ཆེ་བའི་ཁོར་ཡུག་ཏུ་འཚོ་སྡོད་བྱེད་བཞིན་ཡོད། ཉིན་མོ་གབ་ནས་སྡོད་པ་སྟེ་དཔེར་ན་ལོ་མ་མཐུག་པོའམ་ཡང་ན་ལོ་ལྷུང་གི་སྔོན་ཞིང་འོག་ཏུ་གབ་ནས་སྡོད་པ་དང་མཚན་མོ་ཕྱི་ལ་གཟན་འཚོལ་བར་འགྲོ་བཞིན་ཡོད། གཟན་ལ་གཙོ་བོར་འབུ་སྐྱོགས་དང་སྦབས་འབུ་སོགས་ལུས་མཉེན་སྲོག་ཆགས་བསྟེན།

སྦྲུལ་འདིའི་རིགས་ཀྱིས་གསུས་ཁྲང་སྐམ་སྐྱེས་མཉེན་གཟུགས་སྲོག་ཆགས་རིགས་ཆེད་དུ་ཟ་བཞིན་ཡོད་ལ། དེ་ནི་དཔེ་མཚོན་གྱི་ཟ་ཞུང་རང་བཞིན་གྱི་སྦྲུལ་རིགས་ཤིག་ཡིན། འབུ་སྐྱོགས་ཟ་བའི་དུས་སུ། འབུ་སྐྱོགས་ཀྱི་མཉེན་གཟུགས་ཡོངས་རྫོགས་མེད་མི་ཐུབ་པར། འབུ་སྐྱོགས་ཀྱི་མཉེན་གཟུགས་ཕྱིར་བརྐྱངས་པའི་སྐབས་སུ། སྔུར་དུ་ཕར་གཏོལ་བྱས་ཏེ། མགལ་སྟེང་དུ་འབུ་སྐྱོགས་ཀྱི་ཕྱི་ཤུན་བརྟན་པོ་བཙུགས་ནས། མ་མགལ་གྱི་རེས་མོས་བྱས་ནས་འབུ་སྐྱོགས་ཀྱི་མཉེན་གཟུགས་འཐེན་དུ་འཇུག་དགོས། ཐོས་ཚར་རྗེས། མ་མགལ་ཕྱིར་འཐེན་བྱེད་པར་མ་ཟད། ས་ངོས་དང་སྡོང་བོའི་ཡལ་གའི་སྟེང་དུ་ཕར་ཚུར་གཙུབ་བརྡར་བྱས་ནས་ཁ་ནང་དང་གཏོང་གི་བེ་སྦབས་མེད་པར་བཟོ་བ་རེད། གཞན་ཡང་འབུ་སྐྱོགས་མང་ཆེ་བའི་གཡས་འཁྱིལ་དབྱིབས་ཀྱི་ཕྱི་ཤུན་འཚམ་པར་བྱེད་ཆེད། སྦྲུལ་འདི་རིགས་ཀྱི་ཆ་མི་སྙོམས་པའི་མ་མགལ་གྱི་སོ་རིམ་འགྱུར་བྱུང་བ་དང་། གཡས་ཕྱོགས་ཀྱི་མ་མགལ་གྱི་སོ་དེ་བས་མང་པོ་ཞིག་གིས་དེའི་གཡས་འཁྱིལ་འབུ་སྐྱོགས་ཟ་བའི་ཕན་འབྲས་མངོན་གསལ་གྱིས་མཐོར་འདེགས་བཏང་ཡོད།

ས་ཁམས་ཁྱབ་ཚུལ། མདོ་དབུས་མཐོ་སྒང་གི་ཤར་ལྷོའི་མཚམས་སུ་གནས་པ་དཔེར་ན། བོད་ལྗོངས་ཀྱི་མེ་ཏོག་རྫོང་དང་ཡུན་ནན་གྱི་ལུའུ་ཧྲུའེ་གྲོང་ཁྱེར་སོགས་ཡིན། ཕྱི་རྒྱལ་གྱི་རྒྱ་གར་དང་འབྲུག་ཡུལ། འབར་མ། ཡོ་ནན་བཅས་སུ་ཁྱབ་ཡོད།

ཉེན་བཅར་རིམ་པ། ཉེན་ཁ་མེད་པ། (LC)

སྲུང་སྐྱོབ་རིམ་པ། གནས་སྐབས་སུ་རྒྱལ་ཁབ་གཙོ་གནད་སྲུང་སྐྱོབ་བྱ་རྒྱུའི་བྱེས་སྐྱེས་སྲོག་ཆགས་ཀྱི་མིང་ཐོའི་ནང་ལ་བཀོད་མེད།

两栖纲 Amphibia
有尾目 Caudata
小鲵科 Hynobiidae　山溪鲵属 *Batrachuperus*

26. 西藏山溪鲵 *Batrachuperus tibetanus* Schmidt, 1925

形态特征：体形较大，成年个体全长可达 20 厘米。头部扁平，头长略大于头宽；吻短，吻端宽圆；口裂大，口角位于眼后角下方；上唇褶发达，下唇褶弱，被上唇褶所覆盖；躯干呈圆柱状而略扁平，体侧一般具 12 条肋沟；四肢长度适中，前肢具 4 指，后肢具 5 趾；前、后肢贴体相对时，指、趾端相距 1—2 条肋沟；指、趾端角质化明显，呈黑色；尾粗壮，基部呈圆柱状，向尾梢方向逐渐侧扁，尾尖钝圆；皮肤光滑；咽喉部皮肤薄，具纵行肤褶；颈褶明显，略呈弧形；自然状态下，通体背面呈深灰色或棕黄色，散布黑色细麻斑；腹面颜色略浅。

生态习性：该物种主要栖息于海拔 1600—4300 米的高原或高山寒冷山溪内，在高纬度地区分布海拔相对较低。水栖，白天通常隐匿于溪内石块下，植物根部或朽木下，夜间于溪内活动，有时也在岸边爬行。主要以钩虾为食，也捕食石蛃科、沼甲科和石蝇科等类群的水生昆虫及幼虫。每年5—8月为其繁殖季节，这期间雌鲵产卵袋2条。卵袋呈螺旋状弯曲，分内、外两层，外层薄而致密，无色透明，表面具细纵纹，内层较厚，为乳白色胶状物。2条卵袋基部相连并通过共同的“柄”粘附于石块底部，以防被水流冲走。每条卵袋含卵16—25粒，呈单行排列。经60天左右可孵化出幼鲵，新生幼鲵具外鳃3对。

地理分布：分布于青藏高原东缘，如四川北部、青海东部及甘肃南部；国内还分布于陕西。

濒危等级：易危（VU）

保护等级：二级。该物种常被大量捕捉以作药用（称“接骨丹”“羌活鱼”或“杉木鱼”），受此影响，其种群数量呈明显下降趋势，应予以关注和保护。

གཉིས་གནས་སྐོར། Amphibia
རྔ་ཡོད་སྡེ་ཁག Caudata
ཞའོ་ཉི་ཚན་པ། Hynobiidae རི་ཆུའི་ཞའོ་ཉི། *Batrachuperus*

26. བོད་ཀྱི་རི་ཆུའི་ཞའོ་ཉི། *Batrachuperus tibetanus* Schmidt, 1925

གཟུགས་དབྱིབས་ཁྱད་ཆོས། གཟུགས་དབྱིབས་ཅུང་ཆེ་ཞིང་ནར་སོན་པའི་ཚོ་སྤྱིའི་རིང་ཚད་ལ་ལི་སྨི20ཡོད། མགོ་ལེབ་ཅིང་ཞེང་ལས་ཅུང་ཆེ་བ་དང་། མཆུ་ཟླུང་བ་དང་མཆུ་རྡོའི་སྣེ་ཞེང་ཆེ་བ་ཡིན། ཁ་ཟུར་ནི་མིག་གི་རྒྱབ་ཟུར་གྱི་འོག་ཏུ་ཡོད། ཡ་མཆུ་ཡི་སོལ་རྒྱས་ཡོད་པ་དང་། མ་མཆུ་ཡི་སོལ་ཆུང་ལ་ཡ་མཆུ་ཡི་སོལ་གྱིས་བཀབ་ཡོད། ལུས་པོ་ནི་ཀ་ཟླུམ་དབྱིབས་སུ་སྣང་ཞིང་ལེབ་ཙམ་ཡིན་ལ། ལུས་པོའི་གཞོགས་ལ་སྒྲིར་བཏང་དུ་རྩིབ་ཤུར12ཡོད། རྐང་ལག་གི་རིང་ཐུང་མཉམ་པ་དང་། ལག་སོར4ཡོད་ལ། རྐང་བ5ཡོད། མདུན་དང་རྒྱབ་ཀྱི་སུག་པའི་སྤྱར་ཤུལ་ལ་ལྟ་བའི་སྐབས་སུ། རྐང་མཇུབ་ཀྱི་བར་ཐག་ནི་རྩིབ་ཤུར1—2བར་ཡིན། རྐང་མཇུབ་དང་རྐང་སོར་གྱི་སྣེ་ར་རྫས་ཅན་དུ་འགྱུར་བ་མངོན་གསལ་ཡིན་ལ་མདོག་ནག་པོ་ཡིན། མཇུག་མ་སྲོམ་ཞིང་རྒྱས་པ་དང་། རྩ་བའི་གནས་ནི་ཀ་ཟླུམ་གྱི་དབྱིབས་ཡིན། གཞུག་སྣེའི་ཕྱོགས་སུ་རིམ་གྱིས་གཞོགས་ལེབ་དང་མཇུག་རྩེ་རྟུལ་སྒོར་ཡིན། པགས་པ་འཇམ་པོ་ཡིན་པ་དང་། གྲི་བའི་པགས་པ་སྲབ་ཅིང་། སྐེ་ལྟེབ་མངོན་གསལ་ཡིན་ལ་ཅུང་ཟད་གཞུ་དབྱིབས་སུ་སྣང་། རང་བྱུང་རྣམ་པའི་འོག་ཏུ། ལུས་ཡོངས་

གྱི་རྒྱབ་ངོས་ནི་མདོག་སྐྱ་བོ་དང་ཡང་ན་སྨུག་པོ་ཡིན་ཞིང་། གསུས་ངོས་ཀྱི་ཁ་དོག་ཅུང་སྲབ་མོ་ཡིན།

སྐྱེ་ཁམས་གོམས་གཤིས། སྤྲལ་བ་འདིའི་རིགས་གཙོ་བོ་མཚོ་ངོས་ལས་མཐོ་ཚད་སྨི1600—4300ཡི་ས་མཐོའམ་གྲང་ངར་ཆེ་བའི་རི་ཁུལ། འཕྲེད་ཐིག་མཐོ་བའི་ས་ཁུལ་དུ་འཚོ་སྡོད་བྱེད་ཀྱིན་ཡོད། ཆུ་ནང་དུའང་འཚོ་བ་རེད། ཉིན་དཀར་ཆུའི་ནང་གི་རྡོ་འོག་ཏུ་སྦས་ནས་རྩེ་ཤིང་གི་རྩ་བའམ་ཡང་ན་ཤིང་ཏུལ་འོག་ཏུ་སྡོད་ཅིང་། མཚན་མོར་ཆུའི་ནང་དུ་འགྲུལ་སྐྱོད་བྱེད་པ་དང་། སྐབས་འགར་མཚོ་འགྲམ་དུ་གོག་བསྒོད་བྱེད། དེ་ཡི་གཟན་ནི་གཙོ་བོར་ཀྱི་འབུ་དང་འབུ་ཆུང་དང་། ད་དུང་རྡོ་ཧགས་རིགས་དང་འདམ་རྒྱ་ཁོངས། རྡོ་སྦྲང་རིགས་ཀྱི་ཆུ་སྐྱེས་འབུ་སྲིན་དང་འབུ་ཕྲུག་སོགས་རེད། ལོ་རེའི་ཟླ5—8པའི་བར་ནི་སྐྱེ་འཕེལ་དུས་ཚིགས་ཡིན་ཞིང་། འདིའི་རིང་ལ་མོ་ཡིས་སྒོ་ང་གཏོང་བའི་ཁུག་མ2ཡོད། སྒོ་ངའི་ཁུག་མ་ནི་དུང་འཁྱིལ་དབྱིབས་ཀྱི་གུག་ཡོད་པ་དང་། ནང་དང་ཕྱི་རིམ་པ2ཡོད། ཕྱི་ངོས་སྲབ་ལ་ཚགས་དམ་པ་དང་མདོག་མེད་དྭངས་གསལ་ཡིན་ལ། ཕྱི་ངོས་ཀྱི་གཞུང་རིས་ཕྲ་ལ་ནང་མཐུག་པོ་དང་མདོག་དཀར་སྐྱིན་དབྱིབས་ཀྱི་དངོས་པོ་ཡིན། སྒོང་ཁུག2པོ་དེ་ཆུ་ཡིས་མི་འཁྱེར་བའི་ཆེད་དུ། ཐུན་མོང་གི"ཡུ་བ"བརྒྱུད་དེ་རྡོ་ཡི་ཞབས་སུ་འབྱར་ཡོད། སྒོ་ང་རེའི་ནང་དུ་སྒོ་ང་རྡོག16—25འདུས་ཡོད་ཅིང་ཁེར་བསྒྲིགས་བྱས་ཡོད། ཉིན60ཡས་མས་སུ་ཉ་ཕྲུག་གམ་ཉ་གསར་སྐྱེས་ལ་ཕྱིའི་ཨུར་ལྷེབས་ཚ3སྐྱེས་སུ་འཇུག་གིན་ཡོད།

ས་ཁམས་ཁྱབ་ཚུལ། མདོ་དབུས་མཐོ་སྒང་གི་ཤར་ཕྱོགས་སུ་གནས་ཏེ་དཔེར་ན་སི་ཁྲོན་གྱི་བྱང་རྒྱུད་དང་། མཚོ་སྔོན་གྱི་ཤར་རྒྱུད། དེ་བཞིན་ཀན་སུའུའི་ལྷོ་རྒྱུད་བཅས་ཡིན། རྒྱལ་ནང་གི་ཧྲའན་ཞི་ལའང་ཁྱབ་ཡོད།

ཉེན་བཅར་རིམ་པ། ཉེན་ཁ་འབྱུང་སླ་བ། (VU)

སྲུང་སྐྱོབ་རིམ་པ། རིམ་པ་གཉིས་པ་ཡིན། འདིའི་རིགས་ཀྱི་གྲངས་འབོར་མངོན་གསལ་དོད་པོས་ཇེ་ཉུང་དུ་འགྲོ་བཞིན་ཡོད་པས་དོ་སྣང་དང་སྲུང་སྐྱོབ་བྱེད་དགོས།

两栖纲 Amphibia
无尾目 Anura
角蟾科 Megophryidae　齿蟾属 *Oreolalax*

27. 乡城齿蟾 *Oreolalax xiangchengensis* Fei and Huang, 1983

形态特征：体形中等，成年个体全长约4—6厘米，雌性体形略大于雄性。身体扁平；头宽大于头长；前肢长，前臂及手长约为体长之半；后肢较短，贴体前伸时胫跗关节达口角；通体背面皮肤粗糙，满布细小疣刺；吻部及四肢背面疣粒较少，疣粒上多具黑刺；体侧向腹面疣粒逐渐稀疏；肛两侧及下方具若干浅色小疣；腹面皮肤光滑；雄性不具声囊，繁殖期第一、二指具密集的黑色婚刺，胸部具1对细密刺团。自然状态下，体背多呈橄榄棕色或棕褐色，无明显色斑，雌性或幼体在疣粒周围略具黑色色斑；唇缘及四肢背面无斑纹或具模糊斑纹；腹面多呈黄褐色；瞳孔纵置，虹膜古铜色，密布黑色细网纹。

生态习性：该物种栖息于海拔2100—3600米的中、高海拔山区。常活动于山溪或泉水沟附近，白天躲藏于溪内石块下，夜晚多蹲坐于溪岸边的石头上或趴伏于水边，仅将头部露出水面，受惊扰后迅速跳入溪流中。繁殖期为每年的 4—5 月，这期间雌蟾多将卵产于石块底面，卵群呈环状或团状。蝌蚪多生活于溪边回水湾处，尤以生有大量水草的浅水处最为常见。

地理分布：青藏高原特有物种。分布于青藏高原东缘，如四川乡城县、木里县、稻城县及盐边县，云南香格里拉市、德钦县、兰坪县及维西县。

濒危等级：无危（LC）

保护等级：暂未列入国家重点保护野生动物名录。

གཉིས་གནས་སྐོར། Amphibia
རྔ་མེད་སྡེ་ཁག Anura
རྭ་སྤྲལ་གྱི་ཚན་པ། Megophryidae སོ་སྤྲལ་ཁོངས། *Oreolalax*

27. ཕྱག་ཕྲེང་སོ་སྤྲལ། *Oreolalax xiangchengensis* Fei and Huang, 1983

གཟུགས་དབྱིབས་ཁྱད་ཆོས། གཟུགས་དབྱིབས་འབྲིང་བ་ཞིག་ཡིན། ནར་སོན་པའི་ཚེ་སྤྱིའི་རིང་ཚད་ལ་ཕལ་ཆེར་ལི་སྨི4—6ཡོད་པ་དང་། མོའི་གཟུགས་དབྱིབས་ནི་ཕོ་རིགས་ལས་ཆུང་ཆེ། ལུས་པོ་ལེབ་མོ་ཡིན་ཞིང་། མགོའི་ཁ་ཞེང་ཆེ་བ་ཡིན། ལག་ངར་དང་ལག་པ་གཉིས་ཀྱི་རིང་ཚད་ནི་ལུས་པོའི་རིང་ཚད་ཀྱི་ཕྱེད་ཀ་ཡིན། རྐང་ལག་ཐུང་བ་དང་། ལུས་ཡོངས་ཀྱི་རྒྱབ་ངོས་སུ་པགས་པ་རྩུབ་ཅིང་། དེའི་སྟེང་ལ་འཛེར་ཆུང་མང་པོ་ཐོགས་ཡོད། མཆུ་ཅན་དང་རྐང་ལག་གི་རྒྱབ་ངོས་སུ་འཛེར་རིལ་ཆུང་ཉུང་། འཛེར་བུའི་སྟེང་དུ་ཚེར་མ་ནག་པོ་མང་པོ་ཡོད། ལུས་པོའི་གཞོགས་ནས་གསུམ་པའི་ངོས་ལ་འཛེར་བའི་ཛོག་རིམ་གྱིས་ཐར་ཐོར་དུ་གྱུར་ཡོད། གཞང་གི་གཡས་གཡོན་དང་དེའི་འོག་ཏུ་མདོག་སྐྱ་བའི་ནད་ཆུང་ཆུང་འགའ་ཡོད། གསུམ་ངོས་ཀྱི་ཤ་འཇམ་པ་ཡིན་པ་དང་། ཕོ་རིགས་ལ་སྒྲ་སྒྲོད་མེད། སྐྱེ་འཕེལ་དུས་ཀྱི་མཛུབ་མོ་དང་པོ་དང་གཉིས་པ་ལ་ནག་ཅིང་སྡུག་པའི་གཉེན་ཚེར་ལྡན་པ་དང་། བྲང་ཁར་ཞིབ་ཚགས་ཅན་གྱི་ཚེར་མ་ཆ་གཅིག་ཡོད། རང་བྱུང་གི་རྣམ་པའི་འོག་ཏུ། ལུས་པོའི་རྒྱབ་ངོས་མང་ཆེ་བ་སྨུག་པོའམ་ཁམ་སྨུག་ཡིན་པ་དང་། མདོག་ཁྲ་མདོན་གསལ་

མེད། མོའི་རིགས་སམ་ཕྱུ་གུར་འཛེར་ཊོག་གི་མཐའ་འཁོར་དུ་མདོག་ནག་པོ་ཅན་གྱི་ཁྲ་ཐིག་ཡོད་པ་དང་། མཇུ་ཏོའི་མཐའ་དང་རྐང་ལག་གི་རྒྱབ་ངོས་སུ་ཁྲ་ཐིག་མེད་པའམ་རབ་རིབ་ཀྱི་ཁྲ་ཐིག་ཡོད་ལ། གསུམ་པའི་ངོས་ནི་སྨུག་སེར་ཡིན། མིག་འབྲས་འཕྱེད་དུ་ཡོད་ཅིང་འཇའ་སྐྱི་ནི་ཟངས་མདོག་ཡིན་ལ་དེའི་ནང་དུ་ནག་ནག་དང་དྲ་རིས་ཡོད།

སྐྱེ་ཁམས་གོམས་གཤིས། སྦལ་པ་འདིའི་རིགས་གཙོ་བོ་མཚོ་ངོས་ལས་མཐོ་ཚད་སྨི2100—3600བར་གྱི་ས་བབ་མཐོ་འབྲིང་གི་རི་ཁུལ་དུ་འཚོ་སྡོད་བྱེད་ཅིང་། རྒྱུན་དུ་རི་བོ་དང་ཆུ་མིག་གི་ཆུ་ཀའི་ཉེ་འགྲམ་དུ་འགྲུལ་སྐྱོད་བྱེད་པ་དང་། ཉིན་དཀར་ཆུ་ནང་གི་རྡོ་འོག་ཏུ་གབ་ནས་སྡོད་ལ། མཚན་མོར་ཕྱིར་བཏང་ཆུའི་འགྲམ་གྱི་རྡོ་ཐོག་ཏུ་བཙོག་ནས་སྡོད་པ་དང་། ཡང་ན་ཆུ་ཡི་འགྲམ་དུ་ཉལ་ནས་བསྡད་དེ་མགོ་བོ་ཁ་ན་ཆུ་ངོས་སུ་བུད་པ་རེད། འཇིགས་སྣང་བྱུང་རྗེས་མགྱོགས་མྱུར་ངང་ཆུའི་ནང་དུ་མཆོང་བར་བྱེད། སྐྱེ་འཕེལ་གྱི་དུས་ནི་ཟླ་རེའི་ཟླ4—5པའི་བར་ཡིན་ཞིང་། དེའི་སྒོང་མང་ཆེ་བ་རྡོ་མཐིལ་ངོས་སུ་གཏོང་བ་དང་། སྒོ་ང་རྣམས་གདུབ་དབྱིབས་སམ་ཚོམ་བུའི་དབྱིབས་སུ་འགྱུར། སྦྱོང་མོ་མང་ཆེ་བ་ཆུའི་འགྲམ་གྱི་མཚོ་ཁུག་ཏུ་འཚོ་བ་དང་། ལྷག་པར་དུ་རྫ་ཆུ་གཉིས་འཛོམས་ཀྱི་སར་རྒྱུན་དུ་མཐོང་རྒྱུ་ཡོད།

ས་ཁམས་ཁྱབ་ཚུལ། མདོ་དབུས་མཐོ་སྒང་གི་དམིགས་བསལ་དུ་ཡོད་པའི་དངོས་རིགས་ཡིན། མདོ་དབུས་མཐོ་སྒང་གི་ཤར་རྒྱུད་དུ་གནས་པ་སྟེ་དཔེར་ན། སི་ཁྲོན་གྱི་ཕྱག་ཕྲེང་རྫོང་དང་སྨུ་ལི་རྫོང་། འདབ་པ་རྫོང་། ཡན་པེན་རྫོང་། ཡུན་ནན་གྱི་སེམས་ཀྱི་ཉི་ཟླ་གྲོང་ཁྱེར་དང་། བདེ་ཆེན་རྫོང་། ལན་ཕིང་རྫོང་། འབའ་ལུང་རྫོང་བཅས་ཡིན།

ཉེན་བཅར་རིམ་པ། ཉེན་ཁ་མེད་པ། (LC)

སྲུང་སྐྱོབ་རིམ་པ། གནས་སྐབས་སུ་རྒྱལ་ཁབ་གཙོ་གནད་སྲུང་སྐྱོབ་བྱ་རྒྱུའི་བྱེས་སྐྱེས་སྲོག་ཆགས་ཀྱི་མིང་ཐོའི་ནང་ལ་བཀོད་མེད།

28. 西藏齿突蟾 *Scutiger boulengeri* (Bedriaga, 1898)

形态特征：体形中等，成年个体全长约 4—6 厘米，雌性体形显著大于雄性。头较扁平，头宽略大于头长；前肢较粗壮，前臂及手长不及体长之半；后肢较短，贴体前伸时胫跗关节达肩部；皮肤粗糙；背部和背侧满布大圆疣或椭圆疣，体后及背侧圆疣更大且更密集；雄性无声囊，繁殖期第一、二指背面及第三指内侧具细密的棕黑色婚刺；具胸腺和腋腺各 1 对，均覆盖以细密的棕黑色刺；雌性仅具腋腺 1 对，无刺。自然状态下，通体背面呈棕灰色；两眼间具顶点向后的棕色三角形或不规则形状色斑；吻棱和颞褶下方棕黑色；体侧浅棕灰色；前臂、股部和胫部具不规则深棕褐色横纹或无；喉部及胸部米黄色，腹部浅黄色，通常不具明显斑纹。

生态习性：该物种栖息于海拔 2200—5100 米的高原山溪缓流处或古

冰川湖边。栖息环境通常植被稀疏，仅生有矮小灌丛或无任何植被。成年个体以陆栖为主，白天隐匿于卵石缝隙或腐殖落叶中，仅繁殖期进入溪水中。繁殖时间随分布地区及海拔的不同而略有差异，通常为每年6—8月。繁殖抱对时，雄蟾前肢锁住雌蟾腰腹部，有时可见多个雄蟾同时抱握一个雌蟾。产出的卵团粘附于水中扁平石块下，多呈空心圆环状或团状。该物种蝌蚪发育缓慢，自孵化后需经数年方能变态为幼蟾。

地理分布：青藏高原最常见的两栖类之一，广泛分布于西藏东部及南部、青海东部、甘肃南部及四川西部等高海拔地区；国外分布于印度及尼泊尔。

濒危等级：无危（LC）

保护等级：暂未列入国家重点保护野生动物名录。

28. བོད་ཀྱི་སོ་འབུར་སྦལ་ནག *Scutiger boulengeri* (Bedriaga, 1898)

གཟུགས་དབྱིབས་ཁྱད་ཆོས། གཟུགས་དབྱིབས་འབྲིང་བ་ཙམ་ཡིན། ནར་སོན་ཚེ་སྤྱིའི་རིང་ཚད་ལ་ལི་སྨི4—6ཡོད་པ་དང་། མོའི་གཟུགས་དབྱིབས་ནི་ཕོ་རིགས་ལས་མངོན་གསལ་ཆེ། མགོ་ལེབ་མོ་ཡིན་པ་དང་མགོ་ཞེང་མགོ་ལས་ཅུང་རིང་། ལག་པ་ནི་སྦོམ་ཞིང་ཐུག་པ་དང་ལག་པ་ནི་གཟུགས་པོ་ལས་རིང་བ་ཡིན། རྐང་ལག་ཐུང་བ་དང་པགས་པ་རྩུབ་པོ་ཡིན། རྒྱབ་དང་རྒྱབ་ཕྱོགས་སུ་སྐོར་འབུམ་གྱིས་བཀང་བ་དང་། ཡང་ན་འཛིང་དབྱིབས་ཀྱི་འཇོར་བུ་ཡོད། ལུས་རྒྱབ་དང་རྒྱབ་ཟུར་གྱི་སྐོར་འཇོར་ནི་ལྷག་ཏུ་མཐུག་ཅིང་ཕོ་རིགས་ལ་སྒྲ་སྣོད་མེད་པ་དང་། སྐྱེ་འཕེལ་དུས་རིམ1དང2དང3བཅས་ཀྱི་ནང་ངོས་ལ་ཞིབ་ཚགས་པའི་གཉེན་སྒྲིག་གི་ཚེར་མ་ཡོད། མཆིན་པ་དང་མཚན་རྨེན་ཆ1རེ་ཡོད་ཅིང་། ཆ་སྙོམས་བྱས་ན་སྦུག་པོའི་ཚེར་མ་ཞིབ་མོ་ཞིག་བཀབ་ཡོད། མོའི་མཚན་འོག་ཏུ་གཤེར་རྨེན་ཆ་གཅིག་ལས་མེད་པ་དང་ཚེར་མ་མེད། རང་བྱུང་གི་རྣམ་པའི་འོག་ཏུ་ལུས་ཡོངས་ཀྱི་རྒྱབ་ངོས་ནི་སྨུག་པོའི་མདོག་ལྟར་མངོན། མིག་གཉིས་ཀྱི་བར་དུ་རྩེ་མོའི་ཕྱོགས་སུ་ཕྱོགས་པའི་སྨུག་པོའི་ཟུར་གསུམ་དབྱིབས་སམ་དབྱིབས་ངེས་མེད་ཀྱི་མདོག་ཁྲ་ཡོད་པ་དང་། མཁུར་ཚོས་དང་རྣ་ལྟན་གྱི་

གཉེར་མའི་འོག་གི་ཁ་དོག་ནག་པོ་ཡིན། གཟུགས་ངོས་ཀྱི་མདོག་ནི་སྨུག་སྐྱ་ཡིན། ལག་ངར་དང་རྐང་མགོ་དང་རྗེ་ངར་བཅས་ལ་དབྱིབས་ངེས་མེད་ཀྱི་སྨུག་པོའི་འཕྲེད་རིས་ཡོད་པ་དང་ལ་ཤོས་ལ་མེད། མེད་པ་དང་བྲང་ཁ་ཡི་མདོག་ནི་དཀར་པོ་ཡིན་པ་དང་གྲོད་པའི་སྟེང་གི་མདོག་སེར་པོ་ཡིན་ལ། ནམ་རྒྱུན་ཁྲ་ཐིག་གསལ་པོ་མེད།

སྐྱེ་ཁམས་གོམས་གཤིས། སྤྲལ་བ་འདིའི་རིགས་གཙོ་བོ་མཚོ་ངོས་ལས་མཐོ་ཚད་སྨི2200—5100ཡི་ས་མཐོའི་རི་བོ་དང་ཆུ་ཐང་གི་བཞུར་ཡུལ་ལམ་གནའ་བོའི་འབྲུགས་གླུང་མཚོའུ་ཡི་འགྲམ་དུ་འཚོ་སྡོད་བྱེད་ཅིང་། འཚོ་སྡོད་ཁོར་ཡུག་ནི་སྤྱིར་བཏང་དུ་རྩི་ཤིང་ཐར་ཐོར་སྐྱེས་ས་ཡིན་ལ། སྔོང་ཐང་ནགས་རྫོབ་དང་རྩི་ཤིང་སོགས་ཅི་ཡང་མེད། ནར་སོན་པའི་སྤྲལ་རིགས་གཙོ་བོར་སྐམ་སར་འཚོ་བ་དང་། ཉིན་དཀར་གྲམ་པའི་བར་གསེང་དང་རུལ་འཐེལ་ལོ་ལྡུང་ཁྲོད་དུ་སྦས་ནས་སྐྱེ་འཕེལ་གྱི་དུས་ཡུན་ཁོ་ན་ཆུ་ཐང་ནང་དུ་འཛུལ། སྤྱིར་བཏང་དུ་ལོ་རེའི་ཟླ6—8པའི་བར་ཡིན། རྒྱུད་པ་སྤེལ་སྐབས། ཕོ་སྤྲལ་གྱི་མདུན་སུག་གིས་མོ་སྤྲལ་གྱི་གསུས་པར་ཟྭ་རྒྱག་པ་དང་། སྐབས་འགར་ཕོ་སྤྲལ་མང་པོ་ཞིག་གིས་དེ་དང་མཉམ་དུ་མོ་སྤྲལ་ཅིག་འཛིན་པ་རེད། བཙས་པའི་སྒོ་ང་དེ་ཆུའི་ནང་གི་ལེབ་སྐོམས་རྗོ་ཡི་འོག་ཏུ་འབྱར་ཡོད་པ་དང་། མང་ཆེ་བ་ཁོག་སྟོང་སྒོར་དབྱིབས་སམ་ཆོམ་བུའི་དབྱིབས་སུ་སྣང་། འདིའི་ལྦོང་མོ་སྐྱེ་འཚར་དལ་ཞིང་། སྒོ་ང་རུམ་པའི་རྗེས་སུ་ལོ་དུ་མའི་ནང་དུ་སྤྲལ་ཕྲུག་ཏུ་འགྱུར་ཐུབ་དགོས།

ས་ཁམས་ཁྱབ་ཚུལ། མདོ་དབུས་མཐོ་སྒང་གི་ཐོག་རྒྱུན་དུ་མཐོང་རྒྱུ་ཡོད་པའི་སྐམ་ཆུ་གཉིས་འཚོའི་རིགས་ཀྱི་གྲས་ཤིག་ཡིན་པ་དང་། བོད་ལྗོངས་ཀྱི་ཤར་རྒྱུད་དང་ལྷོ་རྒྱུད། མཚོ་སྔོན་གྱི་ཤར་རྒྱུད། ཀན་སུའུ་ཡི་ལྷོ་རྒྱུད་དང་སི་ཁྲོན་གྱི་ནུབ་རྒྱུད་སོགས་ས་བབ་མཐོ་བའི་ས་ཁུལ་དུ་རྒྱ་ཁྱབ་ཏུ་ཁྱབ་ཡོད། ཕྱི་རྒྱལ་རྒྱ་གར་དང་བལ་པོར་ཁྱབ་ཡོད།

ཉེན་བཅར་རིམ་པ། ཉེན་ཁ་མེད་པ། (LC)

སྲུང་སྐྱོབ་རིམ་པ། གནས་སྐབས་སུ་རྒྱལ་ཁབ་གཙོ་གནད་སྲུང་སྐྱོབ་བྱ་རྒྱུའི་བྱིས་སྐྱེས་སྲོག་ཆགས་ཀྱི་མིང་ཐོའི་ནང་ལ་བཀོད་མེད།

29. 胸腺齿突蟾 *Scutiger glandulatus* (Liu, 1950)

形态特征:体形中等,成年个体全长约7厘米。头部扁平,头宽大于头长;前、后肢均较短,前臂及手长不到体长之半,后肢前伸贴体时胫跗关节达肩部;皮肤粗糙,体背具大量扁平疣粒,部分个体的疣粒沿背侧呈纵行排列;体侧及四肢疣粒较小;雄性无声囊,繁殖期第一、二指具锐利的黑色锥状婚刺,胸腺及腋腺处具细密黑刺团2对。自然状态下,通体背面呈深橄榄绿色或棕褐色,散布不规则棕色斑,多分布于大的疣粒上;吻部及头侧颜色较浅,略带金黄色;两眼间多具一深色三角形斑,向后延伸可至肩部;指、趾端角质化明显,呈棕黑色;腹面黄灰色,胸腺略呈肉色,腋腺浅黄色;瞳孔纵置,黑色,虹膜银色,杂以黑色细网纹。

生态习性:该物种栖息于海拔2200—4000米的中、小型山溪附近,所处环境植被茂密、阴暗潮湿。白天多隐藏于溪岸边的石块或倒木下，夜间外出活动。行动迟缓，不善跳跃，多爬行。以鞘翅目、同翅目、膜翅目等类群昆虫及幼虫为食。每年5—7月为其繁殖季节，这期间雌、雄个体进入溪水中繁殖。雌蟾多将卵产于溪边回水处，卵群粘附于大石块底面。蝌蚪孵化后多生活于山溪水凼内，底栖，稍受惊扰则迅速游向深水石下。

地理分布：青藏高原特有物种。分布范围较广泛，四川西部、云南香格里拉市及甘肃文县均有记录。

濒危等级：无危（LC）

保护等级：暂未列入国家重点保护野生动物名录。

29. བྲང་རྨེན་སོ་འབུར་སྤལ་ནག *Scutiger glandulatus* (Liu, 1950)

གཟུགས་དབྱིབས་ཁྱད་ཆོས། གཟུགས་དབྱིབས་འབྲིང་ཙམ་ཡིན་ཞིང་ནར་སོན་ཚེ་སྤྱིའི་རིང་ཚད་ལ་ལི་སྨི7ཙམ་ཡོད། མགོ་ལེབ་ཅིང་རིང་ལ། ལག་པ་དང་རྐང་པ་གཉིས་ཀ་ཐུང་ཞིང་། ཕྲག་པ་དང་ལག་པ་གཉིས་ཀྱི་རིང་ཚད་ལ་ལུས་པོའི་རིང་ཚད་ཀྱི་ཕྱེད་ཀ་ཙམ་ལས་མེད། སྐྱེ་པགས་རྩིང་ཞིང་རྩུབ་ལ། ལུས་པོའི་རྒྱབ་ཏུ་ལེབ་རྡོག་མང་པོ་ཡོད་པ་དང་། འཛེར་རྡོག་ཁ་ཤས་ནི་རྒྱབ་ཕྱོགས་སུ་གཞུང་དུ་བསྟར་ནས་བསྒྲིགས་ཡོད། ལུས་པོའི་གཞོགས་ངོས་དང་རྐང་ལག་གི་འཛེར་རྡོག་ཅུང་ཆུང་། ཕོ་རིགས་ལ་སྒྲ་སྒོད་མེད་པ་དང་། སྐྱེ་འཕེལ་དུས་རིམ་གྱི་མཛུབ་མོ1དང2པ་ལ་རྔོ་ངར་ལྡན་པའི་མདོག་ནག་པོ་སླུང་བུའི་དབྱིབས་ཀྱི་གཉེན་སྒྲིག་ཚེར་མ་ཡོད། བྲང་གི་གཡེར་རྨེན་དང་བྲང་གི་གཡེར་རྨེན་གྱི་ཕྱི་རུ་ཞིབ་ཅིང་ཚགས་པའི་ཚེར་མའི་ཚོགས་པ2ཡོད། རང་བྱུང་གི་རྣམ་པའི་འོག་ཏུ། ལུས་ཡོངས་ཀྱི་རྒྱབ་ངོས་ཀྱི་མདོག་ནི་རྒྱ་ཨར་སྔོ་སྐྱའམ་སྨུག་པོར་ཆགས་ཡོད་ཅིང་། དབྱིབས་ངེས་མེད་ཀྱི་ཁམ་བུའི་ཁྲ་ཐིག་ཁྱབ་སྤེལ་བྱས་ཡོད་ལ། མང་ཆེ་བར་འཛེར་རྡོག་ཆེན་པོའི་སྟེང་དུ་ཁྱབ་ཡོད། མཆུ་དང་མགོའི་ངོས་ཀྱི་ཁ་དོག་ཅུང་སྐྱབ་ཅིང་སེར་པོ་ཡིན། མིག་གཉིས་ཀྱི་བར་

དུ་ཟུར་གསུམ་དབྱིབས་ཀྱི་མདོག་ནག་པོའི་ཁྲ་ཐིག་ཡོད་ཅིང་། རྒྱབ་ཕྱོགས་སུ་བསྒྲིངས་ན་ཕྲག་པར་སླེབས་ཐུབ། མཇུབ་མོ་དང་སྡེར་མགོའི་ར་འགྱུར་མདོན་གསལ་དོད་པོ་ཡིན་ལ་མདོག་ནི་སྨུག་པོ་ཡིན། གསུས་ངོས་སྐྱ་བོ་ཡིན་ལ། བྲང་ངོས་ཀྱི་གཤེར་རྨེན་ཅུང་སེར་པོ་ཡིན། མིག་འབྲས་ནག་པོ་ཡིན་པ་དང་། འཇའ་སྐྱི་དཀྱིལ་མདོག་ཡིན་ལ་དེའི་ནང་དུ་ནག་ཆུང་གི་ དྲ་རིས་འདྲེས་ཡོད།

སྐྱེ་ཁམས་གོམས་གཤིས། སྦལ་བ་འདིའི་རིགས་གཙོ་བོ་མཚོ་ངོས་ལས་མཐོ་ཚད་སྨི2200—4000བར་གྱི་རི་ཆུའི་ཉེ་འགྲམ་དུ་འཚོ་སྡོད་བྱེད་པ་དང་གནས་སའི་ཁོར་ཡུག་གི་རྩི་ཤིང་སྟུག་པོ་ཡིན་པ་དང་བརླན་གཤེར་ཆེ། ཉིན་མོ་མང་ཆེ་བ་གཙང་པོའི་འགྲམ་གྱི་རྡོ་དང་ཤིང་ཐུར་དུ་སྦས་ཏེ་མཚན་མོར་ཕྱིར་བུད་ནས་འགུལ་སྐྱོད་བྱེད་བཞིན་ཡོད། འགུལ་སྐྱོད་དལ་ཞིང་མཆོང་བར་མི་མཁས་པ་དང་། ནམ་རྒྱུན་གོག་ནས་འགྲོ་བཞིན་ཡོད། གཟན་ལ་གཤོག་སྒབ་སྡེ་དང་གཤོག་མཐུན་སྡེ། གཤོག་སྐྱི་སྡེ་སོགས་རིགས་ཁྲུ་འབུ་སྲིན་དང་འབུ་ཕྲུག་ཟ་བ་ཡིན། ཟླ་རེའི་ཟླ5—7པའི་བར་ནི་རྒྱུད་སྤེལ་བའི་དུས་ཚིགས་ཡིན་ལ། དུས་སྐབས་འདིར་མོ་དང་ཕོ་རིགས་ཀྱིས་ཆུ་ཕྲན་ནང་དུ་རྒྱུད་སྤེལ་བྱེད། སྦལ་ནག་མང་ཆེ་བས་སྒོ་ང་ཆུའི་འགྲམ་དུ་གཏོང་བ་དང་། སྒོ་ང་རྣམས་རྡོ་ཆེན་གྱི་ཞབས་སུ་འབྱར་ཡོད། སྦྲང་མོ་ནི་རི་ཁྲོལ་གྱི་ཆུ་ནང་དུ་འཚོ་ཞིང་། ཅུང་ཙམ་སྐྲག་ན་མྱུར་དུ་ཆུའི་གཏིང་ཟབ་སར་རྐྱལ་ནས་འགྲོ་བ་ཡིན།

ས་ཁམས་ཁྱབ་ཚུལ། མདོ་དབུས་མཐོ་སྒང་དུ་དམིགས་བསལ་དུ་ཡོད་པའི་དངོས་རིགས་ཡིན། ཁྱབ་ཁྱི་ཆེ་ཙམ་ཡོད་ཅིང་། སི་ཁྲོན་གྱི་ནུབ་རྒྱུད་དང་། ཡུན་ནན་གྱི་སེམས་ཀྱི་ཉེ་ཟླ་གྲོང་ཁྱེར། ཀན་སུའུ་ཡི་ལྷུན་རྫོང་བཅས་ཚང་མར་ཐོ་འགོད་བྱས་ཡོད་པ་རེད།

ཉེན་བཅར་རིམ་པ། ཉེན་ཁ་མེད་པ། (LC)

སྲུང་སྐྱོབ་རིམ་པ། གནས་སྐབས་སུ་རྒྱལ་ཁབ་གཙོ་གནད་སྲུང་སྐྱོབ་བྱ་རྒྱུའི་བྱེས་སྐྱེས་སྲོག་ཆགས་ཀྱི་མིང་ཐོའི་ནང་ལ་བཀོད་མེད།

30. 刺胸齿突蟾 *Scutiger mammatus* (Günther, 1896)

形态特征：体形中等，成年个体全长约 6—8 厘米。头较扁平，头长略小于头宽；前肢适中，前臂及手长约为体长之半；后肢较短，贴体前伸时胫跗关节达肩部或口角；通体皮肤粗糙，头和体背面满布大小不一的扁平疣粒，四肢背面的疣粒更为扁平；雄性无声囊，第一、二指具锐利锥状黑色角质刺，胸腺和腋腺各 1 对，胸腺上具锥状黑刺，腋腺多无刺；雌性仅具腋腺 1 对。自然状态下，通体背面多呈棕色，吻棱及颞褶下方棕黑色，两眼间具一棕黑色三角形斑，向后可延伸至肩部或背部；体背部色斑多随疣粒排布；四肢背面颜色较体背略浅，无明显横纹；四肢腹面及颌下呈紫灰色，腹部黄灰色；瞳孔纵置，蓝黑色，虹膜黄金色散布有黑褐色细点。

生态习性：该物种栖息于海拔 2600—4200 米的高寒山溪内，终年生活于溪水中或溪边大石下，一般不远离水源活动。栖息环境植被稀疏，仅生有一些杂草和矮小灌丛。昼伏夜出，白天多隐匿于溪边潮湿的大石块下，受惊扰后行动迟缓，或趴伏不动，或缓慢爬离。夜晚外出捕食，多蹲于大石上，主要以鞘翅目、鳞翅目及双翅目昆虫及幼虫为食，对抑制农林害虫具有一定作用。每年6—8月为其繁殖季节，繁殖抱对时雄蟾紧抱雌蟾胯部。雌蟾多将卵产于溪边或泉水下游的大石块下，卵群粘附于石块底面，略呈圆形或相连的两团。

地理分布：青藏高原特有物种。分布范围较广泛，如西藏江达县、芒康县、昌都市、左贡县、类乌齐县、八宿县、察隅县，四川德格县、巴塘县、炉霍县、康定市，青海玉树市、囊谦县、班玛县及云南德钦县均有分布。

濒危等级：无危（LC）

保护等级：暂未列入国家重点保护野生动物名录。

30. བྲང་ཚེར་སོ་འབུར་སྦལ་ཆེན། *Scutiger mammatus* (Günther, 1896)

གཟུགས་དབྱིབས་ཁྱད་ཆོས། གཟུགས་དབྱིབས་འབྲིང་ཙམ་ཡིན། ནར་སོན་ཚེ་སྤྱིའི་རིང་ཚད་ལ་ཕལ་ཆེར་ལི་སྨི6—8ཡོད། མགོ་ཐུང་ལེབ་ཅིང་རིང་བ་ཡིན། ལག་པ་དང་རྐང་པ་གཉིས་ཀྱི་རིང་ཚད་ནི་ལུས་པོའི་རིང་ཚད་ཀྱི་ཕྱེད་ཀ་ཡིན། རྐང་ལག་ཐུང་ཐུང་ཞིང་། འབྱར་གཟུགས་མདུན་དུ་བརྐྱང་དུས་རྗེ་ངར་ཆེ་བའི་ཚོགས་དེ་ཕྲག་པའམ་ཁ་ཟུར་ལ་སླེབས་ཡོད། སྤྱི་གཟུགས་ཀྱི་པགས་པ་རྩུབ་ཅིང་། མགོ་དང་ལུས་པོའི་རྒྱབ་ངོས་སུ་ཆེ་ཆུང་མི་འདྲ་བའི་ལེབ་རྗོག་གིས་ཁེངས་ཡོད། རྐང་ལག་གི་རྒྱབ་ངོས་ཀྱི་འཛེར་རིལ་ནི་དེ་བས་ལེབ་མོ་ཡིན། ཕོ་རིགས་ལ་སྒྲ་སྒྲོད་མེད་པ་དང་། མཛུབ་མོ་དང་པོ་དང་གཉིས་པའི་སྟེང་དུ་རྣོན་པོའི་དབྱིབས་ཀྱི་ར་དབྱིབས་ནག་པོ་ཅན་གྱི་ཚེར་མ་ཡོད། བྲང་རྨེན་དང་མཆན་རྨེན་ཆ་གཅིག་ཡོད་པ་དང་། བྲང་རྨེན་སྟེང་དུ་སྣུང་བུའི་དབྱིབས་ཀྱི་ཚེར་མ་ཡོད། མཆན་འོག་གི་གཤེར་རྨེན་མང་ལ་ཚེར་མ་མེད། མོའི་མཆན་འོག་ཏུ་གཤེར་རྨེན་ཆ་གཅིག་ལས་མེད། རང་བྱུང་གི་རྣམ་པའི་འོག་ཏུ། ཕུང་གཟུགས་ཀྱི་རྒྱབ་ངོས་མང་ཆེ་བ་རྫ་མདོག་ཡིན་ལ། མཆུ་སྣེ་དང་རྣ་ལྷན་གྱི་གཉེར་མའི་འོག་གི་ཁ་དོག་ནག་པོ་ཡིན། ལུས་པོའི་རྒྱབ་ངོས་ཀྱི་མདོག་ཁྲ་མང་ཆེ་

བ་འཛོར་རིལ་དང་མཉམ་དུ་ཕྱི་རུ་མངོན་ཡོད། རྐང་ལག་གི་རྒྱབ་ངོས་ཀྱི་ཁ་དོག་ནི་ལུས་ཀྱི་རྒྱབ་ངོས་ལས་ཅུང་གནག་ལ་འཕྲེད་རིས་མངོན་གསལ་མེད། རྐང་ལག་གི་གསུམ་ངོས་དང་མགལ་འོག་གི་མདོག་སྐྱ་བོ་ཡིན་པ་དང་གསུམ་པའི་ནང་གི་མདོག་སྐྱ་བོ་ཡིན་ལ་མིག་འབྲས་ནག་པོ་ཡིན། འཇའ་སྐྱིའི་མདོག་སེར་པོ་ཡིན་ལ་དེའི་ནང་དུ་ནག་ཚུང་གི་ཐ་རིས་འདྲེས་ཡོད།

སྐྱེ་ཁམས་གོམས་གཤིས། སྦལ་བ་འདིའི་རིགས་གཙོ་བོ་མཚོ་ངོས་ལས་མཐོ་ཚད་སྨི2600—4200བར་གྱི་མཐོ་སྒང་རི་ཁུལ་དུ་འཚོ་བ་དང་། ལོ་འཁོར་མོར་ཆུའི་ནང་དུ་འཚོ་བ་དང་ཡང་ན་ཆུའི་འགྲམ་གྱི་བྲག་རྡོ་ཆེན་པོའི་འོག་ཏུ་འཚོ་བ་ལས་སྤྱིར་བཏང་དུ་ཆུ་ཁུངས་དང་བྲལ་གྱི་མེད། འཚོ་སྡོད་ཁོར་ཡུག་གི་སྟོ་ཁེབས་ཐར་ཐོར་ཡིན་པ་དང་། རྩྭ་ལྡུམ་དང་སྡོང་ཤུང་ནགས་ཚོབ་མ་གཏོགས་སྐྱེས་མེད། ཉིན་མོ་གཡོལ་ནས་མཚན་མོ་ཕྱིར་རུ་འགྲོ་ཞིང་། ཉིན་མོ་མང་ཆེ་བ་གཙང་འགྲམ་གྱི་བརླན་གཤེར་ཆེ་བའི་རྡོ་ཕོག་གི་འོག་ཏུ་སྦས་ཤིང་དངངས་སྐྲག་བྱུང་རྗེས་འགྲུལ་སྤྱོད་དལ་བས་འགྲུལ་མི་ཐུབ་པའམ་ཡང་ན་ག་ལེར་གོག་ནས་འགྲོ་བ་རེད། མཚན་མོར་ཕྱི་ལོགས་སུ་གཟན་འཚོལ་དུ་འགྲོ་སྐབས་མང་ཆེ་བ་རྡོ་ཆེན་གྱི་ཐོག་ཏུ་ཙོག་པུར་འདུག་ཅིང་། གཟན་ལ་གཙོ་བོར་གསོག་སྦབ་དང་ཁྲབ་གསོག་ཅན་གྱི་རིགས། གསོག་ཟུང་རིགས་ཀྱི་འབུ་སྲིན་དང་འབུ་ཕྲུག་བཅས་བཟའ་བས་ཞིང་ནགས་ཀྱི་གནོད་འབུ་བཀག་འགོག་བྱེད་པར་ནུས་པ་ངེས་ཅན་ཐོན། ལོ་རེའི་ཟླ6—8པའི་བར་ནི་སྐྱེ་འཕེལ་གྱི་དུས་ཚིགས་ཡིན་ཞིང་། རྒྱུད་སྦྲེལ་པང་དུ་བཟུང་དུས་སུ་ཕོ་སྦལ་གྱིས་མོ་སྦལ་གྱི་དཔྱི་མགོ་པང་དུ་བཟུང་ཡོད། མོ་སྦལ་གྱིས་སྒོ་ང་མང་ཆེ་བ་ཆུ་འགྲམ་དང་ཡང་ན་ཆུའི་སྨད་རྒྱུད་ཀྱི་རྡོ་ཆེན་འོག་ཏུ་གཏོང་བ་དང་། སྒོ་ང་རྣམས་རྡོ་ཡི་ཞབས་སུ་འབྱར་ནས་སྒོར་དབྱིབས་སམ་ཡང་ན་འབྲེལ་ཡོད་ཀྱི་ཁག་གཉིས་སུ་ཆགས་ཀྱིན་ཡོད།

ས་ཁམས་ཁྱབ་ཚུལ། མདོ་དབུས་མཐོ་སྒང་གི་དམིགས་བསལ་དུ་ཡོད་པའི་དངོས་རིགས་ཡིན། ཁྱབ་ཁྱ་ཆེ་ཙམ་ཡོད་པ་དཔེར་ན། བོད་ལྗོངས་ཀྱི་འཇོ་མདའ་རྫོང་དང་། རྣམ་གླིང་རྫོང་། ཆབ་མདོ་གྲོང་ཁྱེར། མཛོ་སྒང་རྫོང་། རི་བོ་ཆེ་རྫོང་། དཔའ་ཤོད་རྫོང་། ཛ་ཡུལ་རྫོང་། སེ་ཁྲོན་གྱི་སྡེ་དགེ་རྫོང་དང་འབའ་ཐང་རྫོང་། བྲག་འགོ་རྫོང་། དར་མདོ་གྲོང་ཁྱེར། མཚོ་སྔོན་གྱི་ཡུལ་ཤུལ་གྲོང་ཁྱེར་དང་ནང་ཆེན་རྫོང་། པད་མ་རྫོང་། ཡུན་ནན་གྱི་བདེ་ཆེན་རྫོང་བཅས་ཚང་མར་ཁྱབ་ཡོད་པ་རེད།

ཉེན་བཅར་རིམ་པ། ཉེན་ཁ་མེད་པ། (LC)

སྲུང་སྐྱོབ་རིམ་པ། གནས་སྐབས་སུ་རྒྱལ་ཁབ་གཙོ་གནད་སྲུང་སྐྱོབ་བྱ་རྒྱུའི་བྱེས་སྐྱེས་སྲོག་ཆགས་ཀྱི་མིང་ཐོའི་ནང་ལ་བཀོད་མེད།

31. 林芝齿突蟾 *Scutiger nyingchiensis* Fei, 1977

形态特征：体形中等，成年个体全长约 5—7 厘米。头较扁平，头长略大于头宽；前肢粗壮；前臂及手长约为体长之半；后肢较短，贴体前伸时胫跗关节达肩前部；皮肤粗糙，背部和背侧满布圆疣，体后部和背侧圆疣较大而密集，疣上多具 1 枚或数枚大黑刺；雌性背面圆疣略扁平而稀疏，不具黑刺；四肢圆疣较背部略扁而稀疏；雄性无声囊，繁殖期第一和第二指背面及第三指内侧具细密的棕黑色婚刺；胸腺和腋腺各 1 对，均被细密的棕黑色刺。自然状态下，通体背面呈棕灰色；两眼间具一顶点向后的棕色三角形斑；吻棱及颞褶下方棕黑色；体侧浅棕灰色；前臂、股部和胫部具不规则的深棕褐色横纹；喉和胸部紫灰色，腹部浅棕灰色；喉部多具网状或云状棕灰色斑；胸部略带棕灰色碎斑；腹部通常无明显斑纹。

生态习性：该物种栖息于海拔 2700—3200 米的山区溪流内，栖息环境湿润潮湿，林木茂密，多生有大量乔木及灌木，溪流内大小石头及杂草甚多，水深多在 10—40 厘米之间。每年 5—6 月为其繁殖季节，这期间雌、雄个体集群于大石块下或水中倒木下繁殖交配。雌性多将卵产于距水面 5—20 厘米深的石块或倒木下，卵群形状随附着物的不同而略有差异，多呈弯月形或环形。蝌蚪栖息于溪水边的回水处，白天多隐匿于水底石块或朽木下，夜间于溪水的中、下层游动觅食。

地理分布：青藏高原特有物种。分布于西藏林芝市巴宜区、波密县、工布江达县、米林县及朗县。

濒危等级：无危（LC）

保护等级：暂未列入国家重点保护野生动物名录。

31. ཉིང་ཁྲིའི་སོ་འབུར་སྦལ་ནག། *Scutiger nyingchiensis* Fei, 1977

གཟུགས་དབྱིབས་ཁྱད་ཆོས། གཟུགས་དབྱིབས་འབྲིང་ཙམ་ཡིན། ནར་སོན་ཚེ་སྤྱིའི་རིང་ཚད་ལ་ཕལ་ཆེར་ལི་སྨི5—7ཡོད། མགོ་ལེབ་ཡིན་ལ་མགོའི་རིང་ཐུང་ནི་མགོའི་ཞེང་ཚད་ལས་ཅུང་ཆེ། ལག་པ་སྦོམ་པོ་ཡིན་པ་དང་། ལག་ངར་དང་ལག་པ་གཉིས་ཀྱི་རིང་ཚད་ནི་ལུས་པོའི་རིང་ཚད་ཀྱི་ཕྱེད་ཙམ་ཡིན། རྐང་ལག་ཅུང་ཐུང་བ་དང་། འབུར་གཟུགས་སྔོན་དུ་བརྐྱངས་པའི་དུས་སུ་རྗེ་ངར་ཆེ་བའི་ཏུས་ཚིགས་ཐུག་པའི་མདུན་ཕྱོགས་སུ་སླེབས་ཡོད། པགས་པ་རྩུབ་ཅིང་རྒྱབ་དང་རྒྱབ་ཟུར་སྒོར་འཛེར་གྱིས་ཁེངས་ཡོད། ལུས་ཀྱི་རྒྱབ་ཁུལ་དང་རྒྱབ་ཟུར་གྱི་སྒོར་འཛེར་ཅུང་ཆེ་ཞིང་མཐུག་པ་དང་། འཛེར་སྟེང་དུ་ཚེར་ནག་གཅིག་གམ་དུ་མ་ཡོད། མོའི་རྒྱབ་ངོས་ཀྱི་སྒོར་འཛེར་ལེབ་མོ་དང་ཐར་ཐོར་དུ་ཡོད་པས་ཚེར་མ་ནག་པོ་མི་ལྡན། རྐང་ལག་གི་སྒོར་འཛེར་ནི་རྒྱབ་ངོས་ཀྱི་སྒོར་འཛེར་ལས་ཅུང་སྲབ། ཕོ་རིགས་ལ་སྒྲ་སྒྲོད་མེད་པ་དང་། སྐྱེ་འཕེལ་དུས་རིམ་གྱི་མཛུབ་མོ་དང་པོ་དང་གཉིས་པའི་རྒྱབ་ངོས་དང་གསུམ་པའི་ནང་ངོས་ལ་ཞེབ་ཚགས་པའི་གཉེན་སྒྲིག་གི་ཚེར་མ་ཡོད། མཆིན་པ་དང་མཆན་འོག་ཏུ་གཤེར་རྨེན་ཆ་གཅིག་རེ་ཡོད་ཅིང་། མདོག་ཚང་མ་སླུག་པོ་

ཡིན། རང་བྱུང་གི་རྣམ་པའི་འོག་ཏུ་ཐུང་གཟུགས་ཀྱི་རྒྱབ་ངོས་སུ་མདོག་སྨུག་པོ་མངོན་པ་དང་། མིག་གཉིས་ཀྱི་བར་དུ་རྩེ་གཅིག་གི་རྗེས་སུ་ཕྱོགས་པའི་སྨུག་པོའི་ཟུར་གསུམ་དབྱིབས་ཀྱི་ཁྲ་ཐིག་ཡོད། མཁུར་ཚོས་དང་རྣ་ལྟན་གྱི་གཉེར་མའི་འོག་གི་ཁ་དོག་ནག་པོ་ཡིན་ལ། གཟུགས་ངོས་ཀྱི་མདོག་ནི་སྨུག་སྐྱ་ཡིན་པ་དང་། ལག་ངར་དང་རྐང་གཟུགས། རྗེ་ངར་ཆེ་བའི་གནས་སོགས་ལ་དབྱིབས་ངེས་མེད་ཀྱི་ཁ་དོག་སྨུག་པོའི་འཕྲེད་རིས་ཡོད། མེད་པ་དང་ཐང་ཁའི་མདོག་སྐྱ་བོ་དང་། གསུས་པའི་ཁ་དོག་སྨུག་སྐྱ། ཐེ་བའི་ནང་དུ་དྲ་དབྱིབས་དང་སྤྲིན་དབྱིབས་ཀྱི་སྨུག་པོའི་ཁྲ་ཐིག་ཡོད་ལ། ཐང་ཁ་ལ་མདོག་སྨུག་པོའི་ཁྲ་ཐིག་ཡོད། ཕོ་བ་ལ་རྒྱུན་པར་མངོན་གསལ་གྱི་ཁྲ་ཐིག་མེད།

སྐྱེ་ཁམས་གོམས་གཤིས། སྦལ་བ་འདིའི་རིགས་གཙོ་བོ་མཚོ་ངོས་ལས་མཐོ་ཚད་སྨི2700—3200བར་གྱི་རི་ཁུལ་གྱི་ཆུ་ཐན་དུ་འཚོ་སྡོད་བྱེད་པས། ཁོར་ཡུག་བརྟན་གཤེར་ཆེ་བ་དང་། ནགས་ཤིང་སྟུག་པོ་ཡིན་ལ། མང་ཆེ་བར་སྔོན་ཤིང་མང་པོ་སྐྱེས་ཡོད། ཆུ་ཐན་ནང་དུ་རྡོ་ཆེ་ཆུང་དང་རྩྭ་ལྤུམ་མང་པོ་ཡོད་ཅིང་། ཆུའི་གཏིང་ཚད་མང་ཆེ་བ་ལི་སྨི10—40བར་ཡིན། ལོ་རེའི་ཟླ5—6པའི་བར་ནི་རྒྱུད་སྤེལ་བའི་དུས་ཚིགས་ཡིན་ལ། དུས་སྐབས་འདིར་མོ་དང་ཕོ་ལས་བྱེ་བྲག་ནི་རྡོ་ཆེན་གྱི་འོག་དང་ཆུའི་ནང་གི་ཤིང་རྩེའི་འོག་ནས་རྒྱུད་སྤེལ་བ་རེད། མོ་མང་ཆེ་བས་ཆུ་ངོས་དང་བར་ཐག་ལི་སྨི5—20བར་ཡོད་པའི་རྡོ་དང་ཡང་ན་ཤིང་རྩེའི་འོག་ཏུ་སྒོ་ང་གཏོང་གིན་ཡོད། སྒོ་ངའི་ཚོགས་ཀྱི་བཟོ་ལྟ་དེ་ཟླུར་འབྱུར་དངོས་རིགས་མི་འདྲ་བ་དང་བསྟུན་ནས་ཁྱད་པར་ཐན་བུ་ཡོད་པ་དང་མང་ཆེ་བ་ཟླ་ཟོའི་དབྱིབས་སམ་ཡང་ན་གདུབ་དབྱིབས་སུ་མངོན། རྫོང་མོ་ནི་ཆུ་ཐན་འགྲམ་གྱི་ཆུ་ལོག་སར་འཚོ་བ་དང་། ཉིན་དཀར་ཆུ་ཞབས་ཀྱི་རྡོ་དང་ཤིང་རྩུལ་འོག་ཏུ་སྦས་ནས་མཚན་མོར་ཆུ་ཐན་གྱི་བར་བརྒྱུད་དང་འོག་རིམ་དུ་འཁྱམས་ནས་ལྟོ་འཚོལ་གྱིན་ཡོད།

ས་ཁམས་ཁྱབ་ཚུལ། མདོ་དབུས་མཐོ་སྒང་དུ་དམིགས་བསལ་དུ་ཡོད་པའི་དངོས་རིགས་ཤིག་ཡིན། བོད་ལྗོངས་ཀྱི་ཉིང་ཁྲི་གྲོང་ཁྱེར་བྲག་ཡིབ་ཆུས་དང་སྨྲ་བོ་རྫོང་། ཀོང་པོ་རྒྱ་མདའ་རྫོང་། རྣམ་གླིང་རྫོང་། སྣང་རྫོང་བཅས་སུ་ཁྱབ་ཡོད།

ཉེན་བཙར་རིམ་པ། ཉེན་ཁ་མེད་པ། (LC)

སྲུང་སྐྱོབ་རིམ་པ། གནས་སྐབས་སུ་རྒྱལ་ཁབ་གཙོ་གནད་སྲུང་སྐྱོབ་བྱ་རྒྱུའི་བྱེས་སྐྱེས་སྲོག་ཆགས་ཀྱི་མིང་ཐོའི་ནང་ལ་བཀོད་མེད།

32. 波普拟髭蟾 *Leptobrachium bompu* Sondhi and Ohler, 2011

形态特征：体形中等，成年个体全长约 4—6 厘米。身体宽短；头大而宽扁，头宽大于头长；前肢细长，前臂及手长超过体长之半；后肢较短，贴体前伸时胫跗关节达肩部；皮肤较粗糙，通体背面满布疣粒，头背和头侧疣粒较小，体背疣粒发达，组成网状肤棱；四肢背面具明显的纵行肤棱；雄性具单咽下内声囊，繁殖期上唇无锥状角质刺，指上无婚垫。自然状态下，通体背面呈灰褐色，略带淡紫色；头顶两眼间具一个顶点向后的三角形灰黑色斑，身体中央具模糊的深灰色大斑，体背和体侧散布不规则的灰黑色和深灰色虫状斑；四肢背面具灰黑色或黑色横纹；腹面呈蓝灰色与紫褐色碎斑相互交杂；咽喉、体腹部两侧、四肢腹面具不规则的黑色斑块；胯部和腋部略带浅蓝色斑。虹膜浅蓝色并散布极细小黑点，瞳孔黑色。

生态习性：该物种栖息于海拔 1400—1940 米的常绿阔叶林中，常见于小型溪流附近。繁殖期间，雄性个体或隐匿于溪边松软的泥土中，或躲藏于倒木下，或蹲坐于生有苔藓和杂草的石头上发出“kek、kek、kek、kek”的鸣声，声音低沉且浑厚。白昼及夜间均可听到其鸣叫，但白天鸣声较少且多为单声，夜间为单声和连声交替。行动迟缓，不善跳跃，受惊扰时常缓慢爬离。

地理分布：分布于青藏高原东南缘，范围较狭窄，国内仅记录于西藏墨脱县；国外分布于不丹。

濒危等级：无危（LC）

保护等级：暂未列入国家重点保护野生动物名录。

རྭ་སྦལ་གྱི་ཚན་པ། Megophryidae སྦལ་ཆེན། *Leptobrachium*

32. པོ་ཕུའུ་སྦལ་ཆེན། *Leptobrachium bompu* Sondhi and Ohler, 2011

གཟུགས་དབྱིབས་ཁྱད་ཆོས། གཟུགས་དབྱིབས་འབྲིང་ཙམ་ཡིན། ནར་སོན་ཚེ་སྤྱིའི་རིང་ཚད་ལ་ཕལ་ཆེར་ལི་སྨི4—6ཡོད། ལུས་ཞེང་ཆེ་བ་དང་། མགོ་ཆེ་ཞིང་སྦོམ་པོ་ཡིན། མགོ་ཡི་ཞེང་ཚད་ནི་མགོ་ལས་རིང་ཞིང་། ལག་པ་ཕྲ་ཞིང་རིང་བ་དང་། ལག་ངར་དང་ལག་པའི་རིང་ཚད་ནི་གཟུགས་པོའི་རིང་ཚད་ཀྱི་ཕྱེད་ཙམ་ཡིན། རྐང་ལག་ཐུང་བ་དང་པགས་པ་ཅུང་རྩུབ་ཅིང་། ལུས་པོ་ཡོངས་ཀྱི་རྒྱབ་ངོས་སུ་འཛེར་རིལ་ཤིན་ཏུ་མང་། མགོ་རྒྱབ་དང་མགོ་གཞོགས་ཀྱི་འཛེར་རིལ་ཆུང་བ་དང་། ལུས་རྒྱབ་ཀྱི་འཛེར་རིལ་ཅུང་ཟད་རྒྱས་ཡོད་ཅིང་དྲ་དབྱིབས་ཀྱི་ཤ་གཟུགས་སུ་སྣང་། རྐང་ལག་གི་རྒྱབ་ངོས་སུ་མངོན་གསལ་དོད་པའི་གཞུང་རིས་ཡོད་པ་དང་། ཕོ་རིགས་ཀྱི་མགྲིན་པ་སྒྲ་སྒྲོད་ཡོད་པ་དང་། སྐྱེ་འཕེལ་དུས་ཀྱི་ཡ་མཆུ་ལ་སྣུང་མེད་དབྱིབས་ཀྱི་ཚེར་མ་མེད་ཅིང་། མཇུབ་མོ་ཡི་སྟེང་དུ་མཚན་ལྡེབས་མེད། སྤྱིར་བཏང་ལུས་ཡོངས་ཀྱི་རྒྱབ་ངོས་ཁམ་ཁམ་ཡིན་ལ། དེའི་ནང་དུ་སྨུག་སྐྱ་ཅུང་འདྲེས་ཡོད། མགོ་ནས་མིག་གཉིས་ཀྱི་བར་དུ་རྟེ་གཅིག་གི་རྒྱབ་ཕྱོགས་སུ་ཕྱོགས་པའི་ཟུར་གསུམ་དབྱིབས་ཀྱི་ནག་སྐྱའི་ཁྲ་ཐིག་ཡོད་ལ། ལུས་ཀྱི་དཀྱིལ་དུ་སྐྱ་བོའི་ཁྲ་ཐིག་རབ་རིབ་ཅིག་ཡོད་

ཅིང་། ལུས་ཀྱི་རྒྱབ་དང་གཟུགས་ལོགས་སུ་ཚུལ་ལྡན་མིན་པའི་ནག་སྐྱའི་མདོག་དང་སྐྱ་བོའི་དབྱིབས་ཀྱི་ཁྲ་ཐིག་ཅིག་ཡོད། རྐང་ལག་གི་རྒྱབ་ངོས་སུ་འཕྲེད་རིས་ནག་པོ་ཡོད། གསུམ་ངོས་ནི་ཐོ་སྐྱའི་མདོག་དང་སྨུག་པོའི་ཁྲ་ཐིག་ཕན་ཚུན་འདྲེས་ཡོད་པ་དང་། མིད་པ་དང་གསུམ་པའི་ཟུར་གཉིས། རྐང་ལག་གི་འབབ་སོགས་ལ་གཙང་མ་མིན་པའི་ཁྲ་ཐིག་ནག་པོ་ཡོད། དཔྱི་མགོ་དང་མཚན་ཁུལ་ལ་མདོག་སྔོན་པོའི་ཁྲ་ཐིག་ཡོད། འཇའ་སྐྱིའི་ཁ་དོག་སྔོན་པོ་ཡིན་པར་མ་ཟད་ནག་ཐིག་ཆུང་ངུར་ཁྱབ་པར་བྱེད། མིག་འབྲས་ནག་པོ་ཡིན།

སྐྱེ་ཁམས་གོམས་གཤིས། སྦལ་བ་འདིའི་རིགས་མཚོ་ངོས་ལས་མཐོ་ཚད་སྨི1400—1940བར་གྱི་རྒྱུན་ལྗང་གི་ནགས་ཚལ་དུ་འཚོ་སྡོད་བྱེད་པ་དང་། རྒྱུན་པར་ཆུ་ཕྲན་གྱི་ཉེ་འགྲམ་དུ་འཚོ་སྡོད་བྱེད། རྒྱུད་འཕེལ་བའི་སྐབས་སུ། ཕོ་རིགས་ནི་ཆུའི་འགྲམ་གྱི་སྔོ་ཞིང་ངམ་འདམ་ནང་དུ་སྦས་པའམ། ཡང་ན་ཤིང་གི་འོག་ཏུ་གབ་ཡོད་ལ། ཡང་ན་ཐོ་དྲིག་དང་རྩྭ་ལྡུམ་སྐྱེས་པའི་རྫོའི་སྟེང་དུ་བསྡད་ནས“kek、kek、kek、kek”ཡི་སྒྲ་སྒྲོགས། དེའི་སྒྲ་ནི་དམའ་ཞིང་སྲོམ་པོ་ཡིན། ཉིན་མོ་དང་མཚན་མོ་གཉིས་ཀར་སྐད་ཅོར་རྒྱག་པ་ཐོས་ཐུབ་མོད། འོན་ཀྱང་ཉིན་མོར་སྐད་ཅུང་ཉུང་ལ་མང་ཆེ་བ་རྐྱང་སྒྲ་ཡིན་པ་དང་། མཚན་མོར་རྐྱང་སྒྲ་དང་ཟུ་སྒྲ་རེས་མོས་བྱས་ནས་གྲགས། འགྱུལ་སྐྱོད་དལ་ཞིང་མཆོང་བར་དཀའ།

ས་ཁམས་ཁྱབ་ཚུལ། མདོ་དབུས་མཐོ་སྒང་གི་ཤར་ལྷོའི་མཚམས་སུ་གནས་པ་དང་། ཁྱབ་ཁོངས་ཆུང་གུ་དོག་ཅིང་། རྒྱལ་ནང་གི་བོད་ལྗོངས་ཀྱི་མེ་ཏོག་རྫོང་ཁོ་ན་ཐོ་འགོད་བྱས་ཡོད། ཕྱི་རྒྱལ་གྱི་འབྲུག་ཡུལ་དུ་ཁྱབ་ཡོད།

ཉེན་བཅར་རིམ་པ། ཉེན་ཁ་མེད་པ། (LC)

སྲུང་སྐྱོབ་རིམ་པ། གནས་སྐབས་སུ་རྒྱལ་ཁབ་གཙོ་གནད་སྲུང་སྐྱོབ་བྱ་རྒྱུའི་བྱེས་སྐྱེས་སྲོག་ཆགས་ཀྱི་མིང་ཐོའི་ནང་ལ་བཀོད་མེད།

33. 墨脱角蟾 *Xenophrys medogensis* (Fei, Ye, and Huang, 1983)

形态特征：体形中等，成年个体全长约 5—6 厘米。头长略大于头宽，额部略凹；前肢较短，前臂及手长不及体长之半；后肢细长，贴体前伸时胫跗关节达吻眼间或吻端；皮肤较光滑，仅背部及四肢背面具细肤棱和疣粒；雄性具单咽下内声囊，繁殖期第一、二指基部具灰黑色细密的婚刺。自然状态下，背面多呈黄褐色或褐色；额部具深棕色纵纹；两眼间具一顶点向后的深棕色三角形斑，体背和后肢具细肤褶处均有深棕色纹；头侧色深，上唇具 3—4 条棕黑色纹;颞褶具黄白色细线纹，下方具较宽棕褐色纹;四肢前后均具棕黑色大斑；后肢背面具模糊的横纹；喉部至前胸部呈紫褐色，腹部至股腹面呈橘黄色，胸、腹部均具棕灰色云斑；四肢腹面呈黄色略偏灰，掌、足腹面紫褐色。瞳孔纵置，虹膜呈橘黄色。

生态习性：该物种栖息于海拔 600—1400 米的热带雨林地区，常见于植被较好的溪流或瀑布附近。白天多隐藏于岩石缝隙或落叶堆间，雄蟾于傍晚和夜间蹲坐于岩石或较大的低矮树叶上发出响亮的“嘎、嘎、嘎”的单声连续鸣叫。循鸣声寻找，常能发现 2 只雄蟾聚于一处。行动敏捷，受惊扰后常快速跳离。繁殖习性尚不清楚，7—10 月均可在瀑布下的水潭或溪流回水凼中观察到其蝌蚪。

地理分布：青藏高原特有物种。分布范围狭窄，目前仅记录分布于西藏墨脱县。

濒危等级：濒危（EN）

保护等级：暂未列入国家重点保护野生动物名录。

ར་སྦལ་གྱི་ཚན་པ། Megophryidae ར་ཁྲད་སྦལ་བའི་ཁོངས། *Xenophrys*

33. མེ་ཏོག་ར་སྦལ། *Xenophrys medogensis* (Fei, Ye, and Huang, 1983)

གཟུགས་དབྱིབས་ཁྱད་ཆོས། གཟུགས་དབྱིབས་འབྲིང་ཙམ་ཡིན་པ་དང་ནར་སོན་ཚེ་སྤྱིའི་རིང་ཚད་ལ་ལི་སྨི5—6ཡོད། མགོའི་ཞེང་ནི་རིང་ཚད་ལས་ཆེ། ཐོད་པ་ནང་དུ་བརྡིབས་ཡོད་པ་དང་། ལག་པ་ཙུང་ཐུང་། ལག་ངར་དང་ལག་པའི་རིང་ཚད་ནི་ལུས་པོའི་རིང་ཐུང་གི་ཕྱེད་ཀ་ཙམ་ལས་མེད། སུག་པ་ཕྲ་ཞིང་རིང་བས་གཟུགས་ཀྱི་སྔོན་དུ་བརྐྱངས་པའི་དུས་སུ་རྐང་ངར་གྱི་ཚིགས་ནི་མིག་གི་བར་གསེང་དང་མཆུ་སྣེ་ལ་ཐོན། ཤ་པགས་ཙུང་འཇམ་པོ་ཡིན་ཞིང་། རྒྱབ་དང་རྐང་ལག་གི་རྒྱབ་ངོས་ཕོ་ནར་པགས་པ་དང་འཛེར་རིལ་ཡོད། ཕོ་རིགས་ཀྱི་མགྲིན་པར་སྒྲ་སྒྲོད་ཡོད། རྒྱུད་སྤེལ་དུས་མཛུབ་མོ་དང་པོ་དང་གཉིས་པར་རྨང་ནག་ཞིབ་མོའི་གཉེན་སྒྲིག་གི་ཚེར་མ་ཡོད། རང་བྱུང་གི་རྣམ་པའི་འོག་ཏུ། རྒྱབ་ངོས་སུ་ཁ་དོག་ཁམ་སེར་དང་ཁམ་མདོག་ཡོད་ལ། དཔྲལ་བའི་ངོས་ལ་རྫ་མདོག་གི་གཞུང་རིས་ཡོད། མིག་གཉིས་ཀྱི་བར་ན་རྩེ་གཅིག་གི་ཕྱོགས་སུ་ཕྱོགས་པའི་རྫ་མདོག་གི་ཟུར་གསུམ་དབྱིབས་ཀྱི་ཁྲ་ཐིག་ཡོད་ལ། ལུས་པོའི་རྒྱབ་ངོས་དང་རྐང་ལག་ལ་སྐྱ་ཕྲ་ཅན་གྱི་ཐིག་རིས་ཡོད། མིག་གཉིས་ཀྱི་བར་ན་རྩེ་གཅིག་ཡོད་ཅིང་རྒྱབ་ཏུ་ཕྱོགས་པའི་རྫ་མདོག་གི་ཟུར་གསུམ་

དབྱིབས་ཀྱི་ཁྲ་ཐིག་ཡོད། མགོའི་ངོས་ཀྱི་ཁ་དོག་ཟབ་ལ་ཡ་མཆུའི་སྟེང་གི་ཁ་དོག་ནག་པོ3—4ཡིན། རྣ་ལྐན་གཉེར་མ་ནི་མདོག་སེར་དཀར་ཐིག་ཕྲ་ཅན་དང་། དེའི་འོག་ཏུ་ཁ་དོག་ཁམ་སེར་ཅན་གྱི་རི་མོ་ཡོད། རྐང་ལག་ལ་ སྤུ་རྗེས་སུ་ནག་ཐིག་ཆེ་བ་དང་། ཡན་ལག་གི་རྒྱབ་ངོས་སུ་རབ་རིབ་ཀྱི་འཕྲེད་རིས་ཡོད། གྲོ་བའི་མདུན་དང་མདུན་གྱི་བྲང་ཁ་ཡི་མདོག་སྨུག་པོར་འགྱུར་ལ། གསུམ་པའི་བར་དང་གསུམ་པའི་བར་གྱི་མདོག་ནི་སེར་པོ་ཡིན། བྲང་དང་གསུམ་པའི་སྟེང་གི་མདོག་སྐྱ་བོ་དང་སྨུག་པོ་ཡིན། རྐང་ལག་གི་ངོས་སེར་པོ་ཡིན་ལ་དེའི་ནང་དུ་ཅུང་ཐལ་མདོག་ལྡན། ལག་མཐིལ་དང་གསུམ་ངོས་ཀྱི་མདོག་ནི་སྨུག་པོ་ཡིན། མིག་གི་འབྲས་འཕྲེད་དུ་ཡོད་པ་དང་། འཇའ་སྐྱིའི་ཁ་དོག་སེར་སྐྱ་ཡིན།

སྐྱེ་ཁམས་གོམས་གཤིས། སྦལ་བ་འདིའི་རིགས་མཚོ་ངོས་ལས་མཐོ་ཚད་སྨི600—1400བར་གྱི་ཚ་ཁུལ་ས་ཆའི་ཆར་ནགས་ས་ཁུལ་དུ་འཚོ་སྡོད་བྱེད་པ་དང་། སྤྱིར་བཏང་དུ་རྩེ་ཤིང་ཅུང་ལེགས་པའི་ཆུ་ཐྲན་དང་རྫབ་ཆུ་སོགས་སུ་འཚོ་སྡོད་བྱེད། ཉིན་མོ་མང་ཆེ་བ་བྲག་རྫོའི་གསེང་ངམ་ལོ་མའི་ཕུང་པོར་སྦས་ནས་འདུག་པ་དང་མཚན་མོར་བྲག་རྫོའི་སྟེང་དུ་སྡོད་པ་དང་ཡང་ན་སྡོང་ཐུང་གི་ལོ་མའི་ཐོག་ཏུ་བསྡད་ནས“ཀཱ་དང་། ཀཱ་ཀཱ”ཞེས་པའི་སྒྲ་སྒྲོག་བཞིན་གནས། སྒྲ་དེད་ནས་འཚོལ་བས་ན་རྒྱུན་དུ་སྦལ་ནག2མཉམ་དུ་སྡོད་པ་མཐོང་ཐུབ། འགྲུལ་སྐྱོད་བདེ་ལྷག་འཁྱུག་པོ་ཡིན། མིག་སྔར་སྐྱེ་འཕེལ་གོམས་གཤིས་ཅི་ཡིན་མི་ཤེས། ཟླ 7—10པའི་བར་དུ་རྫབ་ཆུ་རུ་ཡོད་པའི་ཆུ་དང་ཆུ་ཐྲན་གྱི་ཕྱིར་ལོག་པའི་ཆུ་དོང་ནང་དུ་སྦོང་མོ་མཐོང་ཐུབ།

ས་ཁམས་ཁྱབ་ཚུལ། མདོ་དབུས་མཐོ་སྒང་དུ་དམིགས་བསལ་དུ་ཡོད་པའི་དངོས་རིགས་ཡིན། ཁྱབ་ཁྱོན་ག་དོག་ཅིང་། མིག་སྔར་བོད་ལྗོངས་ཀྱི་མེ་ཏོག་རྫོང་ཁོ་ནར་ཁྱབ་ཡོད་པ་རེད།

ཉེན་བཅར་རིམ་པ། ཉེན་ཁ་ཆེ་བའི་རིགས་ཡིན། (EN)

སྲུང་སྐྱོབ་རིམ་པ། གནས་སྐབས་སུ་རྒྱལ་ཁབ་གཙོ་གནད་སྲུང་སྐྱོབ་བྱ་རྒྱུའི་བྱེས་སྐྱེས་སྲོག་ཆགས་ཀྱི་མིང་ཐོའི་ནང་ལ་བཀོད་མེད།

蟾蜍科 Bufonidae　蟾蜍属 *Bufo*

34. 中华蟾蜍 *Bufo gargarizans* Cantor, 1842

形态特征：体形肥大，成年个体全长可达 10 厘米以上，雌性体形较雄性略大。前肢粗壮，前臂及手长不及体长之半；后肢较短，贴体前伸时达肩部；皮肤极粗糙，整个身体和四肢布满大小不一的瘰粒；雄性无声囊，繁殖期内侧 3 指具棕黑色婚刺。自然状态下色斑变异颇大，不同地区、季节、性别间均存在明显差异。一般情况下，体背多呈黄褐色、棕黄色或橄榄褐色，头侧、肩部、体侧和四肢前后多具不规则灰白色或黄白色斑，并杂以黑色或砖红色斑；有的个体自眼后沿耳后腺下方至胯部具 1 条黑色线纹；还有个体自额部至肛上方具 1 条灰白色或黄白色脊纹。

生态习性：该物种栖息于青藏高原 2400—4300 米的高原草地、农田、水坑及草丛等潮湿环境中。白天常隐匿于耕地边的石块下、草丛中或土洞内，黄昏后爬至路旁或田野中觅食。该物种较笨拙，行动迟缓，不善游泳及跳跃，常匍匐爬行。不同地区繁殖时间差异较大。繁殖期雄性抱握雌性腋胸部，若有其他雄性来抢抱雌性，已抱合的雄性会用后肢将其他靠近的雄性蹬开。产卵时，雌性常驮负雄性在池塘或水坑内水草间爬行，卵带多缠绕于水草上，直至产卵完毕后雌雄个体方分离。蝌蚪孵化后多大量集群于水塘边，以水中浮游生物及腐烂的动植物碎屑为食。秋、冬季陆续进入冬眠期，成年个体多潜藏于土穴或水底落叶及淤泥中，冬眠期间停止进食。

地理分布：青藏高原东部多地均有记录，如西藏东部、四川西部、云南西北部及青海南部。此外，国内大部分省区市亦有分布；国外分布于日本。该物种分布范围广，且不同地区种群存在明显形态差异，具体的分布范围及各物种间的关系仍有待深入研究。

濒危等级：无危（LC）

保护等级：暂未列入国家重点保护野生动物名录。

སྦལ་ནག་གི་ཚན་པ། Bufonidae སྦལ་ནག་གི་ཁོངས། *Bufo*

34. ཀྲུང་ཧྭའི་སྦལ་ཆེན། *Bufo gargarizans* Cantor, 1842

གཟུགས་དབྱིབས་ཁྱད་ཆོས། གཟུགས་དབྱིབས་རྒྱགས་ཤིང་ཆེ་བ་དང་ན་ར་སོན་ཚེ་སྤྱིའི་རིང་ཚད་ལ་ལི་སྨི10ཡན་ཡོད། མོའི་གཟུགས་དབྱིབས་ནི་ཕོ་རིགས་ལས་ཅུང་ཆེ་བ་དང་། ལག་ངར་དང་ལག་པ་གཉིས་ཀྱི་རིང་ཚད་ནི་ལུས་པོའི་རིང་ཚད་ཀྱི་ཕྱེད་ཀ་ཙམ་ལས་མེད། རྐང་ལག་ཅུང་ཐུང་ལ་འབྱར་གཟུགས་མདུན་ཕྱོགས་སུ་བརྐྱངས་ཚེ་ཐྲག་པར་སླེབས་པ་དང་། པགས་པ་རྩུབ་ཅིང་ལུས་པོ་ཡོངས་དང་རྐང་ལག་ལ་ཆེ་ཆུང་མི་འདྲ་བའི་རྨ་འབྲུམ་གྱིས་ཁེངས་ཡོད། ཕོ་རིགས་ལ་སྒྲ་སྣོད་མེད་པ་དང་། སྐྱེ་འཕེལ་དུས་ཀྱི་ནང་གཞོགས་ཀྱི་མཛུབ་སོར་གསུམ་ལ་མདོག་ནག་པོ་གཉེན་སྒྲིག་གི་ཚེར་མ་ཡོད། རང་བྱུང་རྣམ་པའི་འོག་ཏུ་མདོག་ཁྲ་གཞན་འགྱུར་ཅུང་ཆེ་ཞིང་། ས་ཁུལ་མི་འདྲ་བ་དང་དུས་ཚིགས་མི་འདྲ་བའི་ཕོ་མོའི་བར་དུ་ཁྱད་པར་མངོན་གསལ་ཡོད། སྤྱིར་བཏང་དུ་ལུས་པོའི་རྒྱབ་ངོས་ཀྱི་མདོག་ཁམ་ཁམ་དང་། ཁམ་སེར། སྨུག་པོ་བཅས་ཡིན། མགོ་ངོས་དང་ཐྲག་པ། གཟུགས་གཞོགས་ རྐང་ལག་བཅས་ལ་ངེས་མེད་ཀྱི་མདོག་དང་དཀར་རྐྱང་གི་ཁྲ་ཐིག་ཡོད་པར་མ་ཟད། ནག་པོའམ་སོ་ཕག་གི་ཁྲ་ཐིག་འདྲེས་ཡོད། དངོས་པོའི་བྱེ་བྲག་ལ་ལ་ཞིག་གི་མིག་གི་རྒྱབ་ནས་རྣ་རྒྱབ་

ཀྱི་གཤེར་རྫིན་གྱི་འོག་ནས་དབྱི་མགོར་ཐིག་ནག་པོ་གཅིག་ཡོད་པ་དང་། དེ་མིན་རང་གི་དཔྲལ་གནས་ནས་གཞང་གི་སྟེང་དུ་དཀར་སྐྱ་དང་སེར་དཀར་གྱི་སྐལ་རིས་ཤིག་ཡོད།

སྐྱེ་ཁམས་གོམས་གཤིས། སྦལ་བ་འདིའི་རིགས་གཙོ་བོ་མཚོ་ངོས་ལས་མཐོ་ཚད་སྨི2400—4300བར་གྱི་ས་མཐོའི་རྫ་ཐང་དང་ཞིང་ཁ། ཆུ་ཤུར། རྩྭ་གསེབ་སོགས་བརླན་གཤེར་ཆེ་བའི་ཁོར་ཡུག་ཏུ་འཚོ་སྡོད་བྱེད་ཅིང་། ཉིན་མོར་རྒྱུན་དུ་རྫི་ཞིང་འགྲམ་གྱི་རྡོ་དང་རྩྭ་གསེབ་དང་ཡང་ན་ས་དོང་ནང་དུ་སྦས་ནས་ས་སྦྱོད་ཀྱི་རྗེས་སུ་ལམ་འགྲམ་དང་ཞིང་ནང་དུ་ཟ་མ་འཚོལ་བཞིན་ཡོད། དེའི་རིགས་ནི་སྙིན་རྟགས་ཆེ་བ་དང་། འགུལ་སྐྱོད་དལ་བ། ཆུ་ལ་རྐྱལ་མི་མཁས་པ། རྒྱུན་དུ་གོག་བགྲོད་བྱས་ནས་འགྲོ་བ་ཡིན། ས་ཁུལ་མི་འདྲ་བར་སྐྱེ་འཕེལ་དུས་ཚོད་ལ་ཁྱད་པར་ཅུང་ཆེ། སྐྱེ་འཕེལ་དུས་སུ་ཕོ་རིགས་ཀྱིས་མོའི་མཆན་འོག་ནས་འཛིན་ཞིང་། གལ་ཏེ་ཕོ་རིགས་གཞན་པས་མོ་པང་དུ་བཟུང་ན། སྔར་ཟིན་པའི་ཕོ་རིགས་ཀྱིས་སུག་པ་རྗེས་མའི་ཉེ་སའི་ཕོ་རིགས་ཀྱིས་འདེགས་ངེས་ཡིན། སྒོ་ང་གཏོང་སྐབས། མོ་ཡིས་རྒྱུན་པར་ཕོ་རིགས་རྗེང་བུ་དང་ཆུའི་ནང་གི་རྩྭ་ཆུ་གཉིས་ཀར་བཀལ་ནས་འགྲོ་དགོས་པ་དང་། སྒོ་ང་མང་ཆེ་བ་རྩྭ་ཆུ་ལ་དཀྲིས་ནས་སྒོ་ང་བཏང་རྗེས་ཕོ་མོ་སོ་སོར་འགྲོ་དགོས། སྦོང་མོ་སྒོ་ང་ཅུམ་པའི་རྗེས་སུ་མང་ཆེ་བ་ཆུ་རྫིང་གི་འགྲམ་དུ་འདུས་ལ། ཆུའི་ནང་དུ་གཡེང་བའི་སྐྱེ་དངོས་དང་ཅུལ་བའི་སྲོག་ཆགས་དང་རྩི་ཤིང་གི་ཆག་གྲུམ་ནི་ཟས་ཡིན། སྟོན་དུས་དང་དགུན་དུས་སུ་གཅིག་རྗེས་གཉིས་མཐུད་དང་དགུན་ཉལ་རྒྱག་པའི་དུས་སུ་སླེབས་ཤིང་། ནར་སོན་པའི་སྦལ་བ་མང་ཆེ་བ་ས་དོང་ངམ་ཆུ་ཞབས་སུ་ལོ་ལྗང་དང་འདམ་དུ་སྦས་ཡོད་པས་དགུན་ཉལ་རྒྱག་པའི་དུས་སུ་སླེབས་ཡོད།

ས་ཁམས་ཁྱབ་ཚུལ། མདོ་དབུས་མཐོ་སྒང་གི་ཤར་རྒྱུད་ཀྱི་ས་ཆ་མང་པོར་ཟིན་ཐོ་བཀོད་ཡོད་པ་དཔེར་ན། བོད་ལྗོངས་ཀྱི་ཤར་རྒྱུད་དང་། སི་ཁྲོན་གྱི་ནུབ་རྒྱུད། ཡུན་ནན་གྱི་ནུབ་བྱང་རྒྱུད། མཚོ་སྔོན་གྱི་ལྷོ་རྒྱུད་བཅས་ཡིན། གཞན་ཡང་རྒྱལ་ནང་གི་ཞིང་ཆེན་དང་རང་སྐྱོང་ལྗོངས་གྲོང་ཁྱེར་མང་ཆེ་བར་ཡང་ཁྱབ་ཡོད་པ་དང་། ཕྱི་རྒྱལ་གྱི་འཛར་པན་དུ་ཁྱབ་ཡོད། སྦལ་རིགས་དེ་ཁྱབ་ཁྱོན་ཆེ་བར་མ་ཟད། ས་ཁུལ་མི་འདྲ་བར་མངོན་གསལ་དོད་པའི་ཁྱད་པར་ཡོད་པ་དང་ཞིབ་ཕྲའི་ཁྱབ་ཁྱོན་དང་སྐྱེ་དངོས་རིགས་ཁག་དབར་གྱི་འབྲེལ་བར་ད་དུང་ཞིབ་འཇུག་གཏིང་ཟབ་བྱེད་དགོས་ཀྱི་ཡོད།

ཉེན་བཅར་རིམ་པ། ཉེན་ཁ་མེད་པ། (LC)

སྲུང་སྐྱོབ་རིམ་པ། གནས་སྐབས་སུ་རྒྱལ་ཁབ་གཙོ་གནད་སྲུང་སྐྱོབ་བྱ་རྒྱུའི་བྱེས་སྐྱེས་སྲོག་ཆགས་ཀྱི་མིང་ཐོའི་ནང་ལ་བཀོད་མེད།

35. 札达蟾蜍 *Bufotes pseudoraddei* (Mertens, 1971)

形态特征：体形中等，成年个体全长约 5—7 厘米。身形臃肿；头小，头宽大于头长；吻端钝圆，突出于下颌；前肢粗壮，前臂及手长不及体长之半；后肢较短，贴体前伸时胫跗关节达肩部或肩后；皮肤粗糙，头后及体背面满布大小不一的瘰疣，其上密布小白刺，四肢背面较光滑，指、趾背面具细密的白色疣粒；雄性具单咽下内声囊，繁殖期内侧 3 指及内掌突上具黑色婚垫。自然状态下，通体背面呈乳黄色，体背正中具 1 条不甚明显的白色线纹，线纹两侧近似对称地分布有深墨绿色斑，雄性背面斑块较细碎，雌性背面斑块较大且规则；腹面多呈乳白色。

生态习性：该物种栖息于西藏阿里地区海拔 3000 米左右的山区沼泽地或水塘附近，多见于河边多碎石的潮湿草丛中。适应能力极强，在干旱地区及半咸水环境亦可生存。白天常隐藏于石下，仅偶尔出没；夜间活动频繁。被捕捉时皮肤会分泌具特殊气味的分泌物。繁殖习性尚不清楚，7月可在水坑中发现大量处于各发育时期的蝌蚪；9月不见蝌蚪，但可在水坑附近的石块下发现较多变态不久的幼体。

地理分布：分布于青藏高原西缘，国内仅记录于西藏札达县；国外分布于巴基斯坦。

濒危等级：数据缺乏（DD）

保护等级：暂未列入国家重点保护野生动物名录。

སྦལ་ནག་གི་ཚན་པ། Bufonidae རྗེ་ཐང་སྦལ་ནག་ཁོངས། *Bufotes*

35. རྒྱ་མདའ་སྦལ་ཆེན། *Bufotes pseudoraddei* (Mertens, 1971)

གཟུགས་དབྱིབས་ཁྱད་ཆོས། གཟུགས་དབྱིབས་འབྲིང་ཙམ་ཡིན། ནར་སོན་པའི་ཚེ་སྤྱིའི་རིང་ཚད་ལ་ཕལ་ཆེར་ལི་སྨི5—7ཡོད། གཟུགས་པོ་སྦོམ་ཞིང་ཆེ་བ་དང་། མགོ་ཆུང་ལ་མགོ་ཡི་ཞེང་ཚད་ནི་རིང་ཚད་ལས་ཆེ། མཆུ་སྣེ་ནི་རྟུལ་དབྱིབས་ཡིན་ལ། མ་ནེ་འབུར་དུ་ཐོན་ཡོད། ལག་ངར་དང་ལག་པ་གཉིས་ཀྱི་རིང་ཚད་ནི་ལུས་པོའི་རིང་ཚད་ཀྱི་ཕྱེད་ཀ་ཙམ་ལས་མེད། རྐང་ལག་རྩུང་ཐུང་ལ་སྦྱར་གཟུགས་མདུན་དུ་བརྐྱང་དུས་རྗེ་ངར་ཆེ་བའི་ཚིགས་དེ་ཕྲག་པའམ་ཕྲག་པའི་རྒྱབ་ཏུ་སླེབས་ཡོད། པགས་པ་རྩུབ་ཅིང་། མགོ་དང་ལུས་པོའི་རྒྱབ་ངོས་སུ་རྨ་འབྲུམ་ཆེ་ཆུང་མི་འདྲ་བ་མང་པོ་ཡོད་ཅིང་། དེའི་སྟེང་འཛེར་དཀར་གྱིས་གཙོགས་ཡོད་ལ། རྐང་ལག་གི་རྒྱབ་ངོས་རྩུང་འཇམ་པོ་ཞིག་ཡིན། ཕོ་རིགས་ཀྱི་མགྲིན་པའི་ནང་སྒྲ་སྒོད་ཡོད་པ་དང་། སྐྱེ་འཕེལ་དུས་ཀྱི་ནང་ངོས་ཀྱི་སོར་གསུམ་དང་ནང་འབུར་སྟེང་ནག་པོ་གཉེན་སྒྲིག་གི་གདན་ཡོད། རང་བྱུང་རྣམ་པའི་འོག་ཏུ། ལུས་ཡོངས་ཀྱི་རྒྱབ་ངོས་ནི་སེར་དཀར་ཡིན་པ་དང་། ལུས་པོའི་རྒྱབ་ངོས་ཀྱི་དཀྱིལ་དུ་མིག་ལ་མི་གསལ་བའི་ཐིག་རིས་དཀར་པོ་ཞིག་ཡོད་ལ། ཐིག་རིས་ཀྱི་གཡོན་གཡས་གཉིས་སུ་ཕལ་ཆེར་འཁྲིག་པའི་སྒོ

ནས་གཉིང་ངོས་ཀྱི་མདོག་ལྷང་གུའི་ཁྲ་ཐིག་ཡོད་ཅིང་། ཕོ་རིགས་ཀྱི་རྒྱབ་ངོས་ཀྱི་ཁྲ་ཇོག་ནི་ཅུང་ཞིབ་ཅིང་ཉིག་མོ་ཡིན་ལ། མོའི་རྒྱབ་ངོས་ཀྱི་ཁྲ་ཇོག་ཅུང་ཆེ་ལ་སྦྲིག་སྟོལ་ཡང་ཡོད། གསུས་ངོས་མང་ཆེ་བ་དཀར་པོར་གྱུར་འདུག

སྐྱེ་ཁམས་གོམས་གཤིས། སྤྲལ་བ་འདིའི་རིགས་གཙོ་བོ་བོད་ལྗོངས་མངའ་རིས་ས་ཁུལ་གྱི་མཚོ་ངོས་ལས་མཐོ་ཚད་སྨི3000ཙམ་ཡོད་པའི་རི་ཁུལ་གྱི་འདམ་རའམ་ཡང་ན་ཆུ་རྫིང་གི་ཉེ་འགྲམ་དུ་འཚོ་སྡོད་བྱེད་པ་དང་། མང་ཆེ་བ་གཙང་འགྲམ་གྱི་རྡོའི་བརླན་གཤེར་ཆེ་བའི་རྩ་གསེབ་ཏུ་འཚོ་སྡོད་བྱེད། འཚམ་པར་བྱེད་པའི་ནུས་པ་ཤིན་ཏུ་ཆེ་ཞིང་། ཐན་པ་ཆེ་བའི་ས་ཁུལ་དང་ཚ་ཕྱིད་ཙམ་གྱི་ཆུའི་ཁོར་ཡུག་ཏུ་འཚོ་ཐུབ། ཉིན་དཀར་རྡོ་ཡི་འོག་ཏུ་སྦས་ཤིང་མཚམས་རེར་ཕར་འགྲོ་ཚུར་འོང་བྱེད། མཚན་མོར་འགུལ་སྐྱོད་མང་། ལག་པས་འཛིན་སྐབས་པགས་པ་ལས་དམིགས་བསལ་གྱི་དྲི་མ་ཡོད་པའི་ཟགས་ཐོན་དངོས་རྫས་ཕྱི་རུ་བཏོན། སྐྱེ་འཕེལ་གོམས་གཤིས་གསལ་པོ་མ་ཤེས། ཟླ7པར་ཆུ་དོང་ནང་ནས་སྐྱེ་འཚར་དུས་སྐབས་སོ་སོའི་སྦྱང་མོ་མང་པོ་རྙེད་ཐུབ། ཟླ9བའི་ནང་སྦྱང་མོ་མི་མཐོང་མོད། འོན་ཀྱང་ཆུ་དོང་ཉེ་འགྲམ་གྱི་རྡོའི་འོག་ནས་དབྱིབས་འགྱུར་མང་ཞིང་བཙས་ནས་ཅང་མ་འགོར་བའི་སྦྲུ་གུ་མཐོང་ཐུབ།

ས་ཁམས་ཁྱབ་ཚུལ། མདོ་དབུས་མཐོ་སྒང་གི་ནུབ་མཐའ་རུ་ཁྱབ་ཅིང་། རྒྱལ་ནང་གི་བོད་ལྗོངས་རྩ་མདའ་རྫོང་ཁོ་ན་ལས་ཟིན་ཐོར་བཀོད་མེད། ཕྱི་རྒྱལ་གྱི་པ་ཀི་སི་ཐན་དུ་ཁྱབ་ཡོད།

ཉེན་བཅར་རིམ་པ། གཞི་གྲངས་ཞུང་བ། (DD)

སྲུང་སྐྱོབ་རིམ་པ། གནས་སྐབས་སུ་རྒྱལ་ཁབ་གཙོ་གནད་སྲུང་སྐྱོབ་བྱ་རྒྱུའི་བྱེས་སྐྱེས་སྲོག་ཆགས་ཀྱི་མིང་ཐོའི་ནང་ལ་བཀོད་མེད།

蟾蜍科 Bufonidae　头棱蟾属 *Duttaphrynus*

36. 喜山蟾蜍 *Duttaphrynus himalayanus* (Günther, 1864)

形态特征：体形较大，成年个体全长可达 10 厘米左右。头顶略凹陷；头部骨质棱明显，自吻端延伸至眼后角和耳后腺前缘处，并与耳后腺相接；头宽大于头长；雄性鼓膜呈椭圆形，较小且清晰，雌性鼓膜不清晰；前肢较粗壮，前臂及手长约为体长之半；后肢粗短，贴体前伸时胫跗关节达肩部；皮肤粗糙，背面满布大小不一的瘰粒，尤以背中线两旁、体侧及胫部的瘰粒较大；上眼睑和头侧具密集的疣粒；耳后腺发达，隆起较高，紧接眼后，可一直延伸至肩部后方。整个腹面均布满疣粒；雌性皮肤较雄性更粗糙，瘰粒更加密集，其上多具黑色角质刺。雄性无声囊，繁殖期内侧 3 指及内掌突具黑色婚刺；自然状态下，体背多呈土黄色、黄褐色或棕褐色，一般无斑或散布绛红色或棕色碎斑，部分瘰粒或疣粒颜色比体色略深；腹部多为浅灰黄色，具灰色或棕色碎斑。

生态习性：该物种主要栖息于海拔 1680—2800 米的山区。白天多躲藏于泉水边的石块下或较潮湿的草丛中，夜间活动频繁。不善跳跃，多爬行，以各种昆虫等无脊椎动物为食。每年 4—6 月为其繁殖期，繁殖抱对时，雄蛙抱握雌蛙腋胸部。多选择水坑、水塘等静水水域作为产卵场所，甚至路边由降雨形成的临时水洼亦可见繁殖个体。产出的卵袋呈念珠状。

地理分布：分布于青藏高原南缘，如西藏吉隆县及聂拉木县；国外分布于巴基斯坦、尼泊尔、印度及不丹。

濒危等级：无危（LC）

保护等级：暂未列入国家重点保护野生动物名录。

སྦལ་ནག་གི་ཚན་པ། Bufonidae མགོ་ཟུར་སྦལ་པའི་ཁོངས། *Duttaphrynus*

36. ཞི་ཧྲན་སྦལ་ཆེན། *Duttaphrynus himalayanus* (Günther, 1864)

གཟུགས་དབྱིབས་ཁྱད་ཆོས། གཟུགས་དབྱིབས་ཅུང་ཆེ་ཞིང་ནར་སོན་ཚེ་སྤྱིའི་རིང་ཚད་ལ་ལི་སྨི10ཡས་མས་ཡོད། མགོ་ཀླད་ཅུང་ནང་དུ་བརྡིབས་ཡོད། མགོ་ཉུས་ཀྱི་རྣམ་པ་མངོན་གསལ་ཡིན་པ་དང་། དེ་ནི་མཆུ་ཧྲོའི་སྣེ་ནས་མིག་གི་རྒྱབ་ཟུར་དང་རྣ་རྒྱབ་གཤེར་རྨེན་གྱི་མདུན་ཕྱོགས་སུ་བསྲིངས་ནས་རྣ་རྒྱབ་ཀྱི་གཤེར་རྨེན་དང་ཕན་ཚུན་འབྲེལ་ཡོད། མགོ་ཞེང་ནི་མགོ་ཡི་རིང་ཚད་ལས་ཆེ། ཕོ་རིགས་ཀྱི་ཛ་སྐྱི་འཛོང་དབྱིབས་ཡིན་པ་དང་། ཅུང་ཆུང་ལ་དྭངས་གསལ་ཡིན། མོ་རིགས་ཀྱི་ཛ་སྐྱི་མི་གསལ་ལ། ལག་ངར་དང་ལག་པ་གཉིས་ཀྱི་རིང་ཚད་ནི་ལུས་པོའི་རིང་ཚད་ཀྱི་ཕྱེད་ཙམ་ཡིན། རྐང་ལག་སྦོམ་ཞིང་ཐུང་བ་དང་། སྦྲུར་གཟུགས་མདུན་དུ་བརྒྱུད་དུས་རྗེ་ངར་ཆེ་བའི་ཚོགས་དེ་ཐྲག་པར་སླེབས་ཡོད། པགས་པ་རྩུབ་ཅིང་རྒྱབ་ཏུ་རྨ་རིལ་མང་པོ་ཡོད་པ་དང་། ལྟག་པར་དུ་སྐལ་བའི་དཀྱིལ་གྱི་གཡས་གཡོན་དང་། ལུས་གཞོགས། རྗེ་ངར་ཆེ་བའི་ཁྱུལ་བཅས་ཀྱི་རྨ་འབྲུམ་ཅུང་ཆེ། མིག་སྐྱིབས་གོང་མ་དང་མགོའི་གཞོགས་སུ་ཚགས་དམ་པའི་འཛེར་ཏོག་ཡོད་པ་དང་། རྣ་རྒྱབ་ཀྱི་གཤེར་རྨེན་རྒྱས་ཤིང་འབུར་ཅུང་མཐོ་བ་དང་། མིག་ལ་སྦྲུར་རྗེས་ཐྲག་པའི་རྒྱབ་

ཕྱོགས་སུ་བསྒྲིངས་ཡོད། གསུམ་ངོས་རྒྱལ་པོར་འཛར་རིལ་གྱིས་ཁེངས་ཡོད། མོའི་ཤ་པགས་ནི་ཕོ་རིགས་ལས་རྩིང་ཞིང་རྩུབ་ལ། རྨ་འབྲུ་དེ་བས་མང་། དེའི་སྟེང་དུ་རྭ་ནག་གི་ཚེར་མ་ཡོད་པ་དང་། ཕོ་རིགས་ཀྱི་སྨྲ་སྣོད་མེད། རང་བྱུང་རྣམ་པའི་འོག་ཏུ། ལུས་ཀྱི་རྒྱབ་ངོས་མང་ཆེ་བའི་མདོག་སེར་པོ་དང་སྨུག་པོ་ཡིན་ལ། སྤྱིར་བཏང་དུ་ཁྲ་ཐིག་མེད་པ་དང་། དམར་པོའམ་སྨུག་པོའི་ཁྲ་ཐིག་བཀྲམ་ལ། རྨ་རྡོག་ཁ་ཤས་སམ་འཛར་རྡོག་གི་ཁ་དོག་ནི་གཟུགས་ཀྱི་ཁ་དོག་ལས་ཅུང་ཟབ། གསུམ་པའི་ངོས་མང་ཆེ་བའི་མདོག་སྐྱ་བོ་དང་། ཐལ་མདོག་དང་ཡང་ན་རྫ་མདོག་གི་ཁྲ་ཐིག་ཡོད།

སྐྱེ་ཁམས་གོམས་གཤིས། སྦལ་བ་འདིའི་རིགས་གཙོ་བོ་མཚོ་ངོས་ལས་མཐོ་ཚད་སྨི1680—2800བར་གྱི་རི་ཁུལ་དུ་འཚོ་སྡོད་བྱེད་ཅིང་། ཉིན་མོར་མང་ཆེ་བ་ཆུ་མིག་གི་འགྲམ་གྱི་རྡོ་དང་ཡང་ན་བརླན་གཤེར་ཆེ་བའི་རྩྭ་གསེབ་ཏུ་གབ་ནས་སྡོད་པ་དང་། མཚན་མོར་འགུལ་སྐྱོད་མང་པོ་བྱེད་པ་རེད། མཆོང་བར་མི་མཁས་ཤིང་། ནམ་རྒྱུན་གོག་བགྲོད་བྱེད། གཟན་ནི་འབུ་སྲིན་སོགས་སྐལ་ཚོགས་མེད་པའི་སྲོག་ཆགས་ཡིན། ལོ་རེའི་ཟླ4—6པའི་བར་ནི་དེའི་སྐྱེ་འཕེལ་གྱི་དུས་རིམ་ཡིན་པ་དང་། སྐྱེ་འཕེལ་དོ་མཉམ་པའི་སྐབས་སུ། ཕོ་སྦལ་གྱིས་མོ་སྦལ་གྱི་བྲང་འོག་ལ་ལག་འཛུ་བྱེད། ཆུ་དོང་དང་ཆུ་རྫིང་སོགས་འཁྱིལ་ཆུའི་ཆུ་ཁོངས་དེ་སྒོ་ང་གཏོང་ས་དང་། ཐ་ན་ལམ་འགྲམ་དུ་ཆར་ཆུ་ལས་གྲུབ་པའི་གནས་སྐབས་ཀྱི་ཆུ་གཤོང་ཡང་སྐྱེ་འཕེལ་གྱི་དངོས་པོའི་བྱེ་བྲག་ཅིག་ཡིན། གཏོང་པའི་སྒོ་ང་ནི་ཕྲེང་དབྱིབས་ཡིན།

ས་ཁམས་ཁྱབ་ཚུལ། མདོ་དབུས་མཐོ་སྒང་གི་ཕྱོ་རྒྱུད་དཔེར་ན། བོད་ལྗོངས་སྙིད་རོང་རྫོང་དང་སྙེ་མོ་རྫོང་ལྷ་བུ། ཕྱི་རྒྱལ་ནི་ཕ་ཁི་སི་ཐན་དང་བལ་པོ། རྒྱ་གར། འབྲུག་ཡུལ་བཅས་སུ་ཁྱབ་ཡོད།

ཉེན་བཅར་རིམ་པ། ཉེན་ཁ་མེད་པ། (LC)

སྲུང་སྐྱོབ་རིམ་པ། གནས་སྐབས་སུ་རྒྱལ་ཁབ་གཙོ་གནད་སྲུང་སྐྱོབ་བྱ་རྒྱུའི་བྱེས་སྐྱེས་སྲོག་ཆགས་ཀྱི་མིང་ཐོའི་ནང་ལ་བཀོད་མེད།

雨蛙科 Hylidae　雨蛙属 *Hyla*

37. 华西雨蛙 *Hyla annectans* (Jerdon, 1870)

形态特征：该物种下辖若干亚种，不同亚种间形态及色斑存在不同程度的差异。一般来讲，该物种体形较小，成年个体全长约 4 厘米；前、后肢发达，后肢前伸贴体时胫跗关节达眼部或鼓膜；指、趾端均具吸盘；皮肤光滑，上眼睑外侧、颞褶至肩部、体腹及四肢腹面多具疣粒；雄性具单咽下外声囊，繁殖期第一指具棕色婚垫；自然状态下，通体背面纯绿色，自鼻孔经上眼睑外侧至鼓膜上方具灰黄色线纹，在体前段该线纹镶以细黑线，到体侧中段逐渐转为乳白色宽线纹，并一直延续至胯部，该线纹下还具一浅褐色宽带纹；体侧及四肢内侧散布大小不一的黑色斑点或无；腹面多呈乳白色，通常无色斑。

生态习性：该物种栖息于海拔 2600 米以下的各种静水水域及其附近

的潮湿灌丛中。昼伏夜出，白天多匍匐于灌丛中的叶片上，较难发现。每年4—6月为其繁殖期，繁殖期间该蛙聚集出现，尤以降雨前后最为多见。该时期雄蛙常趴伏于叶片顶端发出洪亮的“哇、哇、哇”的鸣声，且通常为一蛙率先领叫几声，群蛙随即共鸣，稍受惊扰，立即停歇。繁殖抱对时，雄蛙抱握雌蛙腋胸部，雌蛙排完卵后通过跳跃摆脱雄蛙，此后各自分散活动。卵群多呈团状，十余粒至数十粒为一群，粘附于水内杂草枝叶上。

地理分布：分布范围广泛，青藏高原东南部多地均有分布，如云南贡山县、福贡县、德钦县、维西县、香格里拉市等，四川木里县、九龙县、宝兴县等；国内还分布于贵州、湖南、湖北、广西及重庆等省区；国外分布于印度、缅甸及越南等国。

濒危等级：无危（LC）

保护等级：暂未列入国家重点保护野生动物名录。

ཆར་སྦལ་གྱི་ཚན་པ། Hylidae ཆར་སྦལ་ཁོངས། *Hyla*

37. ཧྭ་ཞིའི་ཆར་སྦལ། *Hyla annectans* (Jerdon, 1870)

གཟུགས་དབྱིབས་ཁྱད་ཆོས། སྦལ་རིགས་འདིའི་ཁོངས་སུ་རིགས་རྒྱུད་གཉིས་པ་འགའ་ཡོད་པ་དང་། རིགས་རྒྱུད་གཉིས་པ་མི་འདྲ་བའི་བར་གྱི་རྣམ་པ་དང་མདོག་ཁྲ་ལ་ཚད་མི་འདྲ་བའི་ཁྱད་པར་ཡོད། སྤྱིར་བཤད་ན། འདིའི་གཟུགས་དབྱིབས་ཅུང་ཆུང་ཞིང་ནར་སོན་པའི་ཚེ་རིང་ཚད་ལ་ཕལ་ཆེར་ལི་སྨི4ཡོད། མདུན་དང་རྒྱབ་ཀྱི་ཡན་ལག་རྒྱས་པ་དང་། རྒྱབ་ཀྱི་སྲུག་པའི་མདུན་རྐྱོང་སྦྱར་གཟུགས་ཡོད་དུས་རྫེ་ངར་ཆེ་བའི་ཚིགས་མིག་ལ་འཁེལ་བའམ་ཡང་ན་ཛ་སྐྱི་ལ་སླེབས་པ་ཡིན། མཛུབ་མོ་དང་རྐང་སོར་ལ་འཛིབ་ཐེར་ཡོད། པགས་པ་འཇམ་པོ་ཞིག་ཡིན། མིག་ཕྱིབས་སྟོད་ཀྱི་ཕྱི་ངོས་དང་། རྣ་ལྷན་གྱི་ལྟེབ་ནས་ཕྲག་པའི་བར། ལུས་པོའི་ལྟོ་བ། རྐང་ལག་གི་གསུམ་ངོས་བཅས་ལ་འཛེར་རིལ་མང་པོ་ཡོད། ཕོ་རིགས་ཀྱི་མགྲིན་པ་ལ་སྒྲ་སྣོད་ཡོད། སྐྱེ་འཕེལ་དུས་ཀྱི་མཛུབ་མོ་དང་པོ་ལ་མདོག་ཁམ་ཁམ་གྱི་གཉེན་སྦྲིག་གི་གདན་ཡོད། རང་བྱུང་རྣམ་པའི་འོག་ཏུ། ལུས་ཡོངས་ཀྱི་རྒྱབ་ངོས་ནི་ལྗང་མདོག་ཡིན་ལ། སྣ་ཁུང་ནས་མིག་ཕྱིབས་གོང་མའི་ཕྱི་གཞོགས་ནས་ཛ་སྐྱིའི་སྟེང་དུ་མདོག་སྨུག་པོའི་ཐིག་རིས་ཡོད། ལུས་པོའི་གཞོགས་ངོས་དང་རྐང་ལག་གི་ནང་

གཞོགས་ནས་ཆེ་ཆུང་མི་འདྲ་བའི་ཁྲ་ཐིག་ནག་པོ་སྤེལ་བའམ་མེད་པ་དང་། གསུམ་པའི་ငོས་ལ་མདོག་དཀར་ཞིང་མདོག་མེད་ཁྲ་ཐིག་ཡོད།

སྐྱེ་ཁམས་གོམས་གཤིས། སྤྲལ་བ་འདིའི་རིགས་གཙོ་བོ་མཚོ་ངོས་ལས་མཐོ་ཚད་སྨི2600མན་གྱི་ཉིང་འཛགས་ཆུ་ཁོངས་དང་དེའི་ཉེ་འདབས་ཀྱི་བརྟན་ཞིང་གཤེར་ཆེ་བའི་སྔོང་ཐང་ནགས་ཚལ་དུ་འཚོ་སྡོད་བྱེད་པ་དང་། ཉིན་མོར་སྐུང་ཞིང་མཚན་མོ་ཕྱིར་ཉ་ཐོན། ཉིན་དཀར་སྔོང་ཐན་ཁྲོད་ཀྱི་ལོ་མའི་སྟེང་དུ་གོག་ནས་འདུག་པ་མཐོང་དཀའ། ལོ་རེའི་ཟླ4—6པའི་བར་ནི་དེའི་སྐྱེ་འཕེལ་གྱི་དུས་ཡིན་ཞིང་། དེའི་སྐབས་སུ་སྦལ་བ་མང་པོ་འདུས་ནས་འདུག་པ་དང་། ལྷག་པར་དུ་ཆར་ཆུ་འབབ་པའི་ཐང་གཞུག་ཏུ་མཐོང་རྒྱུ་མང་། དུས་སྐབས་འདིར་སྦལ་བ་ཕོ་དག་གིས་རྒྱུན་དུ་ལོ་འདབ་མའི་རྩེ་མོར་ཉལ་ནས“ཨ་ཨ་ཨ”ཞེས་སྐད་གསང་མཐོན་པོ་སྒྲོག་པར་མ་ཟད། རྒྱུན་དུ་སྦལ་བ་གཅིག་ལ་ཇོན་ལ་སྐད་འགའ་རྒྱག་པ་དང་། སྦལ་བ་མང་པོ་ཞིག་ལ་དེ་མ་ཐག་ཏུ་མཉམ་སྒྲོག་བྱེད་ཅིང་། འཇིགས་སྐྲག་ཆུང་ཙམ་བྱུང་མ་ཐག་མཚམས་འཇོག་གིན་ཡོད། རྒྱུད་པ་སྤེལ་ནས་པང་དུ་ལེན་སྐབས། ཕོ་སྦལ་ནི་མོ་སྦལ་གྱི་མཆན་ཁུང་ལ་འཇུས་ནས་སྒོ་ང་བཏང་རྗེས་མཚོང་ནས་མོ་སྦལ་དང་ཁ་ཐོར་ནས་འགྱུལ་སྐྱོད་བྱེད་པ་རེད། སྒོ་ང་མང་ཆེ་བ་ཚོགས་པའི་དབྱིབས་སུ་སྣང་བ་དང་། རིལ་བུ་བཅུ་བར་ནས་བཅུ་བར་ནི་ཁྱུ་གཅིག་ཡིན་ཞིང་། ཆུའི་ནང་གི་རྩྭ་ལྕུམ་དང་ཡལ་འདབ་ཐོག་ལ་འབྱར་ཡོད་པ་རེད།

ས་ཁམས་ཁྱབ་ཚུལ། མདོ་དབུས་མཐོ་སྒང་གི་ཤར་ལྷོའི་རྒྱུད་ཀྱི་ས་ཆ་མང་པོར་ཁྱབ་ཡོད་དེ་དཔེར་ན། ཡུན་ནན་གྱི་ཀུང་ཧྲན་རྫོང་དང་ཕུའུ་ཀུང་རྫོང་། བདེ་ཆེན་རྫོང་། འབའ་ལུང་རྫོང་། སེམས་ཀྱི་ཉི་ཟླ་གྲོང་ཁྱེར་སོགས་དང་། སི་ཁྲོན་གྱི་མུ་ལི་རྫོང་དང་བརྒྱད་ཟིལ་རྫོང་། པའོ་ཤིང་རྫོང་སོགས་དང་། རྒྱལ་ནང་གི་དུང་ཀུའེ་ཀྲོའུ་དང་། ཏུའུ་ནན། ཧུའུ་པེ། ཀོང་ཤིས། ཁྲུང་ཆིང་སོགས་ཞིང་ཆེན་དང་རང་སྐྱོང་ལྗོངས་སུ་ཁྱབ་ཡོད། ཕྱི་རྒྱལ་གྱི་ཧེན་ཏུ་དང་འབར་མ། ཡོ་ནན་སོགས་རྒྱལ་ཁབ་ཏུ་ཁྱབ་ཡོད།

ཉེན་བཅར་རིམ་པ། ཉེན་ཁ་མེད་པ། (LC)

སྲུང་སྐྱོབ་རིམ་པ། གནས་སྐབས་སུ་རྒྱལ་ཁབ་གཙོ་གནད་སྲུང་སྐྱོབ་བྱ་རྒྱུའི་བྱེས་སྐྱེས་སྲོག་ཆགས་ཀྱི་མིང་ཐོའི་ནང་ལ་བཀོད་མེད།

38. 大吉岭臭蛙 *Odorrana chloronota* (Günther, 1875)

形态特征：体形中大，成年雄性全长约 6 厘米，雌性全长约 9 厘米。头略扁平，头长大于头宽；四肢较粗壮；前臂及手长小于体长之半；后肢较长，贴体前伸时胫跗关节超过吻端；指、趾端均具吸盘，指端吸盘较大；皮肤光滑，背侧褶不明显；雄性具 1 对咽侧外声囊，繁殖期第一指基部具发达的灰白色婚垫；自然状态下，头和体背呈嫩绿色，具深棕色圆形斑点；头侧、体侧和四肢背面浅棕色；自吻端到胯部，背面与侧面颜色分界明显；四肢背面具深棕色横纹，前臂多为 2—4 条，股部、胫部各具 3—4 条；体侧近腹部和股前后具黄色云斑；腹面多呈乳白色。

生态习性：该物种栖息于湍急的溪流或瀑布附近，夜间常蹲坐于溪流边或瀑布下的大岩石或岩壁上。行动敏捷，受惊扰后迅速跳入水中或躲入水边的乱石堆中。繁殖期间，雄性发出尖锐的“唧、唧、唧”的单声鸣叫以吸引雌性交配和产卵。繁殖抱对时，雄蛙抱握雌蛙腋胸部。

之所以被称为“臭蛙”，是因为该类群物种受到外界刺激时，可通过皮肤表面的腺体分泌具有特殊辛辣气味的刺激性物质，若接触到眼睛或暴露伤口可产生刺痛感，对其他蛙类可致命。

地理分布：仅分布于青藏高原东南缘的低海拔地区，如西藏墨脱县；此外，国内还分布于云南；国外分布于印度、缅甸及泰国等国。

濒危等级：无危（LC）

保护等级：暂未列入国家重点保护野生动物名录。

38. རྡོ་རྗེ་གླིང་གི་དྲི་ངན་སྦལ་པ། *Odorrana chloronota* (Günther, 1875)

གཟུགས་དབྱིབས་ཁྱད་ཆོས། གཟུགས་དབྱིབས་ཆེ་ཞིང་ནར་སོན་པའི་ཕོ་རིགས་ཀྱི་སྤྱིའི་རིང་ཚད་ལ་ལི་སྨི6ཡོད་པ་དང་མོ་རིགས་ཀྱི་སྤྱིའི་རིང་ཚད་ལ་ལི་སྨི9ཡོད། མགོ་ལེབ་མོ་ཡིན་པ་དང་མགོ་ཞེང་ཆེ། རྐང་ལག་ཐུང་སྒོམ་ཞིང་རྒྱས་པ་དང་། ལག་ངར་དང་ལག་པ། རྐང་ལག་ཐུང་རིང་ལ་སྦྱར་གཟུགས་མདུན་དུ་བརྐྱང་དུས་རྗེ་ངར་ཆེ་བའི་ཉུས་ཚིགས་དེ་མཆུ་སྣེ་ལས་བརྒལ་ཡོད། མཇུབ་མོ་དང་རྐང་སོར་ལ་འཇིབ་སྐྱེར་ཡོད་ཅིང་། མཇུབ་སྣེའི་འཇིབ་སྐྱེར་ཐུང་ཆེ། པགས་པ་འཇམ་པོ་ཡིན་པ་དང་རྒྱབ་ལྷེབ་མངོན་གསལ་དོད་པོ་མེད། ཕོ་རིགས་ཀྱི་མགྲིན་པ་ལ་སྒྲ་སྒྲོད་ཆ་གཅིག་ཡོད་པ་དང་། སྐྱེ་འཕེལ་དུས་ཀྱི་མཇུབ་མོ་དང་པོ་ཡི་མདོག་དཀར་སྐྱ་ཡིན་པའི་མཚན་སྟེབས་ཡོད། སྤྱིར་བཏང་མགོ་དང་གཟུགས་ཀྱི་རྒྱབ་ངོས་ནི་ལྗང་ཁུ་ཡིན་ཞིང་། མགོ་དང་ལུས་གཞོགས། རྐང་ལག་གི་རྒྱབ་ངོས་སོགས་སྨུག་སྐྱ་ཡིན། མཆུ་ཏོའི་སྣེ་ནས་དབྱི་མགོ་བར་དང་རྒྱབ་ངོས་དང་གཞོགས་ངོས་ཀྱི་ཁ་དོག་གི་དབྱེ་མཚམས་མངོན་གསལ་ཡིན། རྐང་ལག་གི་རྒྱབ་ངོས་སུ་ཟ་སྨུག་གི་འཕྲེད་རིས་ཡོད་ཅིང་། ལག་ངར་མང་ཆེ་བར2—4ཡོད་པ་དང་། མ་རྐང་ཁག་དང་རྗེ་ངར་ཁག་སོ་སོར3—4

ཡོད། ལུས་པོའི་གཞོགས་ངོས་ཀྱི་གསུམ་གནས་དང་བརྙ་རྩར་ཉེ་བའི་སྤྲ་ཕྱིར་སྒྲིན་ཁྲ་སེར་པོ་ཡོད་ལ། གསུམ་ངོས་མང་ཆེ་བ་དཀར་པོར་གྱུར་འདུག

སྐྱེ་ཁམས་གོམས་གཤིས། སྤྲལ་བ་འདིའི་རིགས་གཙོ་བོ་དྲག་ཏུ་རྒྱུག་པའི་ཆུ་ཕྲན་དང་ཐབ་ཆུ་ཡི་ཉེ་འགྲམ་དུ་འཚོ་བ་དང་། མཚན་མོར་རྒྱུན་དུ་ཆུ་ཕྲན་གྱི་འགྲམ་དང་ཐབ་ཆུ་ཡི་འོག་ཏུ་ཡོད་པའི་བྲག་རྡོ་དང་བྲག་རྡོ་སོགས་ཀྱི་སྟེང་དུ་བསྡད་ཡོད། འགུལ་སྐྱོད་མྱུར་ཞིང་། སྐྲག་ན་མྱུར་དུ་ཆུ་ནང་དུ་ལྡིང་བའམ་ཆུའི་འགྲམ་གྱི་རྡོ་ཕུང་པོའི་ནང་དུ་སྦས་པ་ཡིན། རྒྱུད་སྤེལ་བའི་སྐབས་སུ། ཕོ་རིགས་ཀྱིས་སྐད་མཐོན་པོས“ཙོར་ཙོར་ཙོར”ཞེས་མོའི་རིགས་བཀུགས་ནས་སྡེབ་ཚིང་སྦྱོར་བ་དང་སྒོ་ང་གཏོང་། རིགས་རྒྱུད་སྤེལ་ནས་པང་དུ་ལེན་སྐབས། ཕོ་སྤྲལ་གྱིས་མོ་སྤྲལ་གྱི་བྲང་འོག་ཏུ་འཇུ་བར་བྱེད། “དྲི་ངན་ཅན་གྱི་སྤྲལ་བ”ཞེས་འབོད་པའི་རྒྱུ་མཚན་ནི་སྐྱེ་དངོས་འདིའི་རིགས་ལ་ཕྱི་རོལ་གྱི་ཕོག་ཐུག་ཐེབས་སྐབས། སྐྱེ་མོའི་ཕྱི་ངོས་ཀྱི་རྨེན་གཟུགས་ལས་དམིགས་བསལ་གྱི་ཁ་ཚ་བའི་དྲི་མ་ཅན་དང་ཟུག་གཟེར་ཅན་གྱི་དངོས་རྫས་ཟགས་ཐོན་བྱེད་ཐུབ། གལ་ཏེ་མིག་ལ་འཕྲད་པའམ་རྨ་ཁ་ཕྱིར་མངོན་ཆེ་ཟུག་ཚོར་འབྱུང་ཞིང་། སྤྲལ་བ་གཞན་དག་གི་སྲོག་ཀྱང་འཚོར་སྲིད།

ས་ཁམས་ཁྱབ་ཚུལ། མདོ་དབུས་མཐོ་སྒང་གི་ཤར་ལྡོའི་མཐའ་ཁོ་ནར་ཁྱབ་པའི་ས་བབ་དམའ་བའི་ས་ཁུལ་དཔེར་ན་བོད་ལྗོངས་ཀྱི་མེ་ཏོག་རྫོང་དང་། གཞན་ཡང་རྒྱལ་ནང་གི་ཡུན་ནན་དུ་ཁྱབ་པ་དང་། ཕྱི་རྒྱལ་གྱི་རྒྱ་གར་དང་འབར་མ། ཐེ་ལན་སོགས་རྒྱལ་ཁབ་ཏུ་ཁྱབ་ཡོད།

ཉེན་བཙར་རིམ་པ། ཉེན་ཁ་མེད་པ། (LC)

སྲུང་སྐྱོབ་རིམ་པ། གནས་སྐབས་སུ་རྒྱལ་ཁབ་གཙོ་གནད་སྲུང་སྐྱོབ་བྱ་རྒྱུའི་བྱེས་སྐྱེས་སྲོག་ཆགས་ཀྱི་མིང་ཐོའི་ནང་ལ་བཀོད་མེད།

39. 察隅湍蛙 *Amolops chayuensis* Sun, Luo, Sun, and Zhang, 2013

形态特征：体形中等，成年个体全长约5厘米。头略扁平，头长大于头宽；前、后肢均较长，前臂及手长大于体长之半；后肢贴体前伸时胫跗关节超过吻端；指、趾端均具吸盘；皮肤较光滑，背侧褶显著；雄性具1对咽侧外声囊，繁殖期第一指具发达婚垫。自然状态下，体背和四肢背面呈绿色或草绿色，背部具棕色圆斑或无，后肢背面具横纹，股部和胫部各具3—4条；背侧褶棕色；吻棱和颞褶下方具棕黑色纵纹；体侧上半部呈棕色，与背侧褶相接，下半部呈浅绿色和白色，并杂以棕黑色云斑；腹面呈乳白色，喉部和胸部略偏黄色，具棕色碎斑，胸部具类似“U”形的棕色斑，腹部几乎无斑；四肢腹面肉色。

生态习性：该物种栖息于海拔1300—2900米水流湍急的溪流中，周边多生有大量灌木和杂草。夜间活动，常匍匐于溪间光滑石块上或溪边灌丛的枝条上，受惊扰后，立即跳入水中并潜藏于水中石块的缝隙间。

湍蛙属物种是一类生活在湍急溪流附近的蛙类。为了适应水流湍急的环境，该类群指、趾末端均膨大成吸盘状，其蝌蚪亦在体腹面演化出了腹吸盘，以便能牢牢地吸附在水中岩石上而不被急流冲走。

地理分布：青藏高原特有物种。目前仅记录分布于西藏察隅县、八宿县及云南贡山县、福贡县。

濒危等级：数据缺乏（DD）

保护等级：暂未列入国家重点保护野生动物名录。

39. རྫ་ཡུལ་གྱི་འདར་སྲལ། *Amolops chayuensis* Sun, Luo, Sun, and Zhang, 2013

གཟུགས་དབྱིབས་ཁྱད་ཆོས། གཟུགས་དབྱིབས་འབྲིང་ཙམ་ཡིན་ཞིང་ནར་སོན་ཚེ་སྤྱིའི་རིང་ཚད་ལ་ཕལ་ཆེར་ལི་སྨི5ཡོད། མགོ་ལེབ་མོ་ཡིན་པ་དང་མགོ་ཞེང་ཆེ། ལག་ངར་དང་ལག་པ་གཉིས་ཀའི་རིང་ཚད་ནི་ལུས་པོའི་རིང་ཚད་ཀྱི་ཕྱེད་ཀ་ཙམ་ལས་མེད། སུག་པ་མདུན་རྐང་སྐབས་སུ་རྗེ་ངར་ཆེ་བའི་ཚིགས་དེ་མཆུ་སྣེ་ལས་བརྒལ། མཇུབ་མོ་དང་རྐང་སོར་ལ་འཇིབ་སྡེར་ཡོད། ཤ་པགས་ཅུང་འཇམ་པོ་ཡིན་པ་དང་། རྒྱབ་ལྟེབ་མངོན་གསལ་ཡིན། ཕོ་རིགས་ཀྱི་མགྲིན་པར་སྒྲ་སྣོད་ཆ་གཅིག་ཡོད་པ་དང་། སྐྱེ་འཕེལ་དུས་ཀྱི་མཇུབ་མོ་དང་པོ་རུ་མཚན་ལྤེབས་ཡོད། སྤྱིར་བཏང་ལུས་པོའི་རྒྱབ་ངོས་དང་རྐང་ལག་གི་རྒྱབ་ངོས་ནི་ལྗང་མདོག་གམ་སྔོ་ལྗང་ཡིན་ལ། རྒྱབ་ཏུ་ཁ་དོག་སྨུག་པོའི་ཁྲ་ཐིག་ཡོད་མེད་ཅི་རིགས་ཡོད། སུག་པའི་རྒྱབ་ངོས་སུ་འཕྲེད་རིས་ཡོད་པ་དང་། མ་རྐང་ཁག་དང་རྗེ་ངར་ཁག་སོ་སོར3—4རེ་ཡོད། རྒྱབ་ངོས་ཀྱི་གཉེར་མ་སྨུག་པོ་ཡིན། མཆུ་དང་རྣ་ལྐན་གྱི་གཉེར་མའི་འོག་ཏུ་ཁ་དོག་ནག་པོ་ཅན་གྱི་གཞུང་རིས་ཡོད། ལུས་པོའི་གཞོགས1གི་སྟོད་ཀྱི་ཕྱེད་ཀ་ནི་རྫ་མདོག་ཡིན་ཞིང་། རྒྱབ་གཞོགས་ཀྱི་ལྟེབ་རིས་དང་འབྲེལ་ཡོད། སྨད་ཁག་ནི་ལྗང་དཀར་དང་

དཀར་པོ་ཡིན་པར་མ་ཟད། སྨུག་སྨིན་གྱི་ཁྲ་ཐིག་ཡིན། གསུམ་པའི་ངོས་ནི་འོ་མའི་མདོག་ལྟར་དཀར་པོ་ཡིན་པ་དང་། གྲི་བའི་ཁག་དང་བྲང་ཁ་ཙུང་སེར་པོ་ཡིན་ལ། མདོག་སྨུག་པོའི་ཁྲ་ཐིག་ཡོད་པ། བྲང་ལ“U”དབྱིབས་ཀྱི་ཁམ་བུའི་ཁྲ་ཐིག་ཡོད། གསུམ་པར་ཕལ་ཆེར་ཁྲ་ཐིག་མེད། ཡན་ལག་བཞིའི་གསུམ་ངོས་ཤ་མདོག་ཡིན།

སྐྱེ་ཁམས་གོམས་གཤིས། སྦལ་བ་འདིའི་རིགས་གཙོ་བོ་མཚོ་ངོས་ལས་མཐོ་ཚད་སྨི1300—2900ཡི་ཆུ་རྒྱུན་དྲག་ཏུ་རྒྱུག་པའི་ཆུ་ཕྲན་དུ་འཚོ་ཞིང་། མཐའ་འཁོར་དུ་སྡོང་ཕྲན་དང་རྩ་ལྡུམ་མང་པོ་སྐྱེས་ཡོད། མཚན་མོར་འགྲུལ་སྐྱོད་བྱེད་པ་དང་། རྒྱུན་དུ་ཆུ་ཕྲན་ནང་གི་འཇམ་ཤ་དོད་པའི་རྡོ་དང་ཡང་ན་ཆུ་ཕྲན་འགྲམ་གྱི་སྡོང་ཕྲན་སྟེང་དུ་གོག་ནས་སྡོད། སྐྲག་ནས་དཀྲུགས་རྗེས་ལམ་སེང་ཆུའི་ནང་དུ་མཚོངས་ནས་ཆུའི་ནང་གི་རྡོ་ཡི་བར་གསེང་དུ་སྦས་ཡོད། སྦལ་བའི་རིགས་འདི་ནི་དྲག་ཏུ་རྒྱུག་པའི་ཆུ་ཕྲན་གྱི་ཉེ་འགྲམ་དུ་འཚོ་བའི་སྦལ་བའི་རིགས་ཡིན། ཆུ་ཡི་འབྲུགས་པའི་ཁོར་ཡུག་ལ་གོམས་པར་བྱེད་ཆེད། དེ་རིགས་ཀྱི་མཛུབ་མོ་དང་སྲིར་མའི་སྦུ་མོའི་ནང་དུ་འབུར་ནས་འཇིབ་འབྱར་སྲིར་མའི་དབྱིབས་སུ་གྱུབ་ཅིང་། ལྟོང་མོའང་གསུམ་ངོས་ནས་གསུམ་པའི་འཇིབ་སྲིར་དུ་རིམ་འགྱུར་བྱུང་བས། དེ་ནི་ཆུ་ནང་གི་བྲག་རྡོ་དང་དམ་པོར་འབྲེལ་ནས་ཆུ་མི་ཁྱེར་བའི་ཆེད་དུ་ཡིན།

ས་ཁམས་ཁྱབ་ཚུལ། མདོ་དབུས་མཐོ་སྒང་དུ་དམིགས་བསལ་དུ་ཡོད་པའི་དངོས་རིགས་ཡིན། མིག་སྔར་བོད་ལྗོངས་ཀྱི་རྫ་ཡུལ་རྫོང་དང་དཔའ་ཤོད་རྫོང་། ཡུན་ནན་གྱི་ཀུང་ཧྲན་རྫོང་། སྨུའུ་ཀུང་རྫོང་བཅས་ཁོ་ནར་ཁྱབ་ཡོད་པ་རེད།

ཉེན་བཅར་རིམ་པ། གཞི་གྲངས་ཞུང་བ། (DD)

སྲུང་སྐྱོབ་རིམ་པ། གནས་སྐབས་སུ་རྒྱལ་ཁབ་གཙོ་གནད་སྲུང་སྐྱོབ་བྱ་རྒྱུའི་བྱེས་སྐྱེས་སྲོག་ཆགས་ཀྱི་མིང་ཐོའི་ནང་ལ་བཀོད་མེད།

40. 高原林蛙 *Rana kukunoris* Nikolskii, 1918

形态特征：体形中等，成年个体全长约 5—6 厘米。头部扁平，头长略大于头宽；前肢较短，前臂及手长略小于体长之半；后肢细长，贴体前伸时胫跗关节达眼鼻间；皮肤较粗糙，头背光滑，仅具数枚较小的痣粒；体背及体侧散布大小不规则的圆疣或长疣；雄性具 1 对咽侧下内声囊，繁殖期第一指具 3 团婚垫，其上具灰白色细刺。自然状态下体色变异颇大。背面多呈棕灰色、棕黄色或棕红色，散布不规则棕黑色斑，并杂以肉色斑点；背侧褶颜色稍浅，呈棕黄色或棕红色；两眼间具黑色横纹或模糊的“八”字形斑；鼓膜部位具黑褐色三角形斑；四肢背面具棕黑色横纹；喉部乳白色，散布细小的橘红色斑；胸部和前腹部乳白色，具大面积橘红色斑，后腹部几乎全呈橘红色；四肢腹面为深橘红色。

生态习性：该物种主要栖息于海拔 2000—4200 米高原地区内的各种水域及潮湿环境中，尤以水塘、沼泽及湖泊等静水水域及附近的农田、草地及灌丛最为常见，一般不远离水源。昼伏夜出，白天常隐藏于水岸边的灌丛中、石块下或泥洞里，黄昏后外出活动。行动敏捷，受惊扰后立即跳窜入水中或躲藏于灌丛深处。繁殖期随所在地区及海拔差异而略有变化，通常为每年 3—5 月。繁殖期间，雄蛙率先进入繁殖场，黄昏后开始鸣叫，雌蛙循声陆续而至。繁殖抱对时，雄蛙抱握雌蛙腋胸部，产卵完毕后即分离。卵多产于静水域的浅水处或流水的缓流处，经 10 天左右可孵化出蝌蚪，6—7 月可见大量变态上岸的幼体。9 月下旬至 10 月初陆续进入冬眠期，翌年 3 月下旬前后出蛰。

地理分布：青藏高原特有物种。分布范围较广泛，青藏高原东缘诸省区，如西藏东部、青海东部、四川西北部及甘肃西部等地区均有记录。

濒危等级：无危（LC）

保护等级：暂未列入国家重点保护野生动物名录。

སྦལ་བའི་ཚན་པ། Ranidae སྦལ་བའི་ཁོངས། *Rana*

40. ས་མཐོའི་ནགས་སྦལ། *Rana kukunoris* Nikolskii, 1918

གཟུགས་དབྱིབས་ཁྱད་ཆོས། གཟུགས་དབྱིབས་འབྲིང་ཙམ་ཡིན་ཞིང་ནར་སོན་ཚེ་སྤྱིའི་རིང་ཚད་ལ་ལི་སྨི5—6ཡོད། མགོ་ནི་ལེབ་མོ་ཡིན་ལ་རིང་ཚད་ནི་མགོ་ཞེང་ལས་ཅུང་ཆེ། ལག་ངར་དང་ལག་པ་གཉིས་ཀྱི་རིང་ཐུང་ནི་ལུས་པོའི་རིང་ཚད་ལས་ཅུང་ཆུང་། སུག་པ་ཕྲ་ཞིང་རིང་བ་དང་། སྤྱིར་གཟུགས་ཀྱི་སྔོན་དུ་རྐྱོང་བའི་དུས་སུ་རྐང་ངར་གྱི་ཚིགས་མིག་དང་སྣའི་བར་དུ་སླེབས། པགས་པ་ཅུང་རྩུབ་ཅིང་མགོ་རྒྱབ་འཇམ་པོ་ཡིན་པ་དང་། སྨེ་རྡོག་ཅུང་ཆུང་བ་འགའ་ལས་མེད། གཟུགས་རྒྱབ་དང་གཟུགས་ཀྱི་ཟུར་དུ་དབྱིབས་ངེས་མེད་ཀྱི་སྒོར་འཛེར་དང་རིང་འཛེར་གྱིས་ཁྱབ་ཡོད། ཕོ་རིགས་ཀྱི་མགྲིན་པར་སྒྲ་སྣོད་ཆ་གཅིག་ཡོད་པ་དང་། སྐྱེ་འཕེལ་དུས་ཀྱི་མཛུབ་མོ་དང་པོ་རུ་ཚོགས་གསུམ་གྱི་མཚན་ལྷེབས་ཡོད། དེའི་སྟེང་དུ་མདོག་སྐྱ་པོ་ཅན་གྱི་ཚེར་མ་ཡོད། ཕྱིར་བཏང་གཟུགས་མདོག་ལ་གཞན་འགྱུར་ཤིན་ཏུ་ཆེ་བ་རེད། རྒྱབ་ངོས་སུ་མང་ཆེ་བར་སྨུག་སྐྱ་དང་སེར་པོ། སྨུག་པོ་སོགས་ཡོད་ཅིང་། དབྱིབས་ངེས་མེད་ཀྱི་ནག་ཐིག་ཡོད་པ་དང་། དེའི་སྟེང་ལ་ཤ་མདོག་གི་ཁྲ་ཐིག་འདྲེས་ཡོད། རྒྱབ་ངོས་ཀྱི་གཉེར་མའི་མདོག་ཅུང་སྐྱ་ཞིང་། ཁ་དོག་སེར་པོའམ་དམར་པོ་ཡིན། མིག་གཉིས་ཀྱི་བར་དུ་འཕྲེད་རིས་ནག་པོ་དང་ཡང་ན་རབ་རིབ་ཀྱི“八”དབྱིབས་ཀྱི་ཁྲ་ཐིག་ཡོད་པ། ཇ་སྐྱིའི་གནས་སུ་ཁ་དོག་

སྨུག་པོའི་ཐུར་གསུམ་དབྱིབས་ཀྱི་ཁྲ་ཐིག་ཡོད་ལ། རྐང་ལག་གི་རྒྱབ་ངོས་སུ་འཕྲེད་རིས་ནག་པོ་ཡོད་པ་དང་། གག་པའི་མདོག་དཀར་ལ་མདོག་དམར་པོ་ཡང་ཡོད། བྲང་ཁ་དང་གསུམ་པའི་མདོག་དཀར་ཞིང་། དེའི་སྟེང་ན་མདོག་སེར་པོའི་ཁྲ་ཐིག་ཡོད་ལ། རྗེས་ཀྱི་གསུམ་ཁག་ཚང་མ་ཕལ་ཆེར་མདོག་སེར་པོ་ཡིན། རྐང་ལག་གི་གསུམ་ངོས་ཀྱང་སེར་པོ་ཡིན།

སྐྱེ་ཁམས་གོམས་གཤིས། སྦལ་བ་འདིའི་རིགས་གཙོ་བོ་མཚོ་ངོས་ལས་མཐོ་ཚད་སྨི2000—4200བར་གྱི་མཐོ་སྒང་ས་ཁུལ་གྱི་ཆུ་ཁོངས་སྔ་ཚོགས་དང་བརྟན་གཤེར་ཆེ་བའི་ཁོར་ཡུག་ཏུ་འཚོ་བ་དང་། ལྷག་པར་དུ་ཆུ་རྫིང་དང་འདམ་ར། མཚེའུ་སོགས་རླིང་འཇགས་ཆུ་ཁོངས་དང་ཉེ་འགྲམ་གྱི་ས་ཞིང་དང་། རྩྭ་ཐང་། སྡོང་ཐུང་ནགས་ཚལ་བཅས་ནི་ཆེས་རྒྱུན་མཐོང་ཡིན་པས། སྤྱིར་བཏང་དུ་ཆུ་ཁུངས་དང་མི་འབྲལ་མོད། ཉིན་མོ་གཡོལ་ནས་མཚན་མོ་ཐོན་པ་དང་། ཉིན་མོ་རྟག་ཏུ་ཆུའི་ངོགས་ཀྱི་སྡོང་ཕྲན་ནགས་ཚལ་དང་། རྡོའི་འོག་གམ་ཡང་ན་འདམ་ཁུང་དུ་སྦས་ནས་ས་སྲོད་ཀྱི་རྗེས་སུ་ཕྱི་ལ་འགྲུལ་སྐྱོད་བྱེད། འགྲུལ་སྐྱོད་སྐབས་སུ་བཞིན་ནས་དགུགས་རྗེས་མྱུར་དུ་ཆུའི་ནང་དུ་མཆོང་བའམ་སྡོང་ཕྲན་གྱི་གཏིང་དུ་སྦས་པར་བྱེད། རྒྱུད་སྤེལ་སྐབས་ཀྱི་ས་ཆ་དེའི་མཚོ་ངོས་ཀྱི་མཐོ་ཚད་མི་འདྲ་བའི་རྐྱེན་གྱིས་འགྱུར་ལྡོག་དང་ཁྱད་པར་ཡོད། སྤྱིར་བཏང་དུ་རྒྱུད་སྤེལ་བའི་དུས་ནི་ལོ་རེའི་ཟླ3—5བར་ཡིན། རྒྱུད་སྤེལ་བའི་སྐབས་སུ། ཕོ་སྦལ་སྔོན་ལ་སྐྱེ་འཕེལ་ར་བའི་ནང་དུ་འགྲོ་བ་དང་། ས་སྲོད་ཀྱི་རྗེས་ནས་སྐད་ཅོར་བརྒྱབ། མོ་སྦལ་གྱིས་སྒྲ་ལ་ཉན་ནས་གཅིག་རྗེས་གཉིས་མཐུད་དུ་འཇོར། རྒྱུད་པ་སྤེལ་ནས་པང་དུ་ལེན་སྐབས། ཕོ་སྦལ་གྱིས་མོ་སྦལ་གྱི་བྲང་འོག་ལ་འཇུས་ཤིང་སྒོ་ང་བཏང་ཚར་རྗེས་འཕྲལ་མར་ཁ་འབྲལ། སྒོ་ང་ནི་རླིང་འཇགས་ཆུ་ཁོངས་ཀྱི་ཆུ་གཏིང་ཐུང་ས་དང་ཆུ་རྒྱུན་གྱི་བཞུར་རྒྱུན་དལ་སར་སྐྱེས་ཤིང་། ཉིན10ཡི་གཡས་གཡོན་དུ་སྦྲང་མོ་ཆགས་པ་རེད། ཟླ6—7པའི་བར་དུ་དབྱིབས་འགྱུར་ཏེ་མཚོ་ངོགས་སུ་སྦྲུ་གུ་མང་པོ་མཐོང་ཐུབ། ཟླ9པའི་ཟླ་སྨད་ནས་ཟླ10པའི་ཟླ་འགོར་གཅིག་རྗེས་གཉིས་མཐུད་དང་དགུན་ཉལ་གྱི་དུས་སུ་སླེབས་པ་དང་། ཕྱི་ལོའི་ཟླ3པའི་ཟླ་སྨད་དུ་ཐ་རྗེས་སུ་སད་སེལ་རྒྱག་དགོས།

ས་ཁམས་ཁྱབ་ཚུལ། མདོ་དབུས་མཐོ་སྒང་དུ་དམིགས་བསལ་དུ་ཡོད་པའི་དངོས་རིགས་ཤིག་ཡིན། ཁྱབ་ཁྱ་ཆེ་ཙམ་ཡོད་ཅིང་། མདོ་དབུས་མཐོ་སྒང་གི་ཤར་མཐའི་ཞིང་ཆེན་དང་རང་སྐྱོང་ལྗོངས་ཁག་དཔེར་ན། བོད་ལྗོངས་ཀྱི་ཤར་རྒྱུད་དང་། མཚོ་སྔོན་གྱི་ཤར་རྒྱུད། སི་ཁྲོན་གྱི་ནུབ་བྱང་རྒྱུད། དེ་བཞིན་ཀན་སུའུ་ཡི་ནུབ་རྒྱུད་སོགས་ས་ཁུལ་དུ་ཐོ་འགོད་བྱས་ཡོད།

ཉེན་བཅར་རིམ་པ། ཉེན་ཁ་མེད་པ། (LC)

སྲུང་སྐྱོབ་རིམ་པ། གནས་སྐབས་སུ་རྒྱལ་ཁབ་གཙོ་གནད་སྲུང་སྐྱོབ་བྱ་རྒྱུའི་བྱེས་སྐྱེས་སྲོག་ཆགས་ཀྱི་མིང་ཐོའི་ནང་ལ་བཀོད་མེད།

41. 胫腺蛙 *Rana shuchinae* Liu, 1950

形态特征：体形较小，成年个体全长约 3—4 厘米，雌性体形较雄性略大。头长略大于头宽；前肢较短，前臂及手长不及体长之半；后肢长度适中，贴体前伸时胫跗关节达颞部或鼓膜；皮肤光滑，自眼后角至胯部具宽厚的背侧褶；腺体发达，口角后具较长的颌腺，毗邻肩部上方的豆状腺体；前臂内、外侧均具腺体；最特殊的是沿胫部、跗部分布的粗厚腺体，可一直延伸至蹠部和第五趾外侧，该物种也因此特征而得名；腹面较光滑，胸侧近腋部各具一团黄色腺体。雄性具 1 对咽侧下内声囊，繁殖期第一指基部具灰色婚垫。自然状态下，头顶前部略呈浅黄绿色，两眼间具一黑色横纹，将头顶部与体背部颜色分开，自此线后体背呈橘红色或红棕色；体背正中具 1 条浅黄色纵纹，至后段较宽且明显；颞部具深色三角形斑块；体侧散布黑色斑点；四肢背面具深色横纹；腹部多呈米黄色。

生态习性：该物种栖息于海拔 3000—3800 米的高山或高原地区，常见于静水塘、沼泽地及附近的潮湿草丛中。繁殖期较长，每年 4 月至 7 月中旬均可发现繁殖个体。繁殖期间，雄蛙发出“咯、咯、咯”的鸣声。繁殖抱对时，雄蛙前肢手部抱握在雌蛙胸侧位置。雌蛙多将卵产于水深 10 厘米左右的杂草间，卵团呈圆形葡萄状。该物种具有集群繁殖的习性，繁殖盛期可见近千只成蛙聚于一处，集群鸣叫，相互追抱的场景。

地理分布：青藏高原特有物种。分布于四川昭觉县、冕宁县及云南香格里拉市、德钦县及贡山县。

濒危等级：无危（LC）

保护等级：暂未列入国家重点保护野生动物名录。

41. ཛྷེ་ངར་ཆེ་བའི་གཤེར་སྐྱེན་སྦལ་བ། *Rana shuchinae* Liu, 1950

གཟུགས་དབྱིབས་ཁྱད་ཆོས། གཟུགས་དབྱིབས་ཆུང་ཆུང་ཞིང་ནར་སོན་ཚེ་སྤྱིའི་རིང་ཚད་ལ་ཕལ་ཆེར་ལི་སྨི3—4ཡོད་པ་དང་། མོའི་གཟུགས་དབྱིབས་ནི་ཕོ་རིགས་ལས་ཆུང་ཆེ། མགོ་ཡི་རིང་ཚད་ནི་ཞེང་ཚད་ལས་ཆུང་ཆེ། ལག་ངར་དང་ལག་པའི་རིང་ཚད་ནི་ལུས་པོའི་རིང་ཐུང་གི་ཕྱེད་ཀ་ཙམ་ལས་མེད། རྐང་ལག་གི་རིང་ཚད་འོས་འཚམ་ཡིན་པ་དང་། སྦུར་གཟུགས་ཀྱི་སྔོན་དུ་བརྒྱུད་དུས་ཛྷེ་ངར་ཆེ་བའི་ཚོགས་དེ་ཏ་ལྷན་ངོས་དང་ཛ་སྐྱི་ལ་ཐོན་ཡོད། ཤ་པགས་འཇམ་པོ་ཡིན་པ་དང་། མིག་གི་རྒྱབ་ཟུར་ནས་དཔྱི་མགོའི་བར་ལ་ཆུང་མཐུག་པོ་རྒྱབ་ལྟེབ་ཡོད། སྨིན་གཟུགས་རྒྱས་པ་དང་ཁ་ཟུར་རྒྱབ་ཏུ་ཆུང་རིང་བའི་མགལ་སྨིན་ལྡན་ལ། ཐུག་པའི་སྙིང་གི་སྲན་དབྱིབས་སྨིན་གཟུགས་དང་མུ་འབྲེལ་དུ་གནས་ཡོད། ལག་ངར་གྱི་ནང་ངོས་དང་ཕྱི་གཤོགས་ཚང་མར་སྨིན་ལྡན་པ་དང་། དམིགས་བསལ་ཞིག་ནི་ཛྷེ་ངར་ཆེ་བའི་ཁྱུ་དང་སུག་པའི་ཁག་ཏུ་སྨིན་གཟུགས་ཁེངས་ཡོད་ཅིང་། དེ་ནི་ལྤག་ཞབས་དང་རྐང་མཛུབ་ལྔ་པའི་ཟུར་དུ་བསྒྲིངས་ཡོད། སྦལ་རིགས་འདིར་ཡང་དེའི་ཁྱད་ཆོས་ལྡན་པས་མིང་དེ་ཐོགས་པ་ཡིན། གསུམ་ངོས་ཆུང་འཇམ་པོ་ཡིན་པ་དང་བྲང་གཤོགས་དང་ཉེ་བའི་

མཆན་ངོས་སུ་མདོག་སེར་པོ་ཅན་གྱི་རྨེན་རྡོག་རེ་ཡོད། ཕོ་རིགས་ལ་མགྲིག་པའི་སྒྲ་སྐྱོད་ཆ་གཅིག་ཡོད་པ་དང་། སྐྱེ་འཕེལ་དུས་ཀྱི་མཇུབ་མོ་དང་པོའི་རྨང་གཟུགས་ཐལ་མདོག་གི་མཚན་རྟགས་ཡིན། ཕྱིར་བཏང་མགོ་ཡི་མདུན་ཕྱོགས་ནི་ལྷང་སེར་ཡིན་པ་དང་། མིག་གཉིས་ཀྱི་བར་དུ་འཕྲེད་རིས་ནག་པོ་ཞིག་ཡོད་པས། མགོ་དང་ལུས་པོའི་རྒྱབ་ངོས་གཉིས་སོ་སོར་ཁྱེ་ཡོད། ལུས་པོའི་རྒྱབ་ངོས་ཀྱི་དཀྱིལ་དུ་ཁ་དོག་སེར་སྐྱའི་གཞུང་རིས་དོན་ཚན་གཅིག་ཡོད་པ་དང་། དེའི་མཇུག་གི་མཚམས་ནི་ཙུང་ཡངས་ཤིང་མདངས་གསལ་ཡིན། རྣ་ལྟན་ངོས་ལ་མདོག་ནག་པོའི་ཟུར་གསུམ་དབྱིབས་ཀྱི་ཁྲ་ཐིག་ཡོད་པ་དང་། ལུས་པོའི་ལོགས་སུ་ཁྲ་ཐིག་ནག་པོ་བཀྲམས་ཡོད། རྐང་ལག་གི་རྒྱབ་ངོས་ཀྱི་མདོག་ནག་ཅིང་འཕྲེད་རིས་ལྡན། གསུས་མའི་མདོག་ནི་སེར་དཀར་ཡིན།

སྐྱེ་ཁམས་གོམས་གཤིས། སྦལ་བ་འདིའི་རིགས་གཙོ་བོ་མཚོ་ངོས་ལས་མཐོ་ཚད་སྨི3000—3800བར་གྱི་རི་མཐོའམ་ས་མཐོའི་ས་ཁུལ་དུ་འཚོ་སྡོད་བྱེད། སྐྱེ་འཕེལ་གྱི་དུས་ཡུན་ཙུང་རིང་བས་ལོ་རེའི་ཟླ4པ་ནས་ཟླ7པའི་ཟླ་དཀྱིལ་བར་དུ་རྒྱུད་སྤེལ་མཁན་རྣེད་ཐུབ། སྐྱེ་འཕེལ་གྱི་དུས་སུ། ཕོ་སྦལ་གྱིས“གི་གི་གི”ཞེས་པའི་སྒྲ་འབྱིན། རིགས་རྒྱུད་སྤེལ་ནས་པང་དུ་ལེན་སྐབས། ཕོ་སྦལ་གྱི་ལག་པའི་ཁག་དེ་མོ་སྦལ་བྲང་ལོགས་སུ་བཞག་ཡོད། མོ་སྦལ་གྱིས་སྒོ་ང་ཆུའི་གཏིང་ཚད་ལི་སྨི10ཡས་མས་ཀྱི་རྩྭ་ལྡུམ་ནང་དུ་གཏོང་བ་དང་། སྒོ་ང་སྒོར་དབྱིབས་རྒྱན་འབྲུམ་གྱི་དབྱིབས་སུ་འགྱུར། འདིར་ཁྱུ་ཚོགས་སྐྱེ་འཕེལ་གྱི་གོམས་གཤིས་ཡོད་ཅིང་། སྐྱེ་འཕེལ་གྱི་དུས་སུ་སྦལ་བ་སྟོང་ཕྲག་ཙམ་མཉམ་དུ་འདུས་ནས་ཁྱུ་ཚོགས་བྱས་ཏེ་ཕན་ཚུན་རྗེས་འདེད་བྱེད་པའི་སྣང་ཚུལ་མཐོང་རྒྱུ་ཡོད།

ས་ཁམས་ཁྱབ་ཚུལ། མདོ་དབུས་མཐོ་སྒང་གི་དམིགས་བསལ་དུ་ཡོད་པའི་དངོས་རིགས་ཡིན། སི་ཁྲོན་གྱི་ཀྲའོ་ཅུའེ་རྫོང་དང་མན་ཉིང་རྫོང་། ཡུན་ནན་གྱི་སེམས་ཀྱི་ཉི་ཟླ་གྲོང་ཁྱེར་དང་བདེ་ཆེན་རྫོང་། ཀུང་ཧྲན་རྫོང་བཅས་སུ་ཁྱབ་ཡོད།

ཉེན་བཅར་རིམ་པ། ཉེན་ཁ་མེད་པ། (LC)

སྲུང་སྐྱོབ་རིམ་པ། གནས་སྐབས་སུ་རྒྱལ་ཁབ་གཙོ་གནད་སྲུང་སྐྱོབ་བྱ་རྒྱུའི་བྱེས་སྐྱེས་སྲོག་ཆགས་ཀྱི་མིང་ཐོའི་ནང་ལ་བཀོད་མེད།

42. 棘臂蛙 *Nanorana liebigii* (Günther, 1860)

形态特征：体形较大，成年个体全长可达 10 厘米，雌性体形较雄性略大。头略扁，头宽大于头长；前肢较短，前臂及手长不及体长之半；后肢长，贴体前伸时胫跗关节达眼部；皮肤略粗糙，通体背部和体侧散布长疣或圆疣，四肢背面多具肤棱；雄性具单咽下内声囊，繁殖期胸侧具 1 对黑色刺团;前肢内侧具黑色刺疣;第一、二、三指及内掌突具黑色锥状婚刺。自然状态下体色变异颇大，通体背面多呈土黄色或棕褐色，体背和体侧具深棕色斑或仅体侧具色斑；上、下唇具不规则棕黑色斑纹，吻棱和颞褶下部具棕黑色纹；四肢背面具模糊的横纹；腹面多呈灰白色，喉部颜色略深，腹面散布深灰色小点及黄色碎斑，部分个体仅喉部斑纹较明显。

生态习性：该物种栖息于海拔 1800—3500 米的溪流或泉水沟附近，

有时在人造排水沟中亦可发现。昼伏夜出，白天多躲藏于大石块下或偶尔活动于树林较阴暗处；夜晚常蹲坐于岩石上或水岸边，受惊扰后迅速跳入水中。6 月，在溪流中的大石下以及溪边草丛中的石块下均可发现其卵群，卵呈单粒，不均匀地附着在石块下。据此推测其繁殖期应为每年 6—8 月，蝌蚪越冬后方能完成变态。

地理分布：分布于青藏高原南缘，如西藏吉隆县、亚东县及聂拉木县；国外分布于印度、不丹及尼泊尔。

濒危等级：无危（LC）

保护等级：暂未列入国家重点保护野生动物名录。

42. ཚེར་ལག་སྦལ་པ། *Nanorana liebigii* (Günther, 1860)

གཟུགས་དབྱིབས་ཁྱད་ཆོས། གཟུགས་དབྱིབས་ཅུང་ཆེ་བ་དང་། ནར་སོན་པའི་ཚེ་སྤྱིའི་རིང་ཚད་ལ་ལི་སྨི10ཡོད། མོ་རིགས་ཀྱི་གཟུགས་དབྱིབས་ནི་ཕོ་ལས་ཅུང་ཆེ། མགོ་ལེབ་མོ་ཡིན་པ་དང་། ལག་པ་ཐུང་ཞིང་ལག་ངར་དང་ལག་པའི་རིང་ཚད་ནི་ལུས་པོའི་རིང་ཐུང་གི་ཕྱེད་ཀ་ཙམ་ལས་མེད། རྐང་བ་རིང་བ་དང་། པགས་པ་རྩུབ་ཙམ་ཡིན་ལ། ལུས་ཡོངས་ཀྱི་རྒྱབ་ངོས་དང་ལུས་པོའི་གཞོགས་ལ་ཤ་འཛེར་རིང་པོའམ་སྒོར་འཛེར་ཡོད་པ་དང་། རྐང་ལག་གི་རྒྱབ་ངོས་སུ་པགས་པ་མང་པོ་ཡོད། ཕོ་རིགས་ཀྱི་མགྲིན་པར་སྒྲ་སྣོད་ཡོད་པ་དང་། སྐྱེ་འཕེལ་དུས་ཀྱི་བྲང་ལོགས་སུ་ཚེར་མ་ནག་པོ་ཆ་གཅིག་ཡོད། མདུན་སུག་ནང་ངོས་ལ་ཚེར་མ་ནག་པོ་ཡོད་པ་དང་། སོར་མོ་དང་པོ་དང་གཉིས་པ། གསུམ་པ་བཅས་དང་ལག་ནང་གི་འབུར་གཟུགས་ནག་པོ་ལ་སླུང་བུའི་དབྱིབས་ཀྱི་མཚན་ཚེར་མ་ཡོད། སྤྱིར་བཏང་གཟུགས་མདོག་ལ་གཞན་འགྱུར་ཅུང་ཆེ་སྟེ། ལུས་ཡོངས་ཀྱི་རྒྱབ་ངོས་སུ་མང་ཆེ་བ་ས་མདོག་སེར་པོའམ་ཁམ་སྨུག་ཡིན་ལ། ལུས་པོའི་རྒྱབ་ངོས་དང་གཟུགས་ཀྱི་གཞོགས་ལ་སྨུག་ཐིག་ཡོད་པའམ་ཡང་ན་གཟུགས་ཁོ་ནའི་ངོས་ལ་མདོག་ཁྲ་ཐིག་ཡོད། ཡ་མཆུ་དང་མ་མཆུ་ལ་

དབྱིབས་ངེས་མེད་པའི་ཁྲ་ཐིག་ཡོད་ལ། མཆུ་ཤོ་དང་རྣ་ལྟན་གྱི་ལྟེབ་སྣད་ཀྱི་མདོག་ནི་ནག་པོ་ཡིན། རྐང་ལག་གི་རྒྱབ་ངོས་སུ་རབ་རིབ་ཀྱི་འཕྲེད་རིས་ཡོད། གསུས་ངོས་མང་ཆེ་བ་དཀར་སྐྱ་ཡིན་པ་དང་། གྲེ་བའི་ཁ་དོག་གནག་ཅིང་། གསུས་ངོས་ལ་མདོག་སྐྱ་བོ་དང་མདོག་སེར་པོ་ཅན་གྱི་ཁྲ་ཐིག་ཡོད།

སྐྱེ་ཁམས་གོམས་གཤིས། སྦལ་པ་འདིའི་རིགས་གཙོ་བོ་མཚོ་ངོས་ལས་མཐོ་ཚད་སྨི1800—3500བར་གྱི་ཆུ་ཐྲན་དང་ཡང་ན་ཆུ་རྐའི་ཉེ་འགྲམ་དུ་འཚོ་བ་དང་། སྐབས་འགར་མིས་བཟོས་ཆུ་རྐའི་ནང་དུའང་རྙེད་ཐུབ། ཉིན་མོ་གབ་ནས་སྡོད་པ་དང་ཉིན་མོ་རྡོ་ཆེན་གྱི་འོག་ཏུ་སྡོད་པའམ་ཡང་ན་སྐབས་རེར་ནགས་ཚལ་སྟུག་པོའི་ནང་དུ་སྡོད་ཀྱིན་ཡོད། མཚན་མོར་རྒྱུན་དུ་བྲག་རྡོ་དང་ཆུའི་འགྲམ་དུ་ཙོག་པུར་བསྡད་ཅིང་སྐྲག་བྱུང་ན་མྱུར་དུ་ཆུ་ནང་དུ་མཆོང་། ཟླ6པར་ཆུ་ཐྲན་ནང་གི་རྡོ་ཆེན་འོག་དང་། ཆུ་ཐྲན་འགྲམ་གྱི་རྩྭ་གསེབ་ཀྱི་རྡོ་ཚང་མར་སྒོ་ང་མང་པོ་ཡོད་པ་དང་། སྒོ་ང་རྡོག་གཅིག་མ་ཡིན་པས། ཆ་མི་སྙོམས་པའི་སྒོ་ནས་འབྱར་རྡོའི་འོག་ཏུ་གནས་ཡོད་པ་རེད། དེར་གཞིགས་ནས་ཚོད་དཔག་བྱས་ན་དེ་དག་གི་སྐྱེ་འཕེལ་གྱི་དུས་ཡུན་ནི་ལོ་རེའི་ཟླ6—8པའི་བར་ཡིན་པ་དང་། སྤྱང་མོ་དགུན་སྲོལ་གྱི་རྒྱབ་ཕྱོགས་སུ་ཚུལ་ཐོག་ལེགས་འགྲུབ་བྱེད་ཐུབ།

ས་ཁམས་ཁྱབ་ཚུལ། མདོ་དབུས་མཐོ་སྒང་གི་ལྷོ་རྒྱུད་དུ་གནས་ཏེ་དཔེར་ན། བོད་ལྗོངས་ཀྱི་སྙིད་གྲོང་རྫོང་དང་གྲོ་མོ་རྫོང་། སླེ་མོ་རྫོང་བཅས་དང་། ཕྱི་རྒྱལ་རྒྱ་གར་དང་འབྲུག་ཡུལ། བལ་པོ་བཅས་སུ་ཁྱབ་ཡོད།

ཉེན་བཅར་རིམ་པ། ཉེན་ཁ་མེད་པ། (LC)

སྲུང་སྐྱོབ་རིམ་པ། གནས་སྐབས་སུ་རྒྱལ་ཁབ་གཙོ་གནད་སྲུང་སྐྱོབ་བྱ་རྒྱུའི་བྱེས་སྐྱེས་སྲོག་ཆགས་ཀྱི་མིང་ཐོའི་ནང་ལ་བཀོད་མེད།

43. 倭蛙 *Nanorana pleskei* Günther, 1896

形态特征:体形较小,成年个体全长约3—4厘米。头宽与头长几乎相等;前肢短,前臂及手长不及体长之半;后肢短粗,贴体前伸时胫跗关节达肩部;皮肤粗糙,通体背面和侧面均具细小的痣粒;头背无疣粒,体背具长短不一的疣粒,大致为纵向排列,体侧具发达的圆形疣粒;雄性无声囊,繁殖期第一、二指具深灰色婚刺,胸部具1对“八”字形深灰色细密刺团,繁殖季后刺团脱落。自然状态下体色变异颇大,背面多呈橄榄绿色、黄绿色或灰棕色,其上散布椭圆形或长条形深褐色斑;部分个体背部具1条黄白色线纹,自吻后一直延伸至肛部;四肢背面均有不规则棕褐色横纹;腹面多呈灰白色,繁殖季节雌蛙四肢腹面呈鲜黄色。

生态习性:该物种栖息于海拔3000—4500米的高原沼泽及水塘附近。

白天多隐藏于沼泽地中的草墩或石块下；夜间蹲坐于水岸边或在空旷草地上活动。受惊扰后，立即跳入水中或在草丛中蹿跳。繁殖期跨度较大，5—8月均可观察到繁殖个体。5月中旬至6月上旬为其产卵高峰期，这期间雌蛙多将卵产于水坑或水塘等静水水域的浅水区，卵群附着于水草上或漂浮于水面，每个卵群含卵粒数粒至数十粒不等。该物种数量较多，且主要以直翅目、鞘翅目和鳞翅目昆虫为食，因此对消灭和抑制高原农牧害虫具有一定作用。

地理分布：青藏高原特有物种。广布范围广泛，青海南部、四川西部及北部、甘肃玛曲县及西藏江达县均有记录。

濒危等级：无危（LC）

保护等级：暂未列入国家重点保护野生动物名录。

43. ལྤར་སྦལ། *Nanorana pleskei* Günther, 1896

གཟུགས་དབྱིབས་ཁྱད་ཆོས། གཟུགས་དབྱིབས་ཅུང་ཆུང་ཞིང་ནར་སོན་ཚེ་སྤྱིའི་རིང་ཚད་ལ་ཕལ་ཆེར་ལི་སྨི3—4ཡོད། མགོའི་ཞེང་ཚད་དང་རིང་ཚད་གཉིས་ཧ་ལམ་གཅིག་མཚུངས་ཡིན། ལག་པ་ཐུང་ཞིང་ལག་ངར་དང་ལག་པའི་རིང་ཐུང་ནི་ལུས་པོའི་རིང་ཐུང་གི་ཕྱེད་ཀ་ཙམ་ལས་མེད། རྐང་ལག་ཐུང་ཞིང་སྦོམ་པ་དང་། པགས་པ་རྩུབ་མོ་ཞིག་ཡིན། ལུས་ཡོངས་ཀྱི་རྒྱབ་ངོས་དང་གཞོགས་ངོས་ཚང་མར་སྐྱེ་ཏོག་ཆུང་རྩག་ཡོད། མགོའི་རྒྱབ་ངོས་སུ་འཛེར་རིལ་མེད་པ་དང་། ལུས་པོའི་རྒྱབ་ངོས་སུ་རིང་ཐུང་མི་འདྲ་བའི་འཛེར་ཏོག་ཡོད་པ་ཕལ་ཆེར་བསྟར་མར་བསྒྲིགས་ཡོད་ལ། ལུས་པོའི་གཞོགས་སུ་དར་སྔོར་ཏོག་ཆེ་བ་ཞིག་ཡོད། ཕོ་རིགས་ལ་སྒྲ་སྣོད་མེད་ཅིང་། སྐྱེ་འཕེལ་དུས་རིམ་གྱི་མཛུབ་མོ་དང་པོ་དང་གཉིས་པ་ཏུ་ཐལ་མདོག་གི་མཚན་ཚེར་མ་ཡོད་པ་དང་། བྲང་ཁ་ལ་རྒྱ་ཡིག་གི“八”དབྱིབས་ཀྱི་ཐལ་མདོག་གི་ཚེར་མ་ཕྲ་མོ་ཆ་གཅིག་ཡོད། སྐྱེ་འཕེལ་དུས་ཚོགས་ཀྱི་རྗེས་སུ་ཚེར་མ་ཟུག་པའི་ཚོགས་པ་ལྷུང་ཡོད་པ་རེད། སྤྱིར་བཏང་གཟུགས་མདོག་གི་གཞན་འགྱུར་ཅུང་ཆེ་སྟེ། རྒྱབ་ངོས་ཀྱི་མདོག་ནི་རྒྱ་ཨར་ལྗང་མདོག་དང་ལྗང་སེར། སྨུག་པ་བཅས་ཡིན་པ་

དང་། དེའི་སྟེང་དུ་འཛོང་དབྱིབས་སམ་རིང་ཟླུམ་གྱི་ཟུར་ཅན་ཡིན་པའི་ཕྲ་ཐིག་ཡོད། ཁ་ཤས་ཀྱི་རྒྱབ་ཏུ་སེར་མདོག་གི་ཐིག་རིས་ཤིག་ཡོད་པ་དང་དེ་ནི་མཇུག་སྣེ་ནས་བཟུང་གཞུང་གི་བར་དུ་བསྲིངས་ཡོད། རྐང་ལག་གི་རྒྱབ་ངོས་སུ་དབྱིབས་ངེས་མེད་ཀྱི་ཁ་དོག་སྨུག་པོའི་འཕྲེད་རིས་ཡོད། གསུས་ངོས་མང་ཆེ་བ་དཀར་སྐྱ་ཡིན་པ་དང་། སྐྱེ་འཕེལ་དུས་ཚིགས་ཀྱི་མོ་སྦལ་གྱི་གསུས་ངོས་སེར་པོ་ཡིན།

སྐྱེ་ཁམས་གོམས་གཤིས། སྦལ་བ་འདིའི་རིགས་གཙོ་བོ་མཚོ་ངོས་ལས་མཐོ་ཚད་སྨི3000—4500བར་གྱི་ས་མཐོའི་འདམ་རྫབ་དང་ཆུ་རྫིང་གི་ཉེ་འགྲམ་དུ་འཚོ་སྡོད་བྱེད། ཉིན་མོར་སྤྱིར་ཆེར་འདམ་རྫབ་ཁྲོད་ཀྱི་རྩྭ་ཕུང་ངམ་རྡོའི་འོག་ཏུ་སྦས་ཡོད། མཚན་མོར་ཆུ་ཡི་འགྲམ་དུ་བསྡད་པའམ་ཡང་ན་ཡངས་ཤིང་རྒྱ་ཆེ་བའི་རྩྭ་ཐང་དུ་འགྱུལ་སྐྱོད་བྱེད། འཇིགས་སྣང་བྱུང་རྗེས་ལམ་སེང་ཆུའི་ནང་དུ་མཆོང་བའམ་རྩྭ་གསེབ་ཏུ་མཆོང་། སྐྱེ་འཕེལ་དུས་རིམ་གྱི་བར་ཐག་ཐུང་རིང་བས། ཟླ5པ་ནས་ཟླ8པའི་བར་དུ་སྐྱེ་འཕེལ་བྱེད་མཁན་ལ་ལྟ་ཞིབ་བྱེད་ཐུབ། ཟླ5པའི་ཟླ་དཀྱིལ་ནས་ཟླ6པའི་ཟླ་འགོར་སྒོ་ང་གཏོང་བའི་དུས་ཡིན། དེའི་རྐྱེན་གྱིས་ས་མཐོའི་ཞིང་ཕྱུགས་གནོད་འབུ་མེད་པར་བཟོ་བ་དང་ཚོད་འཛིན་བྱེད་པར་ནུས་པ་ངེས་ཅན་ཞིག་ཡོད།

ས་ཁམས་ཁྱབ་ཚུལ། མདོ་དབུས་མཐོ་སྒང་དུ་དམིགས་བསལ་དུ་ཡོད་པའི་དངོས་རིགས་ཡིན། ཀོང་ཀྲོའུ་ཡི་ཁྱབ་ཁོངས་རྒྱ་ཆེ་ཞིང་། མཚོ་སྔོན་གྱི་ལྷོ་རྒྱུད་དང་། སི་ཁྲོན་གྱི་ནུབ་རྒྱུད་དང་དེ་བཞིན་བྱང་རྒྱུད། གན་སུའུ་ཡི་རྨ་ཆུ་རྫོང་དང་དེ་བཞིན་བོད་ལྗོངས་ཀྱི་འཛོ་མདའ་རྫོང་བཅས་ཚང་མར་ཟིན་ཐོར་བཀོད་ཡོད་པ་རེད།

ཉེན་བཅར་རིམ་པ། ཉེན་ཁ་མེད་པ། (LC)

སྲུང་སྐྱོབ་རིམ་པ། གནས་སྐབས་སུ་རྒྱལ་ཁབ་གཙོ་གནད་སྲུང་སྐྱོབ་བྱ་རྒྱུའི་བྱེས་སྐྱེས་སྲོག་ཆགས་ཀྱི་མིང་ཐོའི་ནང་ལ་བཀོད་མེད།

44. 高山倭蛙 *Nanorana parkeri* (Stejneger, 1927)

形态特征：体形中等，成年个体全长约 3—5 厘米。头宽略大于头长，吻端钝圆；前后肢均较短，前臂及手长不及体长之半，后肢贴体前伸时胫跗关节达肩前方；雄性无声囊，繁殖期第一、二指内侧具棕黑色婚刺；胸部具 1 对相距较近的“八”字形棕黑色细密小刺团；下唇前缘亦有棕黑色细小刺团。非繁殖季节小刺脱落仅具浅灰色痕迹。自然状态下体色多变，背面多呈橄榄棕色，棕黄色、棕灰色或棕褐色，其上散布深棕色或棕褐色斑纹，通常与条形疣粒重合；吻棱至颞褶下缘具一条深棕色或棕褐色斑纹，上唇具同样颜色的不规则斑纹；四肢背面具不规则横纹。腹面呈灰白色或乳黄色，喉部无斑纹或具灰色小斑点，腹部几乎无斑或散布少量灰色碎斑，后腹部较明显。瞳孔黑色，虹膜上半部呈黄绿色略偏蓝，下半部呈黄褐色。

生态习性：该物种栖息于海拔 2800—4700 米的高原湖泊、水塘、沼泽、草甸溪流或河流等水域附近。白天多躲藏于水草中、石块下，或水边的泥洞内。夜间活动频繁，常蹲坐于岸边，或趴在水草上仅将头部露出水面。受惊扰后，立即跳入水中，在水草、石块等处隐藏，或匍匐于水底淤泥中。每年 5—6 月为其繁殖盛期，这期间成蛙集群于水池或水坑内，可同时发现许多正在抱对的个体。繁殖抱对时，雄蛙前肢抱于雌蛙的腋胸部。雌蛙通常将卵产于水深 3—20 厘米的静水中，卵粒以胶质膜彼此粘连成块状或团状。

地理分布：青藏高原最常见的两栖类之一，广泛分布于西藏各处高海拔水域；国外记录分布于尼泊尔。

濒危等级：无危（LC）

保护等级：暂未列入国家重点保护野生动物名录。

44. རི་མགོའི་སྦལ་བ། *Nanorana parkeri* (Stejneger, 1927)

གཟུགས་དབྱིབས་ཁྱད་ཆོས། གཟུགས་དབྱིབས་འབྲིང་ཙམ་ཡིན་པ་དང་། ནར་སོན་ཚེ་སྤྱིའི་རིང་ཚད་ལ་ཕལ་ཆེར་ལི་སྨི3—5ཡོད། མགོའི་ཞེང་ནི་མགོ་ལས་ཆུང་རིང་བ་དང་། མཆུ་སྣེ་ནི་ཧུལ་སྒོར་གྱི་དབྱིབས་ཡིན། ལག་པ་དང་རྐང་བ་གཉིས་ཐུང་ཐུང་ལ། ལག་ངར་དང་ལག་པའི་རིང་ཚད་ནི་ལུས་པོའི་རིང་ཚད་ཀྱི་ཕྱེད་ཀ་ཙམ་མ་གཏོགས་མེད། རྐང་བ་སྔོན་དུ་རྐྱོང་བའི་སྐབས་སུ་རྗེ་ངར་ཆེ་བའི་ཚིགས་དཔུང་བའི་མདུན་ཕྱོགས་སུ་ཐོན་ཐུབ། ཕོ་རིགས་ལ་སྦྲ་སྐྱོད་མེད་པ་དང་། སྐྱེ་འཕེལ་དུས་རིམ་གྱི་མཛུབ་མོ་དང་པོ་དང་གཉིས་པ་ཡི་ནང་གཞོགས་སུ་མཚན་ཚེར་མ་ནག་པོ་ཞིག་ཡོད། བྲང་གནས་ལ་བར་ཐག་ཆུང་ཉེ་བའི་རྒྱ་ཡིག་གི "八"ཡིག་གི་གཟུགས་ནག་པོ་དང་ནག་པོ་ཡིན་པའི་ཚེར་ཆུང་ཡོད། མ་མཆུ་ཡི་མདུན་སྣེ་ལ་ཡང་ཚེར་མ་ཆུང་རྩག་ཡོད། སྐྱེ་འཕེལ་མིན་པའི་དུས་ཚིགས་སུ་ཚེར་མ་ཆུང་ཆུང་ལྷུང་ནས་ཐལ་མདོག་གི་རྗེས་ཤུལ་ཙམ་ལས་མེད་པ་རེད། སྤྱིར་བཏང་གཟུགས་མདོག་ལ་འགྱུར་ལྡོག་མང་བ་དང་རྒྱབ་ངོས་མང་ཆེ་བ་རྒྱ་མདོག་གམ་སྨུག་པ་ཡིན། དེའི་སྟེང་དུ་སྨུག་པོའི་ཁྲ་ཐིག་ཡོད་ཅིང་། སྤྱིར་བཏང་དུ་རིལ་དབྱིབས་ཀྱི་འཛེར་མ་དང་མཉམ་དུ

འདྲེས་ཡོད། མཆུ་སྔེ་ནས་རྣ་ལྟེན་གྱི་གཉེར་མའི་འོག་ཏུ་ཟ་མདོག་གམ་སྨུག་པོའི་ཁྲ་ཐིག་ཡོད་ལ། ཡ་མཆུ་ལ་མདོག་གཅིག་པའི་དབྱིབས་ངེས་མེད་ཀྱི་ཁྲ་ཐིག་ཡོད། རྐང་ལག་གི་རྒྱབ་ངོས་ལ་དབྱིབས་ངེས་མེད་ཀྱི་འཕྲེད་རིས་ཡོད། གསུམ་པའི་ངོས་ནི་དཀར་སྐྱ་དང་འོ་མདོག་ཡིན་ཞིང་། གྲེ་བར་ཁྲ་རིས་མེད་པའམ་ཡང་ན་མདོག་སྐྱ་བོའི་ཁྲ་ཐིག་ཡོད། གསུམ་པར་ཕལ་ཆེར་ཁྲ་རིས་མེད་པའམ་ཡང་ན་མདོག་སྐྱ་བོའི་ཁྲ་ཐིག་ཡོད། རྗེས་ཀྱི་གསུམ་ཁག་ནི་ཅུང་མདངས་གསལ་ཡིན། མིག་འབྲས་ནག་པོ་ཡིན། འཇའ་སྐྱིའི་སྟོད་ཀྱི་མདོག་ལྷང་སེར་ཡིན་ལ་དེའི་ནང་དུ་ཅུང་ཟློན་པོ་འདྲེས་ཡོད་ལ། སྨད་དུ་ཁ་དོག་སེར་མདོག་མདངས།

སྐྱེ་ཁམས་གོམས་གཤིས། སྤྲལ་བ་འདིའི་རིགས་གཙོ་བོ་མཚོ་ངོས་ལས་མཐོ་ཚད་སྨི2800—4700བར་གྱི་ས་མཐོའི་མཚེའུ་དང་ཆུ་རྫིང་། ན་འདམ། རྫ་ཐང་གི་ཆུ་ཐྲན་དང་ཡང་ན་ཆུ་བོ་སོགས་ཆུ་ཁོངས་ཀྱི་ཉེ་འགྲམ་དུ་འཚོ་སྡོད་བྱེད། ཉིན་མོར་ནམ་རྒྱུན་རྫ་ཆུ་གཉིས་འཛོམས་དང་། རྡོ་ཆག་པ། ཆུ་འགྲམ་གྱི་འདམ་ཐུག་བཅས་སུ་གབ་ནས་སྡོད་པ་དང་། མཚན་མོར་འགུལ་སྐྱོད་མང་ཞིང་རྒྱུན་དུ་མཚོ་འགྲམ་དུ་ཙོག་ནས་འདུག་པའམ། ཡང་ན་རྫ་ཆུ་སོགས་སུ་ཉལ་ནས་མགོ་བོ་ཆུ་ངོས་སུ་འབུད་པ་རེད། སྐྲག་བསྐྲངས་རྗེས་འཕྲལ་མར་ཆུ་ནང་དུ་མཆོང་སྟེ་རྫ་ཆུ་དང་རྡོ་སོགས་ས་ཆར་སྦས་པའམ་ཡང་ན་ཆུ་ཞབས་ཀྱི་འདམ་ནང་དུ་གོག་ནས་བསྡད་ཡོད། ལོ་རེའི་ཟླ5—6པའི་བར་ནི་དེའི་སྐྱེ་འཕེལ་དུས་ཡིན་ཞིང་། དེའི་རིང་ལ་སྤྲལ་བ་མང་པོ་ཞིག་ཆུ་རྫིང་ངམ་ཆུ་དོང་ནང་དུ་འཛོམས་ཡོད། དེ་དང་མཉམ་དུ་པང་དུ་ཕྲུ་གུ་བཟུང་བཞིན་པའི་སྤྲལ་བ་མང་པོ་མཐོང་ཐུབ། རིགས་རྒྱུད་སྤེལ་ནས་པང་དུ་ལེན་སྐབས། ཕོ་སྤྲལ་གྱི་མདུན་སུག་མོ་སྤྲལ་གྱི་མཆན་འོག་ཏུ་བསྡམས། མོ་སྤྲལ་གྱིས་རྒྱུན་དུ་སྒོ་ང་ཆུའི་གཏིང་ཚད་ལི་སྨི3—20ཡོད་པའི་ཆུ་འཛམ་ནང་ནས་ཐོན་པ་དང་། སྒོ་ངའི་རྡོག་བུ་ནི་སྤྲིན་ཟས་སྐྱེ་མོ་ཕན་ཚུན་འབྱར་འབྲེལ་བྱས་ནས་ལེབ་དབྱིབས་སུ་གྲུབ་པའམ་ཆོམ་བུའི་དབྱིབས་སུ་འགྱུར་བ་རེད།

ས་ཁམས་ཁྱབ་ཚུལ། མདོ་དབུས་མཐོ་སྒང་དུ་རྒྱུན་དུ་མཐོང་རྒྱུ་ཡོད་པའི་སྐམ་ཆུ་གཉིས་འཚོའི་རིགས་ཀྱི་གྲས་ཤིག་ཡིན་པ་དང་། བོད་ལྗོངས་ཀྱི་ས་བབ་མཐོ་བའི་ཆུ་ཁོངས་ཁག་ཏུ་རྒྱ་ཁྱབ་དང་ཁྱབ་ཡོད། ཕྱི་རྒྱལ་གྱི་བལ་པོ་དུ་ཁྱབ་ཡོད།

ཉེན་བཅར་རིམ་པ། ཉེན་ཁ་མེད་པ། (LC)

སྲུང་སྐྱོབ་རིམ་པ། གནས་སྐབས་སུ་རྒྱལ་ཁབ་གཙོ་གནད་སྲུང་སྐྱོབ་བྱ་རྒྱུའི་བྱེས་སྐྱེས་སྲོག་ཆགས་ཀྱི་མིང་ཐོའི་ནང་ལ་བཀོད་མེད།

亚洲角蛙科 Ceratobatrachidae　舌突蛙属 *Liurana*

45. 西藏舌突蛙 *Liurana xizangensis* (Hu, 1977)

形态特征：体形较小，成年个体全长约2—3厘米，雄性体形较雌性略小。头略扁，头长大于头宽；前肢细弱，前臂及手长不及体长之半；后肢较粗壮，贴体前伸时胫跗关节达眼前角；雄性无声囊，繁殖期指部亦无婚垫。自然状态下体背色斑变异较大，大致可归纳为3种色型。其一，背面呈均匀的红褐色，散布有棕黑色斑点，体侧斑点较大而密，背部斑点较小而疏；其二，背面呈土黄色，背部和体侧均杂以较大面积的棕灰色云斑，背部具棕褐色碎斑，体侧较少；其三，通体背面棕色，背部和体侧具较密集的黑褐色碎斑。所有色型两眼间均有一黑褐色横斑，四肢背面具棕黑色不规则横纹，头侧、体侧和前肢背面具密集的蓝灰色碎点。

生态习性：该物种栖息于海拔2000—2800米的高山针阔叶混交林中，

多见于苔藓植物密集、落叶堆积，杂草及灌木密布的潮湿环境中，通常距离水源较远。傍晚和夜间常蹲坐于生有苔藓的岩石上或灌木叶上，不易被发现。6月，白昼和夜间均可听到成蛙发出“嘎、嘎、嘎”的单音节鸣叫，鸣声清脆，多为连续的5—8声，稍受惊扰便立刻停止鸣叫。与大多数蛙类仅有雄性可鸣叫不同，西藏舌突蛙的雌性也能鸣叫，其鸣声与雄性相比无明显区别。野外考察中曾观察到该物种埋藏于苔藓下湿土中的卵团，卵粒呈白色，数量较少。

地理分布：青藏高原特有物种。分布范围较狭窄，目前仅记录分布于西藏林芝市巴宜区、波密县及墨脱县。

濒危等级：易危（VU）

保护等级：暂未列入国家重点保护野生动物名录。

ཡ་སྒྲིང་རྭ་སྦལ་གྱི་ཚན་པ། Ceratobatrachidae ལྕེ་འབྲུར་སྦལ་བའི་ཁོངས། *Liurana*

45. བོད་ཀྱི་ལྕེ་འབྲུར་སྦལ་བ། *Liurana xizangensis* (Hu, 1977)

གཟུགས་དབྱིབས་ཁྱད་ཆོས། གཟུགས་དབྱིབས་ཅུང་ཆུང་བ་དང་། ནར་སོན་ཚེ་སྤྱིའི་རིང་ཚད་ལ་ལི་སྨི2—3ཡོད། ཕོ་ཡི་གཟུགས་དབྱིབས་ནི་མོ་ལས་ཅུང་ཆུང་། མགོ་ལེབ་མོ་ཡིན་པ་དང་མགོ་ཞེང་ཆེ། ལག་ངར་དང་ལག་པ་གཉིས་ཀྱི་རིང་ཐུང་ནི་ལུས་པོའི་རིང་ཐུང་གི་ཕྱེད་ཀ་ཙམ་ལས་མེད། རྐང་ལག་སྡོམ་ཞིང་སྦྱར་གཟུགས་མདུན་དུ་སྐྱོང་དུས་རྗེ་ངར་ཆེ་བའི་ཚིགས་མིག་གི་མདུན་ལ་སླེབས་ཡོད། ཕོ་རིགས་ལ་སྒྲ་སྣོད་མེད་པ་དང་། རྒྱུད་སྲེལ་དུས་མཛུབ་གཞོང་དུ་མཚན་སྟེབས་མེད། སྤྱིར་བཏང་རྒྱབ་མདོག་ཁྲ་ལ་གཞན་འགྱུར་ཅུང་ཆེ་སྟེ། ཕལ་ཆེར་མདོག་གསུམ་ལ་ཕྱོགས་བསྡུས་བྱ་ཆོག་སྟེ། གཅིག རྒྱབ་ངོས་ཀྱི་མདོག་ནི་ཆ་སྙོམས་ཀྱི་ཁམ་དམར་ཡིན་ལ། མདོག་ནག་པོ་ཅན་གྱི་ཁྲ་ཐིག་ཡོད་ཅིང་། ལུས་པོའི་གཞོགས་ངོས་ཀྱི་ཁྲ་ཐིག་ཅུང་ཆེ་ལ་སྟུག་པོ་ཡིན། རྒྱབ་ཀྱི་ཁྲ་ཐིག་ཅུང་ཆུང་ཞིང་ཐར་ཐོར་ཡིན། གཉིས། རྒྱབ་ངོས་ནི་ས་མདོག་སེར་པོ་ཡིན་པ་དང་། རྒྱབ་ངོས་དང་ལུས་པོའི་གཞོགས་ཚང་མར་རྒྱ་ཁྱོན་ཅུང་ཆེ་བའི་རྫ་སྨུག་གི་སྤྲིན་ཁྲ་འདྲེས་ཡོད་ལ། རྒྱབ་ཏུ་ཁམ་སྨུག་གི་ཁྲ་ཐིག་ཡོད་ཅིང་། ལུས་པོའི་གཞོགས་སུ་ཅུང་ཉུང་། གསུམ། ལུས་ཡོངས་ཀྱི་རྒྱབ་ངོས་ཀྱི་

མདོག་ནི་ཟྭ་མདོག་ཡིན་པ་དང་རྒྱབ་དང་ཟུར་དུ་ཙུང་ཚགས་དམ་པའི་སླུག་པོའི་ཁྲ་ཐིག་ཡོད། ཁ་དོག་ཅན་གྱི་མིག་གཉིས་ཀྱི་བར་དུ་མདོག་སླུག་པོའི་འཕྲེད་ཐིག་ཅིག་ཡོད་པ་དང་། རྐང་ལག་གི་རྒྱབ་ངོས་སུ་ཁ་དོག་ནག་པོ་ཡིན་པའི་འཕྲེད་རིས་ཡོད་ཅིང་། མགོའི་གཞོགས་དང་། གཞོགས་གཉིས། མདུན་སུག་བཅས་ཀྱི་རྒྱབ་ངོས་སུ་ཚགས་དམ་པའི་ཁ་དོག་སྔོན་པོ་དང་སྐྱ་བོ་ཆགས་ཡོད།

སྐྱེ་ཁམས་གོམས་གཤིས། སྦལ་བ་འདིའི་རིགས་གཙོ་བོ་མཆོ་ངོས་ལས་མཐོ་ཚད་སྨི2000—2800བར་གྱི་རི་བོ་མཐོན་པོའི་ལོ་མ་འདྲེས་སྡེབ་ཀྱི་ནགས་སུ་འཚོ་བ་དང་། སྔོ་དྲེག་གི་རྩེ་ཤིང་མང་ཞིང་། ལོ་མ་མཐུག་ཅིང་སྦྲངས་པ། རྩྭ་ལྔམ་དང་སྡོང་ཐུང་གི་བརྟན་གཤེར་ཁོར་ཡུག་ཏུ་མཐོང་རྒྱུ་ཡོད་དེ། སྤྱིར་བཏང་དུ་ཆུ་ཁུངས་དང་བར་ཐག་ཐུང་རེད། ས་སྲིབ་དང་མཚན་མོར་རྒྱུན་དུ་སྔོ་དྲེག་སྐྱེས་ཡོད་པའི་བྲག་རྡོའི་སྟེང་དང་སྡོང་ཕྲན་གྱི་སྟེང་དུ་ལུག་པས་རྣེད་དཀའ། ཟླ6པར་ཉིན་དཀར་དང་མཚན་མོ་གཉིས་ཀར་སྦལ་པས“ཀཱ་ཀཱ་ཀཱ”ཞེས་པའི་སྒྲ་གདངས་གཅིག་ཅན་གྱི་སྒྲ་སྒྲོགས་པ་ཐོས་རྒྱུ་ཡོད། སྐད་འཇམ་པོ་ཡིན་ཞིང་། སྤྱིར་བཏང་དུ་བསྟུད་མར་ཐེངས5—8ལ་སྒྲ་གྲགས། སྦལ་བ་མང་ཆེ་བ་དང་མི་འདྲ་བར་ཕོ་རིགས་ཕོ་ནས་སྒྲོགས་ཤིང་། བོད་ལྗོངས་ཀྱི་ལྷོ་འབུར་སྦལ་བས་ཀྱང་སྐད་ཅོར་བརྒྱབ་པས་སྐད་དེ་ཕོ་རིགས་དང་བསྡུར་ན་ཁྱད་པར་ཆེན་པོ་མེད། ཕྱི་རོལ་དུ་རྟོག་ཞིབ་བྱེད་སྐབས། སྦལ་རིགས་འདི་སྔོ་དྲེག་གི་འོག་ཏུ་སྦས་པའི་སྔོ་ང་ཚོགས་པ་ཡོད་ལ། སྔོ་ང་དཀར་པོ་ཡིན་པ་དང་གྲངས་འབོར་ཉུང་ཉུང་བ་རེད།

ས་ཁམས་ཁྱབ་ཚུལ། མདོ་དབུས་མཐོ་སྒང་དུ་དམིགས་བསལ་དུ་ཡོད་པའི་དངོས་རིགས་ཡིན། ཁྱབ་ཁྱོན་ཙུང་ཀུ་དོག་ཅིང་། མིག་སྔར་བོད་ལྗོངས་ཀྱི་ཉིང་ཁྲི་གྲོང་ཁྱེར་བྲག་ཡིབ་ཆུས་དང་སྒོ་པོ་རྫོང་། མེ་ཏོག་རྫོང་བཅས་ཁོ་ནར་ཁྱབ་ཡོད་པ་རེད།

ཉེན་བཅར་རིམ་པ། ཉེན་ཁ་འབྱུང་སླ་བའི་རིགས། (VU)

སྲུང་སྐྱོབ་རིམ་པ། གནས་སྐབས་སུ་རྒྱལ་ཁབ་གཙོ་གནད་སྲུང་སྐྱོབ་བྱ་རྒྱུའི་བྱེས་སྐྱེས་སྲོག་ཆགས་ཀྱི་མིང་ཐོའི་ནང་ལ་བཀོད་མེད།

46. 独龙江灌树蛙 *Raorchestes dulongensis* Wu, Liu, Gao, Wang, Li, Zhou, Yuan, and Che, 2021

形态特征：体形较小，成年个体全长不足 2 厘米。头长大于头宽；前肢较长，前臂及手长大于体长之半；后肢适中，贴体前伸时胫跗关节达眼前端；指、趾端均具吸盘；雄性具单咽下外声囊。自然状态下，通体背部呈棕色，两眼间具明显的黑色三角形斑纹；颞褶下缘黑色；背部具形似“)(”的黑色斑纹；指、趾端吸盘呈灰色或者橘红色；喉部、胸部和腹部乳白色，并散布若干白色斑点；近胯部具两个乳白色斑块，其间夹杂一明显的黑色斑块；大腿近腹股沟处具类似的黑白斑块；四肢背面具深棕色的模糊横纹；大腿、胫部及跗部腹面棕色并散布大的乳白色斑块和小的白色斑点；瞳孔横置，卵圆形，虹膜褐色。

生态习性：该物种栖息于海拔 1200 米左右的灌丛中，由于体型较小，极难被发现和观测。夜间活动，繁殖期的夜间，雄性常趴伏于灌丛或草本植物叶片上发出类似“treenk、treenk、treenk”的鸣声，鸣声的持续时间及节奏多变。

灌树蛙属物种繁殖方式特殊，多采用直接发育的方式，即雌性将卵产于潮湿的落叶堆、草丛或树洞中，胚胎在卵内直接发育为幼蛙而不经历水生的蝌蚪阶段，这种特殊的繁殖方式降低了灌树蛙属物种对水的依赖，有效提升了该类群对各种环境的适应能力。

地理分布：青藏高原特有物种。分布范围狭窄，目前仅记录分布于云南贡山县。

濒危等级：未评估（NE）

保护等级：暂未列入国家重点保护野生动物名录。

ཤིང་སྦལ་གྱི་ཚན་པ། Rhacophoridae སྡོང་སྦལ་གྱི་ཁོངས། *Raorchestes*

46.ཏུའུ་ལུང་གཙང་པོའི་སྡོང་སྦལ། *Raorchestes dulongensis* Wu, Liu, Gao, Wang, Li, Zhou, Yuan, and Che, 2021

གཟུགས་དབྱིབས་ཁྱད་ཆོས། གཟུགས་དབྱིབས་ཅུང་ཆུང་ཞིང་ནར་སོན་ཚེ་སྤྱིའི་རིང་ཚད་ལ་ལི་སྨི2ལས་མེད། མགོ་ཡི་རིང་ཚད་ནི་ཞེང་ཚད་ལས་རིང་། ལག་པ་ཅུང་རིང་བ་དང་། ལག་ངར་དང་ལག་པ་གཉིས་ཀྱི་རིང་ཚད་ནི་གཟུགས་པོའི་རིང་ཚད་ཀྱི་ཕྱེད་ཀ་ཡིན། རྐང་ལག་དོ་མཉམ་པ་དང་། སྦྲུར་གཟུགས་ཀྱི་མདུན་དུ་བརྐྱངས་དུས་རྗེ་ངར་ཆེ་བའི་ཚིགས་མིག་གི་མདུན་ལ་སླེབས་ཡོད། མཛུབ་མོ་དང་རྐང་སོར་ལ་འཇིབ་སྡེར་ཡོད་པ་དང་། ཕོ་རིགས་ཀྱི་མགྲིན་པར་སྒྲ་སྣོད་ཡོད། སྤྱིར་བཏང་སྤྱི་གཟུགས་ཀྱི་རྒྱབ་ངོས་ནི་རྫ་མདོག་ཡིན་ལ། མིག་གཉིས་ཀྱི་བར་དུ་ཟུར་གསུམ་ནག་པོའི་ཁྲ་ཐིག་མངོན་གསལ་ལྡན། ཉ་ལྷན་གྱི་གཉེར་མའི་འོག་ནི་ནག་པོ་ཡིན། རྒྱབ་ལ་དབྱིབས“)(”ཅན་གྱི་ནག་པོའི་ཁྲ་ཐིག་ཡོད། མཛུབ་མོ་དང་རྐང་སོར་གྱི་མདོག་ནི་དམར་སེར་ཡིན། གྲེ་བའི་ཁག་དང་བྲང་ཁ། གསུས་ཁག་བཅས་ཀྱི་མདོག་དཀར་པོ་ཡིན་པར་མ་ཟད། དེ་རུ་ཁྲ་ཐིག་དཀར་པོ་འགའ་ཁྲབ་ཡོད། དཔྱི་དང་ཉེ་བའི་ནང་དུ་མདོག་དཀར་པོ་ཅན་གྱི་ཁྲ་རྡོག་གཉིས་ཡོད་

ཅིང་། དེའི་བར་དུ་ནག་ཅིང་གསལ་བའི་ཁྲ་རྗོག་གཅིག་འདྲེས་ཡོད། བརླ་ཡི་སྟེ་སྐྱོགས་དང་ཉེ་བའི་ས་ཏུ་མདོག་དཀར་ནག་ཅན་གྱི་ཁྲ་ཐིག་ཡོད་པ་དང་། རྐང་ལག་གི་རྒྱབ་ངོས་སུ་སྨུག་སྐྱའི་འཕྲེད་རིས་ཡོད། བརླ་དང་རྗེ་ངར་ཆེ་བའི་ཁག་དང་དེ་མིན་འཕོངས་ཁག་གི་གསུམ་ངོས་རྫ་མདོག་ཡིན་པར་མ་ཟད། ད་དུང་མདོག་དཀར་པོ་ཅན་གྱི་ཁྲ་རིས་དང་མདོག་དཀར་པོ་ཅན་གྱི་ཁྲ་ཐིག་ཁྱབ་ཡོད། མིག་གི་འབྲས་འཕྲེད་དུ་གནས་པ་དང་། སྒོ་ང་སྒོར་དབྱིབས་ཡིན་ལ། འཇའ་སྐྱིའི་ཁ་དོག་སྨུག་པོ་ཡིན།

སྐྱེ་ཁམས་གོམས་གཤིས། སྦལ་བ་འདིའི་རིགས་གཙོ་བོ་མཚོ་ངོས་ལས་མཐོ་ཚད་སྨི1200ཡས་མས་ཀྱི་སྡོང་ཕྲན་ནམ་ནགས་རྫོབ་ཏུ་འཚོ་ཞིང་། གཟུགས་གཞི་ཆུང་ཆུང་བའི་དབང་གིས་རྙེད་དཀའ་ལ་ལྟ་ཞིབ་ཀྱང་བྱེད་དཀའ། མཚན་མོར་འགུལ་སྐྱོད་བྱེད་པ་དང་སྐྱེ་འཕེལ་དུས་སུ་མཚན་མོར་ཕོ་རིགས་རྒྱུན་དུ་སྡོང་ཕྲང་ངམ་རྩྭ་རྩི་ཤིང་གི་ལོ་འདབ་ལ་ཉལ་ནས“trreenk,trreenk,trreenk”ཟེར་བ་དང་མཚུངས་པའི་སྐད་ཅོར་སྒྲོག་པ་དང་། སྒྲའི་རྒྱུན་མཐུད་དུས་ཚོད་དང་མགྱོགས་ཚད་འགྱུར་བ་ཆེ། སྡོང་སྦལ་ནི་དངོས་རིགས་རྒྱུད་སྤེལ་བྱེད་སྟངས་དམིགས་བསལ་ཅན་ཞིག་ཡིན་པ་དང་། མང་ཆེ་བ་ཐད་ཀར་སྐྱེ་འཚར་ཡོང་བའི་བྱེད་སྟངས་སྤྱོད་ཀྱི་ཡོད། དེ་ནི་སྒོ་ང་བརླན་པའི་ལོ་ལྡུང་ཕུང་པོ་དང་། རྩྭ་ཚོགས་སམ་ཡང་ན་ཤིང་ཁུང་ནང་དུ་སྐྱེས་ཡོད་ཅིང་། སྦྲུམ་རྟེན་ནི་སྒོ་ངའི་ནང་དུ་ཐད་ཀར་སྦལ་ཕྲུག་གི་རིགས་སུ་སྐྱེ་འཚར་ཡོང་གིན་ཡོད་པས་རྒྱུར་མི་བརྒྱུད་པའི་ལྦོང་མོ་དུས་རིམ་ཞིག་ཡིན། དམིགས་བསལ་གྱི་རྒྱུད་འཕེལ་བྱེད་སྟངས་འདིས་སྡོང་སྦལ་ཁོངས་སྐྱེ་དངོས་རིགས་ཀྱིས་ཆུ་ལ་བརྟེན་ཚད་དམའ་རུ་བཏང་བ་དང་། དེ་རིགས་ཀྱི་ཁྱུ་ཡིས་ཁོར་ཡུག་སྣ་ཚོགས་ལ་བསྟུན་པའི་ནུས་པ་ཆེ་རུ་ཕྱིན་ཡོད།

ས་ཁམས་ཁྱབ་ཚུལ། མདོ་དབུས་མཐོ་སྒང་དུ་དམིགས་བསལ་དུ་ཡོད་པའི་དངོས་རིགས་ཡིན། ཁྱབ་ཁོངས་གུ་དོག་ཅིང་། མིག་ཐུར་ཡུན་ནན་གྱི་ཀུང་ཧྲན་རྫོང་ཁོ་ནར་ཁྱབ་ཡོད།

ཉེན་བཅར་རིམ་པ། དཔྱད་དཔོག་བྱས་མེད་པ། (NE)

སྲུང་སྐྱོབ་རིམ་པ། གནས་སྐབས་སུ་རྒྱལ་ཁབ་གཙོ་གནད་སྲུང་སྐྱོབ་བྱ་རྒྱུའི་བྱེས་སྐྱེས་སྲོག་ཆགས་ཀྱི་མིང་ཐོའི་ནང་ལ་བཀོད་མེད།

47. 墨脱棱鼻树蛙 *Nasutixalus medogensis* Jiang, Wang, Yan, and Che, 2016

形态特征：体形中等，成年个体全长约5厘米。头长与头宽几乎相等；吻端圆，略突出于下颌；吻棱显著隆起，自鼻孔至眼前角形成棱状，该类群也因此特征而得名“棱鼻树蛙”；前肢长而粗壮，前臂及手长大于体长之半；后肢较长，贴体前伸时胫跗关节达眼部；指、趾端均具吸盘；雄性具单咽下内声囊，繁殖期第一指内侧具婚垫。自然状态下，通体背面和侧面呈绿色与浅棕色相互交杂，头背面具1个顶点向后的浅棕色三角形斑，体背面具1个较宽的，略呈“X”形的浅棕色斑；四肢背面具浅棕色横纹。腹面除胸部为浅乳黄色外，其余部分均呈肉色；瞳孔黑色，虹膜棕黑色，具黄白色的“X”形细斑。

生态习性：该物种系 2016 年依据西藏墨脱县采集的标本所描述的树蛙科新属新种。主要栖息于海拔 1600—2100 米的热带常绿阔叶林，初夏时于树冠层鸣叫求偶。结合野外观察及近缘物种资料推测，繁殖期，雄性会占据距离地面数米高的积水树洞作为繁殖场所，通过鸣叫吸引雌性交配和产卵。雌性多将卵产于积水树洞内壁，卵据水面数厘米。蝌蚪孵化后便落于树洞积水中，以未受精的蛙卵为食。由于栖息环境隐匿，难以观测，关于该物种更多的生物学资料仍属未知。

地理分布：青藏高原特有物种。分布范围狭窄，目前仅记录分布于西藏墨脱县。

濒危等级：数据缺乏（DD）

保护等级：暂未列入国家重点保护野生动物名录。

ཤིང་སྦལ་གྱི་ཚན་པ། Rhacophoridae སྣ་དབྱིབས་སྦོང་སྦལ་གྱི་ཁོངས། *Nasutixalus*

47. མེ་ཏོག་གི་སྣ་དབྱིབས་སྦོང་སྦལ། *Nasutixalus medogensis* Jiang, Wang, Yan, and Che, 2016

གཟུགས་དབྱིབས་ཁྱད་ཆོས། གཟུགས་དབྱིབས་འབྲིང་ཙམ་ཡིན་ཞིང་ནར་སོན་ཆེ་སྤྱིའི་རིང་ཚད་ལ་ཕལ་ཆེར་ལི་སྨི5ཡོད། མགོའི་རིང་ཚད་དང་ཞེང་ཚད་ཧ་ལམ་གཅིག་མཚུངས་ཡིན། མཆུ་ཏོའི་སྣེ་སྒོར་ནི་མ་མགལ་ལས་ཐུང་འབུར་ཐོན་ཡིན་པ་དང་། མཆུ་སྒྲོའི་གྲུ་མདོན་གསལ་དོད་པོར་འབུར་ནས་སྣ་ཁུང་ནས་མིག་མདུན་གྱི་ཟུར་བར་གྲུབ། འདི་ལའང་དེའི་ཁྱད་ཆོས་ལྡན་པས་མིང་ལ“ཁ་སྣ་སྦོང་སྦལ”ཞེས་འདོད། ལག་པ་རིང་ཞིང་སྦོམ་པ་དང་། ལག་ངར་དང་ལག་པ་གཉིས་ཀྱི་རིང་ཚད་གཟུགས་ཀྱི་ཕྱེད་ཀ་ལས་རིང་བ་ཡིན། རྐང་ལག་ཐུང་རིང་བ་དང་། འབྱར་གཟུགས་སྔོན་དུ་བརྐྱང་སྐབས་རྗེ་ངར་ཆེ་བའི་ཚིགས་མིག་ལ་ཐོན། མཛུབ་མོ་དང་རྐང་སོར་ལ་འཛིབ་སྡེར་ཡོད། ཕོ་རིགས་ཀྱི་མགྲིན་པ་ལ་སྒྲ་སྣོད་ཡོད་པ་དང་། སྐྱེ་འཕེལ་དུས་ཀྱི་མཛུབ་མོ་དང་པོ་རུ་ནང་གཤོགས་ཀྱི་མཚན་ལྤེབས་ཡོད། སྤྱིར་བཏང་ལུས་ཡོངས་ཀྱི་རྒྱབ་ངོས་དང་གཤོགས་ངོས་ནི་ལྗང་མདོག་དང་སྨུག་སྐྱ་ཕན་ཚུན་འདྲེས་ཡོད་པ་དང་། མགོའི་རྒྱབ་ངོས་སུ་རྟེ་གཅིག་རྒྱབ་ཕྱོགས་སུ་ཡོད་པའི་སྨུག་

པོའི་ཟུར་གསུམ་དབྱིབས་ཀྱི་ཁྲ་ཐིག་ཡོད་ལ། གཟུགས་ཀྱི་རྒྱབ་ངོས་སུ་རྩུང་ཡངས་པ་གཅིག་ཡོད། དེ་ནི“X”དབྱིབས་ཀྱི་སླུག་ཐིག་དང་མཚུངས། རྐང་ལག་གི་རྒྱབ་ངོས་ལ་འཕྲེད་རིས་ཀྱི་ཟྭ་མདོག་ཡོད། གསུམ་པའི་ངོས་ནི་བྲང་ཁ་ལས་གཞན་པའི་ཆ་ཤས་ཚང་མ་ཤ་མདོག་ཡིན། མིག་འབྲས་ནག་པོ་ཡིན་པ་དང་། འཇའ་སྐྱིའི་ཁ་དོག་ནག་པོ་ཡིན་ལ། མདོག་སེར་པོའི“X”དབྱིབས་ཀྱི་ཁྲ་ཐིག་ཡོད།

སྐྱེ་ཁམས་གོམས་གཤིས། སྤྲུལ་བ་འདིའི་རིགས་ནི2016ལོར་བོད་ལྗོངས་ཀྱི་མེ་ཏོག་རྫོང་གིས་འཚོལ་ཞིབ་བྱས་པའི་དངོས་དཔེའི་ཐོག་ནས་བྲིས་པའི་ཤིང་སྤྲུལ་ཚན་གྱི་རིགས་རྒྱུད་གསར་བ་ཞིག་རེད། སྤྱིར་བཏང་མཚོ་ངོས་ལས་མཐོ་ཚད་སྨི1600—2100ཅན་གྱི་ཚ་ཁུལ་གྱི་རྒྱུན་ལྡང་གི་ནགས་ཚལ་དུ་འཚོ་ཞིང་། དབྱར་དུས་སུ་སྔོང་པོའི་ཞྭ་མོའི་བང་རིམ་ནས་ཕན་ཚུན་འགྲོགས་པར་བྱེད། ཕྱི་རོལ་བས་ལྟ་ཞིབ་དང་ཉེ་རྒྱུད་དངོས་རིགས་ཀྱི་དཔྱད་གཞི་ལྟར་ན། རྒྱུད་སྤེལ་དུས་སྐབས་སུ་ཕོ་རིགས་ཀྱིས་ས་ངོས་ལས་མཐོ་ཚད་སྨི་འགའ་ཡོད་པའི་ཚུ་བསགས་ཤིང་ཁུང་བཟུང་ནས་རྒྱུད་སྤེལ་བྱེད་ས་བྱས་ཏེ། སྐད་གསང་མཐོན་པོས་མོའི་རིགས་དང་སྡེབ་སྦྱོར་དང་སྒོ་ང་གཏོང་དུ་འཇུག མོ་མང་ཆེ་བས་སྒོ་ང་ནི་ཚུ་བསགས་ཤིང་ཁུང་གི་ནང་ལྡེབས་ནས་ཐོན་པ་དང་། སྒོ་ང་ཚུ་ངོས་ལས་ལི་སྨི་འགའ་ཡོད། སྦོང་མོ་ཉམ་འགྱུར་ནི་ཤིང་ཁུང་ནང་གི་ཆུའི་ནང་དུ་ལྷུང་བ་དང་། ཐེའུ་འབྲུ་བླངས་མེད་པའི་སྤྲུལ་བའི་སྒོ་ང་ནི་ཟས་ཡིན། འཚོ་སྡོད་ཁོར་ཡུག་གི་རྐྱེན་པས་ལྟ་ཞིབ་བྱེད་དཀའ་ཞིང་དངོས་རིགས་འདིའི་སྐོར་གྱི་སྐྱེ་དངོས་རིག་པའི་དཔྱད་གཞི་མང་པོ་ཞིག་ནི་ཐུར་བཞིན་ཤེས་མེད་པའི་ཁོངས་སུ་གཏོགས་ཀྱི་ཡོད།

ས་ཁམས་ཁྱབ་ཚུལ། མདོ་དབུས་མཐོ་སྒང་དུ་དམིགས་བསལ་དུ་ཡོད་པའི་དངོས་རིགས་ཡིན། ཁྱབ་ཁོངས་གུ་དོག་ཅིང་། མིག་སྔར་བོད་ལྗོངས་ཀྱི་མེ་ཏོག་རྫོང་ཁོ་ནར་ཁྱབ་ཡོད་པ་རེད།

ཉེན་བཅར་རིམ་པ། གཞི་གྲངས་ཉུང་བ། (DD)

སྲུང་སྐྱོབ་རིམ་པ། གནས་སྐབས་སུ་རྒྱལ་ཁབ་གཙོ་གནད་སྲུང་སྐྱོབ་བྱ་རྒྱུའི་བྱེས་སྐྱེས་སྲོག་ཆགས་ཀྱི་མིང་ཐོའི་ནང་ལ་བཀོད་མེད།

48. 横纹树蛙 *Rhacophorus translineatus* Wu, 1977

形态特征：体形中等，成年个体全长约5—6厘米。头长大于头宽；吻端尖，向前突起形成皮质锥状吻突，雄性吻突较雌性更尖且长；前臂较粗壮，外侧具肤棱；后肢细长，贴体前伸时胫跗关节达眼前角；指、趾端均具吸盘；背面皮肤光滑；雄性具单咽下内声囊，繁殖期第一指内侧和第二指内侧基部具乳白色婚垫。自然状态下，体背颜色深浅多变，通常为棕褐色或棕黄色，头部及背部具9—12条深褐色细横纹，体后部横纹较不规则；前肢和后肢背面具宽窄不一的深褐色横纹；体侧和上臂前后具黑色和白色交织的网状斑，或杂以黄色。腹面乳白色，具橘红色网状斑，喉部偏棕色。

生态习性：该物种栖息于海拔1200—1500米植被茂密的沼泽地水坑，湖泊等静水水域附近。白天多隐藏于水边灌木丛或树木枝叶间，不易被发现，傍晚和夜间活动频繁。受惊扰后，立即跳脱，降落过程中会伸直四肢并将指、趾间的蹼完全撑开以降低下降速度，以此避免跌伤，也可以更准确地到达预期的位置。每年7—8月为繁殖盛期，这期间雄性发出较尖锐的单音节鸣叫声以吸引配偶。该物种产卵习性较为特殊，雌性横纹树蛙通常怀卵130枚左右，其会将卵分批产于湖边较大树叶上，通常数枚卵为1团，每片树叶仅产1团。卵团多粘附于叶尖，利用重量将叶片压低，雨水或露水便会汇集至卵团所在的叶尖以提供充足的水分。卵团所在叶片的下方多为湖水或湖边的水坑，约一周后，蝌蚪便会发育成熟，随即挣脱卵衣，顺势落入水中。

地理分布：分布范围狭窄，国内仅记录分布于西藏墨脱县；国外分布于不丹。

濒危等级：近危（NT）

保护等级：暂未列入国家重点保护野生动物名录。

སྤོང་སྤྲལ་གྱི་ཚན་པ། Rhacophoridae སྤོང་སྤྲལ་གྱི་ཁོངས། *Rhacophorus*

48. འཕྲེད་རིས་སྤོང་སྤྲལ། *Rhacophorus translineatus* Wu, 1977

གཟུགས་དབྱིབས་ཁྱད་ཆོས། གཟུགས་དབྱིབས་འབྲིང་ཙམ་ཡིན་ཞིང་ནར་སོན་ཆེ་སྤྱིའི་རིང་ཚད་ལ་ལི་སྨི5—6ཡོད། མགོ་ཡི་རིང་ཚད་ནི་མགོ་ཡི་ཞེང་ཚད་ལས་རིང་། མཆུ་ཏོའི་རྩེ་མོ་མདུན་ལ་འབུར་བ་དང་པགས་རྒྱུའི་སྣུང་བུའི་དབྱིབས་ཀྱི་མཆུ་ཏོའི་དབྱིབས་འབུར་གྲུབ་ཡོད། ཕོ་ཡི་མཆུ་འབུར་དེ་མོ་ལས་རྣོ་ཞིང་རིང་བ་དང་། ལག་ངར་ཆེ་ལ་སྲོམ་པ་ཡིན། རྐང་བ་ཕྲ་ཞིང་རིང་ལ། སྦྱར་གཟུགས་མདུན་དུ་ཀྱོང་དུས་རྗེ་ངར་ཆེ་བའི་ཚིགས་མིག་གི་མདུན་ལ་སླེབས་ཐུབ། མཛུབ་མོ་དང་རྐང་སོར་ལ་འཛིན་སྡེར་ཡོད། རྒྱབ་ངོས་ཀྱི་པགས་པ་འཇམ་པོ་ཡིན་པ་དང་། ཕོ་རིགས་ཀྱི་མགྲིན་པ་ལ་སྒྲ་སྣོད་ཡོད། སྐྱེ་འཕེལ་དུས་ཀྱི་མཛུབ་མོ1པོའི་ནང་གཞོགས་དང2པའི་ནང་གཞོགས་ཀྱི་རྨང་གཞིར་འོ་མདོག་གི་མཚན་ལྷེབས་ཡོད། སྤྱིར་བཏང་ལུས་པོའི་རྒྱབ་ངོས་ཀྱི་ཁ་དོག་ལ་འགྱུར་བ་མང་ཞིང་། སྤྱིར་བཏང་དུ་ཁ་དོག་ཁམ་སྨུག་གམ་སྨུག་པོ་ཡིན་ལ། མགོ་དང་རྒྱབ་ཀྱི་རི་མོ་ལ9—12ཙམ་ཡོད་ཅིང་། ལུས་པོའི་རྒྱབ་ངོས་ཀྱི་འཕྲེད་རིས་ལ་དབྱིབས་ངེས་མེད་ཡིན། མདུན་སུག་དང་རྒྱབ་ལག་གི་རྒྱབ་ངོས་སུ་ཞེང་ཆུང་ལ་གུ་དོག་པའི་འཕྲེད་རིས་ཁམ་ནག་ཡོད་པ་དང་། ལུས་པོའི་གཞོགས་

དང་དཔུང་བའི་གཡས་གཡོན་དུ་ནག་པོ་དང་དཀར་པོ་འདྲེས་པའི་དྲ་ཐིག་སེར་པོ་ཡིན། གསུམ་ངོས་དཀར་པོ་ཡིན་པ་དང་། ཚ་ལུ་མའི་དབྱིབས་ཀྱི་ཁྲ་ཐིག་ཡོད་ལ། མིད་པའི་མདོག་ནི་ཟྭ་མདོག་ཡིན།

སྐྱེ་ཁམས་གོམས་གཤིས། སྐྱིལ་བ་འདིའི་རིགས་གཙོ་བོ་མཚོ་ངོས་ལས་མཐོ་ཚད་སྨི1200—1500བར་གྱི་ཐོ་ཁེབས་སྡུག་པའི་འདམ་རྫབ་དང་། མཚོའུ་སོགས་ཀླིང་འཛམ་ས་ཁུལ་ཁོངས་ཀྱི་ཉེ་འགྲམ་དུ་འཚོ་སྡོད་བྱེད་པ་དང་། ཉིན་མོར་ཆུ་འགྲམ་གྱི་སྡོང་ཕྲན་ནམ་ནགས་རྫོབ་དང་ཤིང་སྡོང་གི་ཡལ་འདབ་བར་དུ་སྦས་ཡོད་པས་མཐོང་དཀའ་ལ། ས་སྟོད་དང་མཚན་མོར་འགུལ་སྐྱོད་མང་པོ་བྱེད་ཀྱིན་ཡོད། སྐྱག་རྗེས་དེ་མ་ཐག་མཚོངས་ནས་འགྲོ་བ་དང་། མར་འབབ་པའི་གོ་རིམ་ཁྲིད་རྐང་ལག་དྲང་མོར་བརྐྱངས་ནས་མཛུབ་མོ་དང་རྐང་སོར་བར་གྱི་སྐྱི་མོ་ཡོངས་སུ་བཀྱེད་པས་མར་ལྡང་བའི་སྒྱུར་ཚད་ཇེ་དམའ་རུ་བཏང་སྟེ། དེ་ཡིས་མར་ལྡང་བའི་རྨ་ཁ་མི་འབྱུང་བར་བྱེད་ལ། དེ་ལས་ཀྱང་གནད་ལ་འཁེལ་བའི་སྒོ་ནས་སྡོན་དཔག་གི་གནས་སུ་སླེབས་ཐུབ། ལོ་རེའི་ཟླ7—8པའི་བར་ནི་སྐྱེ་འཕེལ་དུས་ཡིན་ལ། འདིའི་སྐབས་སུ། ཕོ་རིགས་ཀྱིས་སྐྲ་གདངས་གཅིག་ཅན་གྱི་སྐྲ་སྐད་སྒྲོག་ནས་མོ་རིགས་འགུག་པ་རེད། སྐྱེ་དངོས་འདིའི་རིགས་ཀྱིས་སྒོ་ང་གཏོང་བའི་གོམས་གཤིས་དམིགས་བསལ་ཞིག་ཡིན་པ་དང་། མོ་ཡི་འཕྲེད་རིས་ལ་རྒྱུན་དུ་སྒོ་ང130ཡས་མས་གཏོང་གིན་ཡོད་ཅིང་། དེ་དག་གིས་སྒོ་ང་རྣམས་བགོས་ནས་མཚོའུ་འགྲམ་གྱི་ལོ་མ་ཙུང་ཆེ་བའི་ལོ་མ་ཐོག་ཏུ་གཏོང་གིན་ཡོད། སྤྱིར་བཏང་དུ་སྒོ་ང་གཅིག་ནི་ཚོགས་པ1ཡིན་པ་དང་། ལོ་མ་གཅིག་ལས་ཚོགས་པ1རེ་ལས་མེད། སྒོ་ང་མང་པོ་ལོ་མའི་རྩེ་ལ་འབྱར་ནས་ཡོད་ཅིང་། ལྤིད་ཚད་སྦྱུད་དེ་ལོ་འདབ་མར་བཙགས་ན། ཆར་བའམ་ཟིལ་པས་སྒོ་ང་ཚོགས་ཡུལ་གྱི་ལོ་མའི་རྩེ་ལ་འདུས་ནས་ཆུ་འདང་ངེས་འདོན་སྤྱོད་བྱེད་ཐུབ། སྒོ་ངའི་ཚོགས་པ་གནས་པའི་ལོ་མ་དེའི་འོག་ཏུ་མང་ཆེ་བ་མཚོའུ་འམ་མཚོའུ་འགྲམ་གྱི་ཆུ་དོང་ཡིན་ཞིང་། གཟའ་འཁོར་གཅིག་གི་རྗེས་སུ་ལྦོང་མོ་ནར་སོན་ནས་འཆར་ལོངས་བྱུང་བ་རེད། དེ་དང་མཉམ་དུ་སྒོ་ངའི་དབྱིབས་ཀྱི་འཆིང་རྒྱ་ལས་ཐར་ནས་དེ་དང་བསྟུན་ནས་ཆུ་ནང་དུ་ལྷུང་བ་རེད།

ས་ཁམས་ཁྱབ་ཚུལ། ཁྱབ་ཁོངས་གུ་དོག་ཅིང་། རྒྱལ་ནང་གི་བོད་ལྗོངས་ཀྱི་མེ་ཏོག་རྫོང་ཁོ་ནར་ཁྱབ་ཡོད། ཕྱི་རྒྱལ་གྱི་འབྲུག་ཡུལ་དུ་ཁྱབ་ཡོད།

ཉེན་བཅར་རིམ་པ། ཉེན་ཁའི་རིགས། (NT)

སྲུང་སྐྱོབ་རིམ་པ། གནས་སྐབས་སུ་རྒྱལ་ཁབ་གཙོ་གནད་སྲུང་སྐྱོབ་བྱ་རྒྱུའི་བྱེས་སྐྱེས་སྲོག་ཆགས་ཀྱི་མིང་ཐོའི་ནང་ལ་བཀོད་མེད།

49. 圆疣树蛙 *Rhacophorus tuberculatus* (Anderson, 1871)

形态特征：体形较小，成年个体全长约 4 厘米。身形瘦长而扁平；头长大于头宽；前肢较短，前臂及手长不及体长之半；后肢细长，贴体前伸时胫跗关节达眼前角；指、趾端均具吸盘；背面皮肤较光滑，仅有分散的细小痣粒；雄性具单咽下内声囊，繁殖期指上无婚垫。自然状态下体背面颜色变异颇大，即使同一个体，在不同状态下体色也有变化，大致可归纳为 2 种色型。其一，通体背面呈棕色或棕灰色，散布有棕褐色小斑点和不规则大斑；其二，通体背面呈棕黄色，头顶至体后端具 1 个镶棕黑色边的棕色大纵斑，其上具棕黑色小斑点。四肢背面均呈棕色，具横纹；头和体腹面乳白色，股腹面灰白色，具灰黑色小点；瞳孔黑色，虹膜棕灰色。

生态习性：该物种栖息于海拔 800—1400 米的热带雨林或竹林中。

体背色斑与附生有菌类、地衣或苔藓的竹竿颜色较为相似。其繁殖习性特殊，通常选择破损且有积水的竹节内作为繁殖场所。雌性将卵产于竹子湿润的内壁上，蝌蚪孵化后落入竹筒内的积水中继续发育直至变态。文献资料中记述，曾在一中空的竹段内发现 4 只成年圆疣树蛙，但该竹段仅有一直径不足 1 厘米的虫蛀孔与外界相通，推测这些蛙或是幼年时期通过虫蛀孔进入竹段，随后以钻入竹内的蠕虫和小昆虫为食，直至体型变大而被困于竹段内无法逃脱。

地理分布：仅分布于青藏高原东南缘的低海拔地区，如西藏墨脱县；国外分布于印度。

濒危等级：数据缺乏（DD）

保护等级：暂未列入国家重点保护野生动物名录。

49. སྒོར་འཛེར་སྦོང་སྦལ། *Rhacophorus tuberculatus* (Anderson, 1871)

གཟུགས་དབྱིབས་ཁྱད་ཆོས། གཟུགས་དབྱིབས་ཙུང་ཆུང་ཞིང་ནར་སོན་ཚེ་སྤྱིའི་རིང་ཚད་ལ་ལི་སྨི4ཡོད། ལུས་པོའི་ཤ་སྐམ་ཞིང་རིང་ལ་ལེབ་མོ་ཡིན། མགོ་དང་ལག་པའི་རིང་ཚད་ནི་ལུས་པོའི་རིང་ཚད་ཀྱི་ཕྱེད་ཀ་ཙམ་ལས་མེད། ལག་ངར་དང་ལག་པའི་རིང་ཚད་ནི་ལུས་པོའི་རིང་ཐུང་གི་ཕྱེད་ཀ་ཙམ་ལས་མེད། རྐང་པ་ཐྲ་ཞིང་རིང་ལ་སྦྲུར་གཟུགས་མདུན་དུ་རྐྱོང་དུས་རྗེ་ངར་ཆེ་བའི་ཚིགས་མིག་གི་མདུན་ལ་སླེབས་ཐུབ། མཛུབ་མོ་དང་རྐང་སོར་ལ་འཛིབ་སྡེར་ཡོད། རྒྱབ་ངོས་ཀྱི་ཤ་པགས་ཙུང་འཛམ་པོ་ཡིན་པ་དང་ཁ་ཐོར་གྱི་སྨེ་བ་ཐྲ་མོའི་རྡོག་ལས་མེད། ཕོ་རིགས་ལ་སྒྲ་སྣོད་མེད། རྒྱུད་སྤེལ་དུས་མཛུབ་སྟེང་དུ་མཚན་ཐེབས་ཡོད། སྤྱིར་བཏང་ལུས་རྒྱབ་ངོས་ཀྱི་ཁ་དོག་ལ་གཞན་འགྱུར་ཆེ་བ་དང་། སྦལ་བ་གཅིག་ཡིན་ཡང་རྣམ་པ་མི་འདྲ་བའི་འོག་གི་གཟུགས་པོའི་ཁ་དོག་ལའང་འགྱུར་ལྡོག་ཡོད་དེ། ཕལ་ཆེར་མདོག་རིགས་གཉིས་སུ་བསྡུས་ཆོག གཅིག ལུས་ཡོངས་ཀྱི་རྒྱབ་ངོས་སུ་སྨུག་པོའམ་སྨུག་སྐྱའི་མདོག་ཡོད་ཅིང་། སྨུག་པོའི་ཁྲ་ཐིག་ཆུང་ཆུང་དང་དབྱིབས་ངེས་མེད་ཀྱི་ཁྲ་ཐིག་ཆེན་པོ་ཁྱབ་ཡོད། གཉིས། ལུས་ཡོངས་ཀྱི་རྒྱབ་ངོས་ནི་ཇ་མདོག་སེར་པོ་

ཡིན་པ་དང་། མགོ་ནས་གཟུགས་བར་གྱི་སྒེ་ཊ་ཁ་དོག་ནག་པོ་ཅན་གྱི་མཐའ་ཡི་ཇ་མདོག་གི་ཁྲ་ཐིག་ཡོད་ཅིང་། དེའི་སྟེང་དུ་ཁྲ་ཐིག་ནག་པོའང་ཡོད། རྐང་ལག་གི་རྒྱབ་ངོས་ཚང་མ་ཇ་མདོག་ཡིན་ལ་འཕྱེད་རིས་ལྡན། མགོ་དང་གསུམ་པའི་ངོས་དཀར་པོ་ཡིན་པ་དང་། མིག་འབྲས་ནག་པོ་ཡིན་པ་དང་། འཇའ་སྐྱིའི་མདོག་ནི་སྐྱ་བོ་ཡིན།

སྐྱེ་ཁམས་གོམས་གཤིས། སྦལ་བ་འདིའི་རིགས་གཙོ་བོ་མཚོ་ངོས་ལས་མཐོ་ཚད་སྨི800—1400བར་གྱི་ཚ་ཁུལ་གྱི་ཆར་ནགས་སམ་སྤྲུག་མའི་ནགས་ཚལ་དུ་འཚོ་སྡོད་བྱེད་པ་དང་། ལུས་པོའི་རྒྱབ་ངོས་ཀྱི་མདོག་ཁྲ་དང་ཟུར་དུ་སྐྱེས་པའི་ཤ་མོའི་རིགས་དང་ས་གོས། ཕོ་དྲེག་བཅས་ཀྱི་སྤྲུག་མའི་ཁ་དོག་ཅུང་འདྲ། དེའི་སྐྱེ་འཕེལ་གྱི་གོམས་གཤིས་དམིགས་བསལ་ཡིན་པས། རྒྱུན་དུ་རལ་ཞིང་ཆུ་བསགས་པའི་སྤྲུག་ཚོགས་བདམས་ནས་རྒྱུད་སྤེལ་བཞིན་ཡོད། མོའི་སྒོ་ང་དེ་སྤྲུག་མའི་བརྡན་འགྱུར་གྱི་ནང་ངོས་སུ་སྐྱེས་ཤིང་སྦོང་མོ་ཊམ་འགྱུར་བྱས་རྗེས། སྤྲུག་མདོང་ནང་གི་ཆུ་གསོག་པའི་ནང་དུ་ལྷུ་མཐུད་དུ་སྐྱེ་འཚར་བྱུང་ནས་དབྱིབས་འགྱུར་བ་རེད། ཚད་ལྡན་ཡིག་ཆའི་ནང་དུ་བྲིས་པ་ལྟར་ན། སྔོན་ཆད་དཀྱིལ་སྟོང་གི་སྤྲུག་དུམ་ནང་དུ་ལོ་བཞི་ལ་སོན་པའི་ཤིང་སྦལ་ཞིག་རྙེད་མོད། འོན་ཀྱང་སྤྲུག་དུམ་དེའི་ཚངས་ཐིག་ལ་ལི་སྨི་གཅིག་ཀྱང་མེད་པའི་འབུ་སྦྲང་ཁྲུང་དེ་ཕྱི་རོལ་དང་འབྲེལ་ཡོད་པས། སྦལ་བ་འདི་དག་ཅུང་དུས་འབུ་གཟན་ཁྲུང་བརྒྱུད་དེ་སྤྲུག་དུམ་དུ་འཛུལ་རྗེས་སྤྲུག་མའི་ནང་དུ་འཛུལ་བའི་འབུ་སྲིན་དང་འབུ་སྲིན་ཆུང་ཆུང་བཟས་ནས་གཟུགས་དབྱིབས་ཆེ་ རུ་སོང་བས་སྤྲུག་དུམ་ནང་དུ་ལུས་པར་ཚོད་དཔག་བྱེད་ཐུབ།

ས་ཁམས་ཁྱབ་ཚུལ། མདོ་དབུས་མཐོ་སྒང་དུ་ཤར་ལྷོའི་མཐའ་ཁོ་ནར་ཁྱབ་པའི་ས་བབ་དམའ་བའི་ས་ཁུལ་དཔེར་ན་བོད་ལྗོངས་ཀྱི་མེ་ཏོག་རྫོང་དང་། ཕྱི་རྒྱལ་རྒྱ་གར་ལ་ཁྱབ་ཡོད།

ཉེན་བཅར་རིམ་པ། གཞི་གྲངས་ཞུང་བ། (DD)

སྲུང་སྐྱོབ་རིམ་པ། གནས་སྐབས་སུ་རྒྱལ་ཁབ་གཙོ་གནད་སྲུང་སྐྱོབ་བྱ་རྒྱུའི་བྱེས་སྐྱེས་སྲོག་ཆགས་ཀྱི་མིང་ཐོའི་ནང་ལ་བཀོད་མེད།

50. 棘棱皮树蛙 *Theloderma moloch* (Annandale, 1912)

形态特征：体形较小，成年个体全长约 4 厘米。头宽略大于头长；四肢略细长，前臂及手长大于体长之半；后肢较前肢粗壮，贴体前伸时胫跗关节达鼻孔或吻端；指、趾端均具吸盘；皮肤极粗糙，通体背面满布纵向或斜向的棱状疣，尤以头后方、肩部和四肢背面的疣粒最发达，并在肩部形成“∧”状，体侧具锥状圆疣。自然状态下，体背底色为棕色，疣粒呈橘红色或棕红色;头背部和体背部具较大黑斑,其中肩部黑斑近似“∧”形;前肢背面无明显横纹，仅具较大的黑斑，后肢具镶细白边的黑色横纹，其中股部、胫部和跗部各具一条较宽的横纹，四肢合拢时横纹相连。体侧前后肢之间具数个镶细白边的大黑斑块，不甚规则；腋部具一大白斑。腹面为黑色斑和银灰色斑交织而成的不规则网纹；股腹面具较大黑斑。

生态习性：该物种栖息于海拔 1300 米左右的常绿阔叶林中。多趴伏于生满苔藓的树干上或隐藏于水底铺满落叶的积水竹洞内，体色与环境色极为相似，不易被发现。与同属的近缘物种类似，受到惊扰时，该物种亦会收紧四肢作假死状以迷惑敌人。由于种群数量较少且栖息环境隐秘，该物种自 1912 年首次被描述后，超过一百年间再无任何报道，其分类地位几经变动，生活习性也无人知晓，因此又有“怪树蛙”之称。直至 2014 年我国学者才重新发现并再次描述了这一消失百年之久的“怪树蛙”，并借助分子手段明确了其分类地位，确系棱皮树蛙属物种。

地理分布：仅分布于青藏高原东南缘的低海拔地区，如西藏墨脱县；此外，国内还分布于云南盈江县；国外分布于印度。

濒危等级：无危（LC）

保护等级：暂未列入国家重点保护野生动物名录。

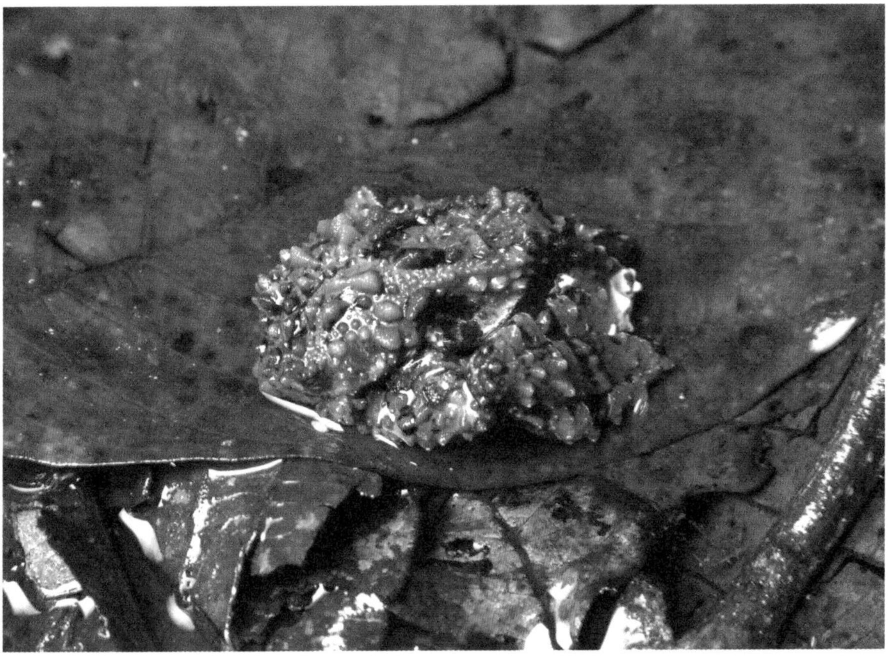

50. ཚེར་གྲུའི་སྦོང་སྦལ། *Theloderma moloch* (Annandale, 1912)

གཟུགས་དབྱིབས་ཁྱད་ཆོས། གཟུགས་དབྱིབས་ཆུང་ཆུང་ཞིང་ནར་སོན་ཚེ་སྨྱིའི་རིང་ཚད་ལ་ལི་སྨི4ཡོད། མགོ་ཞེང་མགོ་ལས་ཆུང་རིང་ལ་རྐང་ལག་ཆུང་ཕྲ་ཞིང་རིང་བ་དང་། ལག་ངར་དང་ལག་པ་གཉིས་ཀྱི་རིང་ཚད་གཟུགས་ཀྱི་རིང་ཚད་ཕྱེད་ཀ་ཙམ་ལས་མེད། རྐང་ལག་ནི་ལག་པ་སྔོན་མ་ལས་སྦོམ་ཞིང་སྦྱར་གཟུགས་མདུན་དུ་རྐྱོང་བའི་སྐབས་སུ་སུག་ཚིགས་སྣ་ཁུང་དང་མཆུ་སྒྲོའི་སྣེ་ལ་འཁེལ་ཡོད། མཇུབ་མ་དང་རྐང་སེར་ལ་འཛིབ་སྡེར་ཡོད། ལུས་ཡོངས་ཀྱི་རྒྱབ་ལ་འཕྲེད་རིས་དང་གསེག་རིས་ཀྱི་འབུར་དབྱིབས་ཀྱི་འཛེར་རིལ་ཡོད། ལྷག་པར་དུ་མགོའི་རྒྱབ་དང་ཕྲག་པ། ཡན་ལག་བཞིའི་རྒྱབ་ངོས་བཅས་ཀྱི་འཛེར་རིལ་ཆེས་ཆེ་ཞིང་། ཕྲག་པའི་ནང་ནི“∧”དབྱིབས་སུ་གྲུབ་ལ། ལུས་ཀྱི་ཟུར་དུ་སྣུང་བུའི་དབྱིབས་ཀྱི་སྒོར་འབུར་ཡོད། རང་བྱུང་རྣམ་པའི་འོག་ཏུ། རྒྱབ་ངོས་ཀྱི་ཞབས་ནི་ཛྭ་མདོག་ཡིན་ལ། མགོའི་རྒྱབ་དང་ལུས་པོའི་རྒྱབ་ཏུ་ནག་ཐིག་ཆུང་ཆེ་བ་དང་། དེའི་ནང་ཕྲག་སྟེང་གི་ནག་ཐིག“∧”དབྱིབས་དང་འདྲ་ཞིང་། མདུན་སུག་གི་རྒྱབ་ངོས་སུ་འཕྲེད་རིས་མངོན་གསལ་མེད་ཅིང་། ནག་ཐིག་ཆུང་ཆེ་བ་དང་། མཇུག་སུག་ལ་མཐའ་དཀར་པོ་སྦྲས་པའི་

འཕྲེད་རིས་ནག་པོ་ཡོད། དེའི་ནང་གི་བརླ་དང་། ཇེ་ངར་གྱི་དབྱིབས། རྐང་སུག་གི་གནས་བཅས་ལ་ཞེང་ཚུང་ཆེ་བའི་འཕྲེད་རིས་རེ་ཡོད། རྐང་ལག་ཚང་མ་བཀུག་རྗེས་འཕྲེད་རིས་དང་འབྲེལ། ལུས་པོའི་གཞོགས་ཀྱི་མདུན་དང་རྒྱབ་ཀྱི་ཡན་ལག་བར་ལ་ཕྲ་ཞིང་གཙང་བའི་མཐའ་ནག་པའི་ཁྲ་རྫོག་འགའ་ཡོད་ཅིང་། དེ་འདྲ་ཚད་དང་མི་མཐུན་པ་ཞིག་ཡིན། མཆན་ལ་ཁྲ་ཐིག་ཆེན་པོ་ཞིག་ཡོད། གསུས་ངོས་ནི་ཁྲ་ཐིག་ནག་པོ་དང་མདོག་སྐྱ་པོ་མཉམ་དུ་འདྲེས་ནས་གྲུབ་པའི་དབྱིབས་ངེས་མེད་ཀྱི་དྲ་རིས་ཤིག་ཡིན། བརླའི་ངོ་ལྟགས་ཚུང་ནག་ཅིང་ཆེ་བ་ཡིན།

སྐྱེ་ཁམས་གོམས་གཤིས། སྦལ་བ་འདིའི་རིགས་གཙོ་བོ་མཚོ་ངོས་ལས་མཐོ་ཚད་སྨི1300ཡས་མས་ཀྱི་རྒྱུན་ལྡང་ནགས་ཚལ་དུ་འཚོ་སྡོད་བྱེད་པ་སྟེ། མང་ཆེ་བ་སྔོ་སྐྱེས་དྲིག་པའི་སྡོང་ཐོག་ཏུ་ཉལ་བའམ་ཆུ་ཞབས་ཀྱི་ལོ་མས་བསགས་པའི་སྦུག་མའི་དོང་དུ་སྦས་པས་ལུས་ཀྱི་ཁ་དོག་དང་ཁོར་ཡུག་གི་ཁ་དོག་ཤིན་ཏུ་འདྲ་བས་མཐོང་དཀའ། ཁོངས་གཅིག་པའི་ཉེ་རྒྱུད་ཀྱི་སྐྱེ་དངོས་རིགས་དང་གཅིག་མཚུངས་ཡིན་པས། སྐྱེ་དངོས་རིགས་དེས་ཀྱང་རྐང་ལག་དམ་པོར་བསྡམས་ནས་དགྲ་བོ་ལ་མགོ་སྐོར་གཏོང་ཐུབ། ཁྱུ་ཚོགས་ཀྱི་གྲངས་འབོར་ཚུང་ཉུང་ལ་འཚོ་སྡོད་ཁོར་ཡུག་ཀྱང་མི་གསལ་བའི་དབང་གིས་དངོས་རིགས་དེ1912ལོར་ཐེངས་དང་པོར་ཞིབ་བརྗོད་བྱས་རྗེས། ལོ་ངོ་བརྒྱའི་རིང་ལ་ད་དུང་ཆ་འཕྲིན་གང་ཡང་ཐོབ་མེད། དེའི་རིགས་འབྱེད་པའི་གནས་བབ་ལ་འགྱུར་ལྡོག་ཏུ་མ་བྱུང་ལ། འཚོ་བའི་གོམས་གཤིས་ཀྱང་ཤེས་མཁན་མེད་པར་བརྟེན། "ཤིང་སྡོང་ལ་ལེ་བདའ་བྱེད་པའི་སྦལ་བ"ཞེས་ཀྱང་འབོད། 2014ལོའི་བར་རང་རྒྱལ་གྱི་མཁས་དབང་ཚོས་སླར་ཡང་ཤེས་རྟོགས་བྱུང་བར་མ་ཟད། མེད་པར་གྱུར་ནས་ལོ་ངོ་བརྒྱ་འཁོར་བའི་རིགས་སྟེ"ཤིང་སྡོང་གི་སྦལ་བ་མཚར་པོ"ཞེས་སླར་ཡང་བརྗོད་པ་དང་། ཆ་རྫུལ་གྱི་བྱེད་ཐབས་ལ་བརྟེན་ནས་དེའི་རིགས་དབྱེ་བའི་གནས་བབ་གཏན་འཁེལ་བྱས། དེ་ནི་དངོས་གནས་ཐོན་ཤིང་གི་ཏུས་སྦལ་ཁོངས་སུ་གཏོགས་པའི་དངོས་རིགས་ཤིག་རེད།

ས་ཁམས་ཁྱབ་ཚུལ། མདོ་དབུས་མཐོ་སྒང་གི་ཤར་ལྷོའི་མཐའ་ཁོ་ནར་ཁྱབ་པའི་ས་བབ་དམའ་བའི་ས་ཁུལ་དཔེར་ན་བོད་ལྗོངས་ཀྱི་མེ་ཏོག་རྫོང་དང་། གཞན་ཡང་རྒྱལ་ནང་གི་ཡུན་ནན་གྱི་ཡིང་ཅང་རྫོང་དུ་གནས་པ་དང་། ཕྱི་རྒྱལ་གྱི་རྒྱ་གར་ལ་ཁྱབ་ཡོད།

ཉེན་བཅར་རིམ་པ། ཉེན་ཁ་མེད་པ། (LC)

སྲུང་སྐྱོབ་རིམ་པ། གནས་སྐབས་སུ་རྒྱལ་ཁབ་གཙོ་གནད་སྲུང་སྐྱོབ་བྱ་རྒྱུའི་བྱེས་སྐྱེས་སྲོག་ཆགས་ཀྱི་མིང་ཐོའི་ནང་ལ་བཀོད་མེད།

参考文献

一、图书

[1] 中国科学院西北高原生物研究所 . 青海经济动物志 [M]. 西宁 : 青海人民出版社 , 1989.

[2] 赵尔宓 , 杨大同 . 横断山区两栖爬行动物 [M]. 北京 : 科学出版社 , 1997.

[3] 赵尔宓 , 黄美华 , 宗愉 . 中国动物志 · 爬行纲 (第三卷): 有鳞目 ：蛇亚目 [M]. 北京 : 科学出版社 , 1998.

[4] 赵尔宓, 赵肯堂, 周开亚, 等. 中国动物志·爬行纲 (第二卷): 有鳞目: 蜥蜴亚目 [M]. 北京 : 科学出版社 , 1999.

[5] 费梁 , 胡淑琴 , 叶昌媛 , 等 . 中国动物志 · 两栖纲 (上卷): 总论 蚓螈目有尾目 [M]. 北京 : 科学出版社 , 2006.

[6] 赵尔宓 . 中国蛇类 [M]. 合肥 : 安徽科学技术出版社 , 2006.

[7] 杨大同 , 饶定齐 . 云南两栖爬行动物 [M]. 昆明 : 云南科技出版社 , 2008.

[8] 费梁, 胡淑琴, 叶昌媛, 等 . 中国动物志 · 两栖纲 (中卷): 无尾目 [M]. 北京 : 科学出版社 , 2009.

[9] 费梁 , 胡淑琴 , 叶昌媛 , 等 . 中国动物志 · 两栖纲 (下卷): 无尾目 蛙科 [M]. 北京 : 科学出版社 , 2009.

[10] 李丕鹏 , 赵尔宓 , 董丙君 . 西藏两栖爬行动物多样性 [M]. 北京 : 科学出版社 , 2010.

[11] 费梁，叶昌媛，江建平. 中国两栖动物及其分布彩色图鉴 [M]. 成都：四川科学技术出版社，2012.

[12] 车静，蒋珂，颜芳，等. 西藏两栖爬行动物——多样性与进化 [M]. 北京：科学出版社，2020.

[13] 黄松. 中国蛇类图鉴 [M]. 福州：海峡书局，2021.

[14] 郭鹏，刘芹，吴亚勇，等. 中国蝮蛇 [M]. 北京：科学出版社，2022.

二、期刊文章

[1] 王剀，任金龙，陈宏满，等. 中国两栖、爬行动物更新名录 [J]. 生物多样性，2020, 28(2): 189–218.

[2] 张镱锂，李炳元，刘林山，等. 再论青藏高原范围 [J]. 地理研究，2021, 40(6): 1543–1553.

ཟུར་ལྟའི་ཡིག་ཆ།

གཅིག དཔེ་དེབ།

[1]ཀྲུང་གོ་ཚན་རིག་ཁང་ནུབ་བྱང་ས་མཐོའི་སྐྱེ་དངོས་ཞིབ་འཇུག་སུའོ། མཚོ་སྔོན་དཔལ་འབྱོར་སྲོག་ཆགས་ཀྱི་ལོ་རྒྱུས། [M] ཟི་ལིང་། མཚོ་སྔོན་མི་དམངས་དཔེ་སྐྲུན་ཁང་། 1989.

[2]ཀྲའོ་ཨེར་ཀྲེན་དང་དབྱང་ཏ་ཐུང་། འཕྲེད་བཅད་རི་ལུལ་གྱི་སྐམ་ཆུ་གཉིས་འཚོའི་གོག་བགྲོད་སྲོག་ཆགས། [M] པེ་ཅིང་། ཚན་རིག་དཔེ་སྐྲུན་ཁང་། 1997.

[3]ཀྲའོ་ཨེར་ཧན་དང་། ཧོང་མེ་ཧྭ། ཚུང་ཡུས། ཀྲུང་གོའི་སྲོག་ཆགས་ཀྱི་ཀཁང་གསུམ་པ། ཉ་ཁྲབ་སྦྲུལ་མིག་གཉིས་པ། [M] པེ་ཅིང་། ཚན་རིག་དཔེ་སྐྲུན་ཁང་། 1998.

[4]ཀྲའོ་ཨེར་ཧན། ཀྲའོ་ཁེན་ཐང་། ཀྲོའུ་ཁའེ་ཡ། ཀྲུང་གོའི་སྲོག་ཆགས་ཀྱི་ལོ་རྒྱུས། (བམ་པོ་གཉིས་པ) ཉ་ཁྲབ་ཅན་གྱི་རྩངས་པ་ཡ་སྨུའུ། [M] པེ་ཅིང་། ཚན་རིག་དཔེ་སྐྲུན་ཁང་། 1999.

[5]ཧྥེ་ལིའང་། ཧུའུ་ཧྲུའུ་ཆེན། ཡེ་ཁྲང་ཡོན། ཀྲུང་གོའི་སྲོག་ཆགས་ཀྱི་ལོ་རྒྱུས། [M] པེ་ཅིང་། ཚན་རིག་དཔེ་སྐྲུན་ཁང་། 2006.

[6]ཀྲའོ་ཨེར་ཧྲེང་། ཀྲུང་གོའི་སྦྲུལ་རིགས། [M] ཧོ་ཧྥེ། ཨན་ཧུའེ་ཚན་རིག་ལག་རྩལ་དཔེ་སྐྲུན་ཁང་། 2006.

[7]དབྱང་ཏ་ཐུང་། རའོ་ཏིང་ཆི། ཡུན་ནན་གྱི་སྐམ་ཆུ་གཉིས་འཚོའི་གོག་བགྲོད་སྲོག་ཆགས། [M] ཁུན་མིང་། ཡུན་ནན་ཚན་རྩལ་དཔེ་སྐྲུན་ཁང་། 2008.

[8]ཧྥེ་ལིའང་། ཧུའུ་ཧྲུའུ་ཆེན། ཡེ་ཁྲང་ཡོན། ཀྲུང་གོའི་སྲོག་ཆགས་ཀྱི་ལོ་རྒྱུས། (བར་ཆ) མཇུག་མེད་སྐོར། [M] པེ་ཅིང་། ཚན་རིག་དཔེ་སྐྲུན་ཁང་། 2009.

[9]ཧྥེ་ལིའང་། ཧུའུ་ཧྲུའུ་ཆེན། ཡེ་ཁྲང་ཡོན། ཀྲུང་གོའི་སྲོག་ཆགས་ཀྱི་ལོ་རྒྱུས། (སྨད་ཆ) མཇུག་མེད་སྐོར། ཐལ་ཚན། [M] པེ་ཅིང་། ཚན་རིག་དཔེ་སྐྲུན་ཁང་། 2009.

[10]ལི་ཕི་ཕེང་། ཀྲའོ་ཨེར་ཀྲེན། ཧུང་ཕིན་ཧྭན། བོད་ལྗོངས་ཀྱི་སྐམ་ཆུ་གཉིས་འཚོའི་སྲོག་ཆགས་སྣ་མང་རང་བཞིན། [M] པེ་ཅིང་། ཚན་རིག་དཔེ་སྐྲུན་ཁང་། 2010.

[11]ཐྲི་ལིའང་། ཡེ་ཁྲང་ཡོན། ཅང་ཅན་ཕིན། ཀྲུང་གོའི་སྐམ་ཆུ་གཉིས་གནས་སྲོག་ཆགས་དང་དེའི་ཁྲབ་ཚུལ་ཚོན་ལྡན་རི་མོ། [M] ཁྲེང་ཏུའུ། སི་ཁྲོན་ཚན་རིག་ལག་རྩལ་དཔེ་སྐྲུན་ཁང་། 2012.

[12]ཁྲི་ཅིང་། ཅང་ཁོ། ཡན་ཧྲང་སོགས། བོད་ཀྱི་སྐམ་ཆུ་གཉིས་གནས་སྲོག་ཆགས་ལས་སྣ་མང་རང་བཞིན་དང་འཕེལ་འགྱུར། [M] པེ་ཅིང་། ཚན་རིག་དཔེ་སྐྲུན་ཁང་། 2020.

[13]ཧོང་ཤུང་། ཀྲུང་གོའི་སྦྲུལ་རིགས་རིས་དེབ། [M] ཧྲུ་ཀྲོའུ། མཚོ་འགག་དཔེ་སྐྲུན་ཚུས། 2021.

[14]ཀུའོ་ཕེང་། ལིའུ་ཆེན། ཡུའུ་ཡ་ཡུང་སོགས། ཀྲུང་གོའི་དུག་སྦྲུལ། [M] པེ་ཅིང་། ཚན་རིག་དཔེ་སྐྲུན་ཁང་། 2022.

གཉིས། དུས་དེབ་ཀྱི་རྩོམ་ཡིག

[1]ཞང་ཁའེ། རེན་ཅིན་ལུང་། ཁྲེན་ཧྲུང་མན། ཀྲུང་གོའི་སྐམ་ཆུ་གཉིས་གནས་དང་གོག་འགྲོའི་སྲོག་ཆགས་གསར་སྒྱུར་གྱི་མིང་ཐོ། [J] སྐྱེ་དངོས་སྣ་མང་རང་བཞིན། 2020.28(2)189—218.

[2]ཀྲང་ཞང་ལི། ལི་པིན་ཡོན། ལིའུ་ལིན་ཧྲུན་སོགས། ཡང་བསྐྱར་མདོ་དབུས་མཐོ་སྒང་གི་ཁྲབ་ཁོངས་གླིང་པ། [J] ས་ཁམས་ཞིབ་འཇུག 2021,40(6):1543—1553.